近代日本と農政

明治前期の勧農政策

國雄行【著】
Takeyuki Kuni

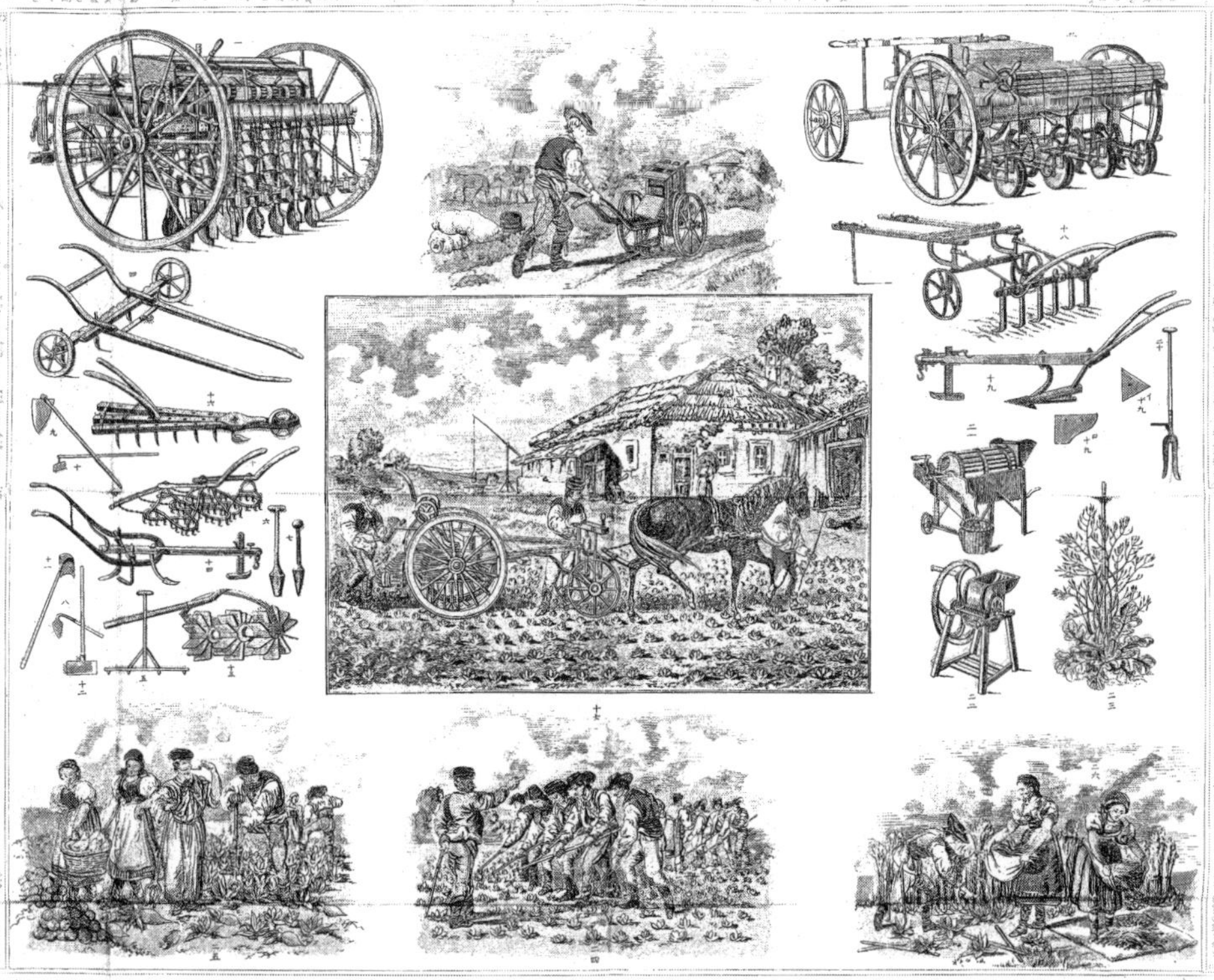

岩田書院

近代日本と農政　目次

凡　例

一、正字や異体字等は、適宜、常用漢字や片仮名に改めた。
一、人名については、歴史上の人物と区別するため、研究者には「氏」を付した。
一、基本的に日本年号を記したが、ある一定期間を示す際に西暦表記が有効と思われる場合(例・一八七〇年代)は、これを使用した。
一、数値を掲げた表は、煩雑を避けるために原則として円未満は切り捨てた。このため、各項数値とその合計値が整合しない場合がある。
一、註に掲げる文献等が重複する場合、原則として、個人著作の場合は「前掲、個人姓『書名』頁数」、団体等の著作の場合は「前掲『書名』頁数」、史料については、「前掲『史料名』頁数」と表記した。また、『法令全書』や『公文録』等、頻出する著名な史料については、煩雑さを避けるため、「前掲」、「同右」を付さなかった。

序論　近代日本と農政
――先行研究の整理と課題の設定――

一　近代日本と農政

明治二三年（一八九〇）五月、大蔵大臣松方正義は大日本農会の第九回大集会において、次のように演説した。(1)

日本は云ふまでもなく、農国に違ひない、併しながら能く御考くたされ、日本の農事も近年こそ、諸君の御心配によつて余程進んで行くやうにはなりましたが、此幾百年前を考へて見まするど、……武門武士の世の中となつて、是迄は農工商の事を、一向大切にして置かなかつた、其結果て今日は、貧乏を為て居るのてあるが、決して小国てはない、大国て有る、それで今日一概に是迄の跡を考へて見れは、彼の欧羅巴各国は、昼夜勉強して居つたのに、日本は只昼夜、寝てはかり居つた結果で、今日の如く大に、有様の異なる所かあると思はれる

松方は日本が貧乏になった原因を、武士の世の中となって農工商を軽視したこと、西洋諸国が勤勉であることに反して日本が怠慢であったことに求めた。そして演説を結ぶにあたり、聴衆に次のように訴えたのである。

今日の日本人、農工商といひ吾々といひ、国に対する責任は甚重いといふことを自ら信して居なければはならぬ、……皆人心を奮起して、農業を盛大になし、国の富と国の力とを、増さふといふ精神より外はないと考へます、……諸君か遙々、地方から御出京になつて、皆国家の為に尽さるゝの精神に至ては、最御同感てすから感覚

の深きに任せ、今日一言を呈し置く次第て御座ります

松方は武家政権を否定することにより明治政府を正当化して農政の重要性をアピールし、勤勉な列強を掲げて国力増進の精神、報国の精神を涵養しようとしたのである。

近代日本における農政は、富国強兵を達成するために、国民に対して実行された農業改良の手段や施策であり、西洋農業を導入して近世農業を否定したり、あるいは近世農業を継承しながら進められていく。特に否定は華々しく、継承は地味に進められたようである。我々研究者は華々しい活動の方ばかりに目を向けてきたのではないだろうか。

本書が対象とする時期は近代日本の成立期、具体的には民部官・民部省、大蔵省、内務省が農政を担当した明治二〜一四年とする（本書では明治前期とあらわす）。日本の農業は近世から近代に移行する時期に、従来にみなかった西洋農業の流入という大きなインパクトを受けた。明治前期は、このインパクトが最も大きく、西洋農業と在来農業との摩擦や融合、または在来農業の否定や継承の事象が数多く発生した時期であり、これらの事象が近代日本における農政の方向性を決定づけたのである。

この明治前期の農政において精力的に推進された一連の農業改良・振興事業である勧農政策は、近代日本の工業化の初期段階を分析する殖産興業政策史と、近世から近代への農業の構造変化を捉える農業（政策）史の二つの視角から追究することが可能である。両研究の蓄積は厚く、戦前より様々な成果が提示されているが、それらの研究は主に各章で取り上げ、序論では特に昭和三〇年代以降の研究史を中心に、その特徴を振り返りながら問題点を探り、本書の課題を提示することとする。

本書では明治前期の勧農政策を分析する際に、本政策を資本主義育成策として位置づけることや、地主制の実態解明の一助とするようなことはせず、明治政府が課題とした富国の実現に向け、どのような政策が立案され、そして実

行されていったのか、その実態を追究することを目的とする。かつて井上勲氏は「何がしかの総合理論をもたない者は、無理にその意匠をまとう必要もなく、為にする対抗を示すでもなく、自らの手で歴史像を織りなして行けばよいのだろう」と記した。(2)「総合理論」を持たない筆者としては、まず、理論構築の前に史実の提示から始めたいと思う。

二　殖産興業政策史からのアプローチ

殖産興業政策は資本主義育成策であり、近代日本における工業化の初期段階に位置する。そして、この時期における技術導入、工場設立は明治二〇年代に企業が勃興していく基盤を整備したと考えられていた。本政策に関する研究蓄積は厚い。例えば、戦前の講座派の代表的著作である山田盛太郎『日本資本主義分析』は、日本資本主義の基本構造＝対抗・展望を示すことを課題とし、産業資本確立の過程を規定することに力点を置いた。(3)この書は直接に殖産興業政策の性格について規定したものではないが、日本の産業構造を分析し、どのように資本主義が根づき、そして崩壊に向かうのか展望するものであった。

現在の殖産興業政策研究の基礎を築いたのは永井秀夫氏と石塚裕道氏である。(4)永井氏は、本政策を初期官営事業(工部省)と内務省諸事業に視点を置いて分析し、工部省の政策は無統一な西欧化政策で、政治的必要に基づく機械技術の導入であり、内務省(勧業寮)の政策の特徴は輸入防遏を重視し、農業と結合した農産加工工業の移植と改良に力点が置かれたが、これらの政策の成果は局部的であり間接的であったと述べた。そして財行政改革の一環として設立された農商務省は「殖産興業のあらたな推進者としての役割が与えられていたとは考えられず、……殖産事業縮小の表現」と位置づけた。さて、永井氏は「初期の勧農政策について立ちいる余裕がない」と述べているように、政策分析の時期的な起点を工部省に置いたため、明治初年の民部・大蔵省が担った勧農政策を取り扱っていない。また、勧業寮が農牧業、農産加工工業に重点を置いたと指摘してはいるが、それらの分析は概括的であり、十分とはいいがたい。さらに内務省的農政が老農技術に対して指導性を持ちえなかったと、農政と在来農業技術との融合には否定的であり、この点も見直しが必要であると思われる。

石塚氏は、殖産興業政策を工部省(明治三年～)、内務省(同七年～)、農商務省(同一四年～)の三段階に分け、次のように各段階を詳細に分析した。工部省は鉱山・鉄道・工作・電信・灯台等の事業に着手したが、これらは無統一な西欧化政策であり、欧米の移植技術が在来産業の改良に適合しなかったとし、この反省を経て成立した内務省では勧業寮を中心に、勧農(駒場農学校による西洋農法導入等)、牧畜(下総牧羊場開設等)、農産加工業(愛知紡績所・千住製絨所・堺紡績所設置等)の民業育成策が展開された。勧農事業における農学校と試験場は、欧米農法の輸入と定着を目標としていたが、日本農業の特質についての検討を伴わない外国農法・農学の機械的直輸入が成功する余地はほとんどなかったと指摘した。そして、工部・内務両省の欧米技術の移植は、伝統的な在来産業の技術水準からの距離にも配慮しない性急な「上から」の移植方式をとり、このため在来産業の技術水準を引き上げる効果をもたなかった。さらに政府の財政危機により、官営事業を中心とする殖産興業政策の危機が深刻化し、官業の払い下げが実現して農商務省の創設が具体化される、と述べている。

石塚氏が殖産興業政策を担当官庁ごとに段階的に分析し、その特徴を明らかにした意義は非常に大きいが、次の疑問点が残る。まず、第一に内務省勧業寮が欧米農法を直輸入し、在来農業を軽視し、その特質の検討を怠ったと指摘している点、第二に内務省官業事業が成果を収める可能性は極めて少なかったとする点、第三に内務省勧業寮が推進した殖産興業政策の背景に、内務卿大久保利通の独裁体制をみている点である。そこで本書では第一・第二の点について、官営諸場以外に内務省の農業調査や農業制度導入、各府県における植物試験事業等を詳細に検討することにより、修正を加える。第三の点について、確かに大久保は強大な政治力を有していたが、独裁と呼ぶのは不適当であると思われる。本書では勧業（勧農）政策が大久保独裁ではなく各省・卿とのバランスの上において進められていく点を明らかにする。

永井・石塚氏以後の殖産興業政策研究では、工部省の官営事業が民間産業育成の手段とはならず、内務省の民業振興を打ち出した直営事業も移植産業としての限界からモデルとはならなかったという政策効果に対する否定的評価が定着した。さらに、工業化における国家の直接的役割に関する評価も低下した結果、研究関心は私的資本の生成発展へと移行し、研究が細分化して全体的な研究関心は低下していった(5)。

このような傾向の中で石井寛治氏は、殖産興業政策の民業育成的側面としての通貨・金融制度の整備、政府財政資金の民間融資等の財政・金融策の重要性を指摘した(6)。さらに、神山恒雄氏は経済政策の「積極」「消極」という基調に着目し、財政・金融政策全体の動向を解明し、従来の工部・内務・農商務省という分析の枠組みではなく、政府の財政担当者ごとに、①井上財政［消極基調・緊縮財政］、②大隈財政（明治六年～）［積極基調・積極財政］、③大隈財政末期（西南戦後～）［積極基調・緊縮財政］、④松方財政前期（明治一四年～）［消極基調・緊縮財政］、⑤松方財政後期（同一八年～）［積極基調・緊縮財政］と、それぞれの政策基調を明らかにした(7)。そして、工場払下概則・農商務省設置等、直接的勧業政策から間接的勧業政策への転換がはかられ、これが定着したことを明示した。

以上のように殖産興業政策研究は、金融・財政面からの分析は進展しているが、その他の分野は停滞しているのが現状である。しかし、この状況は研究の余地が失われてしまったことをあらわしているわけではない。本書では次の二点に留意しながら、殖産興業政策における勧農事業の実態を明らかにする。

第一　従来の殖産興業政策研究は、その主要な関心が資本主義の育成に置かれていたため、工場制度(工場制機械工業)の設立を展望しようとしており、明治日本の基幹産業である農業分野を軽視していた。このため、殖産興業政策の起点を工部省、あるいは幕営工業等に求め、内務省末期の明治一三年に工場払下概則が公布されたことを殖産興業政策終焉の画期とみているようである。しかしながら、殖産興業政策が本格化する内務省の勧業事業は、大蔵省のそれを引き継いだものである。このため、本政策を正しく把握するためには、大蔵省とそれ以前の民部省の勧業(勧農)事業を分析する必要がある。

第二　明治前期の工業化研究の分析対象としては、製糸業や紡績業が中心に扱われ、優れた研究業績が発表されてきた(8)。殖産興業政策の研究史をみても同様である。また、内務省の勧業経費をみても、これらの事業に多大な経費がつぎ込まれ、優先度の高い政策であったことがわかる。経費の多寡は政策の優先度・重要度を示す一つの指標ではある。しかし、この指標のみに頼ると少ない経費で実行される事業を分析対象からはずしてしまう危険がある。内務省が推進した事業結果は明治八年度から作成された『内務省年報』に記されている。ここから殖産興業政策をリードした勧業寮(勧農局)の八年度から一〇年度(第一～三回)報告に記載された事業をみると、おおよそ農業(植物・農具試験、農学校、農業博物館、農学校等)、牧畜(下総牧羊場等)、養魚、養蚕・製糸(富岡製糸場等)、紡績(堺紡績所等)、製茶、製糖、編纂(物産表、農書等)、その他(鳥獣猟取締、博覧会等)に分けることができよう。すなわち、製糸業・紡績業は勧業寮(勧農局)が着手した広範な事業の中の一部分でしかない。そして、この三年間の報告書の筆頭項目は植物(農作物等)試験に関わる事業なのである(9)。通常、報告書においては先に記載される事項ほど政策優先度が高い。これが明治前期の『内務省年報』に当てはまるか不明であるが、優先度が低い事業を三年連続で筆頭に記すことはないであろう。この内務省の植物試験は政府の農業試験場(内藤新宿試験場・三田育種場・播州葡萄園等)をはじめ、各府県の農地や試験場で行われ、それらの記録は農林省が諸政策の史料を分類して編纂した『農務顚末』全六巻（一九五一～一九五七年刊）に大量に収録され、政府が該事業に日夜苦心していた跡をみてとることができるのである。本書では植物試験事業を内務省勧業寮（勧農局）の重要事業と位置づけ、勧農政策を分析する主要な指標の一つとし、殖産興業政策を再考する。

三　農業政策史からのアプローチ

明治前期の日本における食糧供給源と財源（地租）は農業に依存しており、これを安定・発展させることは国家運営の最重要課題であった。このため政府は明治四年に、いわゆる「田畑勝手作」を許可し、近世における米穀偏重の旧慣を否定して適地適作を奨励した。この適地適作を推進するため、政府は日本各地の気候風土に適合する植物を模索するとともに、稲作不適合地や未耕作地（荒蕪地等）に適する植物を移植し、地域産業を振興して国力を増進しようとした。

殖産興業政策研究において軽視されてきた勧農政策研究は、日本農業史研究の中でも盛んとはいえなかった。昭和四〇年から五〇年代にかけて農業史研究の中心となったのは地主制史研究であり、日本近代における資本主義の成立との関連で優れた業績が生み出されたが[10]、その後、本研究が不活発になるとともに農業史研究は停滞した。しかしながら、このような中でも、昭和五〇年から平成一〇年代にかけ、西村卓・荒幡克己・勝部眞人・伴野泰弘・友田清彦・徳永光俊の諸氏が新たな研究成果を提示していった[11]。

西村氏は、林遠里と実業教師の活動、そして各地でその技術を受容した農民の存在を明らかにし、従来、寒水浸・土囲い法等に代表される遠里の農法を修正した。特に勧農社の実業教師の書翰等から技術の普及過程を明示した点は興味深い。しかしながら、対象とした時期が明治二〇年代を中心とするため、明治前期の記述は簡潔で、「大久保農政」の西洋農法直輸入による日本農業の改良という道が挫折し、明治一四年の大隈重信失脚後は、大久保以来の積極的勧業政策が間接的勧業政策へ変更され、農商務省が設立される等して老農時代が幕を開けると捉えている。大久保利通内務卿の勧農政策については通説の域を出るものではないが、①ほとんど定着しなかったといわれている外国種苗の各府県への頒布が、いくつかの県の植物試験場設立の契機となり、老農の農事改良への意欲をかき立てたこと、②明治政府が国内(西日本)の農具を東北に頒布しようとしたこと、③西洋農具とともに他県の農具の貸与も申請した県があることを記しており、これらは本書で分析を進めていくうえで重要な示唆となった。

荒幡氏は、日本農業の経営方式、土地利用方式の特徴として第一に掲げられる「水田農業が主体であること」、「主穀連作が中心で輪作体系の形成が未発達であること」が、日本の風土的特性に起因するものという通説に懐疑的姿勢をとり、これらが歴史的経過の中で強まっていったと考え、分析を進めた。そして、明治初期は主穀偏重を是正し、多用な作物を導入しようとしたことを明らかにした。この中で明治初期・中期において泰西農法導入の挫折から在来農法重視路線となるという従来の見解に対し、当初からこの二つの農法が並列的に導入されていると修正した意義は非常に大きい。本書では荒幡氏の指摘を踏まえ、政府が推進した在来農業の改良事業について分析することにより、主穀偏重の是正、泰西農法と在来農法の並行導入について、改めて実証する。

勝部氏は、「地主・小作関係のなかで、農事改良は実態としてどのように進んでいったのかという点」に主題を置き、従来、個々に捉えられがちであった地主・小作間の研究と、農事改良の研究を融合させ、地主制下における農業技術普及の実態を明らかにした。本書と関わりのある第一編では、一八七〇~八〇年代の政府や地方における勧業政策を分析するとともに、在地農業の進むべき方向性について検討した。この中で特にヨーロッパ農業にふれた松方正義、前田正名が、日本農業の技術の高さを認識したが、日本農業には「農業の経済性」が欠如していると考えた、との指摘は重要である。「農業の経済性」の欠如とは日本農業において、損益・収支バランスの観点や農民の経済的意識・感覚が欠如していることであるが、この点を明治農政分析の出発点として位置づけたことは興味深い点である。また、「当初欧米農業（泰西農法）直輸入一辺倒であったと言えるのか、それゆえに一八八一年を画期として老農ないし在来農法重視へと転換したと言えるのかなどは、改めて検討されねばならない」と述べている。この指摘は明治前期の勧農政策を分析するうえで非常に重要な点であり、本書を貫くテーマともなっている。

伴野氏は、愛知県における牛馬耕導入・普及、農事改良運動、勧業諸会を分析した。特に、明治一〇年代の愛知県の農談会が、政策諮問、政策推進、改良技術発掘の三機能を持つことや、郡レベルの農談会が農民的・生産者的側面と行政的・統制的側面の矛盾を抱えていた事実を提示した意義は大きい。本書ではこれらの指摘を踏まえ、勧業諸会を農区・農事通信等と関連させて再考する。

友田氏は、農業史の立場から岩倉使節団、ウィーン万国博を分析するとともに、内務省の勧農政策等、明治時代の農業政策の諸事象について実証研究を発表している。本書では特に岩倉使節団が調査した欧米農業に関する指摘や、内務省勧業寮における伊地知正治の構想に関する分析等について参考にした。

徳永氏は、奈良盆地における大和農法の歴史的変化を明らかにし、「作りまわし」という言葉を用いて奈良盆地の循環農法を明らかにし、「作りならし」という言葉を用いて、土地生産性が、停滞→上昇・不安定→高位・安定というサイクルを繰り返すこと、それらの農法の展開には先駆層、普及層、受容層といった農民層が存在したこと等、多くの史実を提示した。本書と直接関係する記述は少ないが、①農業の現場からしてみれば、明治二〇年頃より強要された福岡農法も、学理農法（農学士たちが提唱する科学的農法）も外来であること、②官と民、学理と老農といった二分法による対立図式で農法の動きをみるとわかりやすく、またどちらかに軍配を上げようとするが、在地での実際の農法の動きは、単純ではなく、両者が複雑に絡み合っていること、③老農・篤農(群)を官に対抗する農民的潮流としていつも持ち上げるのは誤っていること等の指摘には大きな示唆を与えられた。

さらに本書では津下剛・斎藤之男両氏の業績を参考にしたが、これらについては各章でふれることとする。[12] 次に技術史からの指摘も付記しておきたい。海野福寿氏は近代化政策における新技術の移植過程であらわれる社会的反応として、全面輸入型・折衷型・拒絶型の三つのパターンを示した。そして、拒絶型の典型として泰西農法を掲げ、「西洋農業技術の直接的な移植は北海道開拓使以外にはみられず、試験場における種苗実験や農具の試作、官営農牧場における輸入新種育成、府県への新品種試作委託など、生産現場から遊離した形の試験的な導入に限定せざるをえなかったし、そのほとんどが失敗に終わった。無差別な直輸入の結果である」と述べた。[13] このように西洋農法導入は、近代日本における技術導入パターンの拒絶型の典型として捉えられ、否定的に評価されているが、本書では、明治前期の勧農政策における諸事業の分析を通して、この否定的評価を見直していきたい。

また、現時点における最新の日本農業史の概説である『日本農業史』(二〇一〇年刊行)は「明治農法の普及」と題し、西村・勝部両氏の業績を引用して次のように記している。[14]

> 明治政府は、当初、西洋農業の直接的な導入を試みていた。欧米の大型農機具をはじめ、作物や畜類などが政府によって輸入され、その定着のために、試用・展示・試作・貸与などが行われた。また、札幌農学校や駒場農学校を設立するとともに、そこに外国人教師を招き、西欧農学による農業指導者の養成が行われた。しかし、このような西洋農業の直接的な移植の試みは、日本の実情との違いがあまりにも大きく、一部を除き定着しなかった。このような状況をふまえ、伝統的な在来技術がしだいに見直されていった。全国の老農を集めて開催された

一八八一年(明治十四)三月の全国農談会と翌月の大日本農会の創設は、一つの画期となった。以後、老農の伝統的な在来技術を基礎としつつ、学理あるいは経験によって非合理なところを排除し、しだいに体系的な技術が形成されていった。

この概説は海野氏の指摘と重複する部分は多いが、荒幡氏の主張(泰西農法と在来農法の並行導入)は取り入れられていない。そこで、本書では①西洋農業の直接的導入、②西洋農業は一部を除いて定着しなかった、③老農技術は①②を契機として見直された、との指摘について、前記した諸氏の研究を参考にし、あるいは批判的検討を加えながら、新たな史実を提示して修正を迫りたい。その際、次の四点に留意する。

第一　先行研究では明治初期の分析が少ないうえ簡略なところが多いので、本書では明治二年の民部官・民部省の政策を分析の起点とし、農商務省の設立を終点と定めた。農業政策は、その効果があらわれるまで幾多の歳月を費やすため、農業(政策)史研究の対象時期は長期間にわたる場合が多い。しかし、このことが個々の政策の実態を曖昧なものにしてしまうのである。本書が対象とする時期は農業(政策)史研究からみれば短い期間であり、その政策成果が十分に分析できないという弱点もあるが、個々の政策実態を明確にすることを優先した。

第二　通説では農業技術や農法等を在来(日本)と外来(主に西洋)と区分して分析する場合が多いが、両者を隔てる国境は、明治日本の農業史研究においてどれほど有効な存在であったか疑問である。徳永氏が指摘したように、明治前期の日本という新生国家の、ある一地域に新しく入ってきた農業技術や農法は、その地域の農民にとっては日本国内の農法等であっても、外来と認識されるのではないだろうか。さらに勧農政策を推進する官員が持つ農業データ等については、質・量ともに在来(国内農業)と外来(外国農業)の差はそれほどなかったと思われる。

第三　在来農業から拒絶された西洋農業(特に農機具や種苗等)を羅列して、これが近代日本に根づかなかったと簡単に結論を出してはいないだろうか。ちなみに老農たちが活躍する共進会は、フランスのコンクールを模倣したもので、明治日本に広く定着した西洋の農業制度であり、とても例外として説明できるものではない。

第四　内外植物の試験・導入事業は重要政策であるにも関わらず、先行研究では軽視されてきたので、本書では重点的に分析する。

四　本書の構成と課題の設定

本書では明治前期の勧農政策について、第一部で明治二年(一八六九)から六年までの民部(民部官・民部省(民部・大蔵省合併期間も含む))・大蔵省期、第二部で明治七年から九年までの内務省勧業寮期、第三部で明治一〇年から一四年までの内務省勧農局期に区分し、その時期的特徴を分析する。

第一部は二章構成で、第一章は民部省(民部官)期、第二章は大蔵省期を対象とし、それぞれ勧農政策に関する政治・経済的動向と、農業調査や植物試験等の具体的な勧農事業について論述する。第二部では勧業寮の誕生と廃止、第三部では勧農局の誕生と農商務省の設立までの期間を検討するが、第二部と第三部はともに三章構成とし、第一章では政治・経済的側面からみた勧農(勧業)政策の動向、第二章では西洋農業制度の導入と国内外の農業調査、第三章では具体的な勧農事業として植物試験、農具導入・改良、農書編纂の三事業を素材とし、事業の特徴と変遷を分析する。(15)

第二部と第三部の第一章において政治・経済的側面からみた勧農(勧業)政策の動向を分析する際に、本書では特に大蔵省期・内務省勧業寮期に進められた政策が勧農局期に転換されたのか着目する。上山和雄氏は明治一二年に内務省勧農局長松方正義が著した「勧農要旨」を契機として、政府の事業興起・資金貸与といった直接的勧業が、「人民ノ自為独立」「競進ノ気勢」を創出する間接的勧業に転換しつつあったと述べているが、[16]その後の諸氏の研究では見解が分かれているところである（第三部「はじめに」参照）。この点は一四年四月の農商務省設立に密接に関わるところなので、本書では転換の実態と直接的・間接的勧業という意味について留意しながら分析を進める。

第二部と第三部の第二章において西洋農業制度の導入を分析する際、農区制度を基礎とした農事通信・勧業諸会等に着目する。そして、これら諸制度が産業不振の打開、国民への勧業精神の扶植を実現するために、どのような役割を果たすことが期待されたのかを明らかにする。ところで、これらの農業制度の導入・実施は、外国植物・農具の導入に比べて少々遅れることとなった。それは西洋から購入した植物の種苗等は、すぐに試験・頒布することができるが、西洋の農業制度は、まずその内容（運営の規則や方法等）を理解した後、国内農業に適合するために再設計する必要があったからである。古島敏雄氏は西洋農業の動向が遣米欧使節一行の視察、海外の博覧会への参加経験、外国人教師の進言の三つの機会に把握されたと述べている。[17]西洋の農業制度も、これと同じく大蔵省期において岩倉使節団やウィーン万国博参加の報告書等を通して日本に紹介されたが、すぐに実施されず、内務省勧業寮期に検討され、勧農局期に実施に移されるのである。さらに第二章では、国内外の農業調査について論述し、政府が外国農業とともに国内農業についても熱心に調査にあたっていた事実を明らかにする（なお、「万国博覧会」「内国勧業博覧会」は、適宜「万国博」「内国博」等と略す）。

第一部の各所、第二部と第三部の第二章においては勧農事業（植物試験、農具導入・改良、農書編纂）を分析する。植物試験事業は、前述したように政府が最も力を入れた事業である。そこで本書では、民部省期の西洋種苗の購求と府県頒布、東京における試験場設置、大蔵省期の西洋種苗の府県頒布と内藤新宿試験場の設立、内務省勧業寮期の内藤新宿試験場における内外植物の試験と府県頒布、内務省勧農局期の三田育種場における内外植物試験と種苗交換、及び外国植物の適地試験について検討する。近世の農政においては米穀生産に重点が置かれたため、果樹等の栽培には積極的ではなかった。そこで政府は日本各地における効率的栽培をめざして気候風土に考慮して、果樹・綿・甜菜・煙草等の栽培試験を行った。稲作不適合地に果樹等を栽培することは産業増進につながり、荒蕪地が畑地に変換すれば、そこは地租の対象地となる。また、明治維新により失業した士族に生業を与えることは政府の重要課題であり、国内外植物を問わず、積極的に荒蕪地や稲作不適合地に適する植物を試験していく理由の一つがここにあった。

農具導入・改良事業における西洋農具の導入については、研究史上の評価は非常に低い。その原因の一つが政府が在来農業を軽視したことに求められている。それでは政府の農政官たちは国内農地の状況を本当に軽視していたのであろうか。日本を開国したペリー艦隊が、幕府への贈答品として蒸気車や電信機とともに、多くの農器具を持参していたことは、あまり知られていない。この農器具類について、ペリー艦隊の通訳官サミュエル・ウィリアムズは次のように記した[18]。

これらの機具の大半は、日本の農民や庭師にはあまりにも高価で、取扱い方も複雑すぎるのではあるまいかと気がかりであった。当地で耕作機を使うにしても、ちょうど中国の場合と同じように、耕作地の規模が狭すぎて算盤に合うまい。それに、労働力が非常に豊富なので、こんな機具はいらないのだ。

ウィリアムズは日本滞在中に農村散策を繰り返した。この際に区画が狭小な農地と、あり余る労働力をみていたのである。散策によってペリー艦隊の通訳官にわかったことが、明治の農政官には、わからなかったのであろうか、大いに疑問の湧くところである。そこで本書では、農具導入・改良事業における担当官の構想を明らかにするとともに、各府県に頒布された西洋農具の使用状況等を分析しながら、その事業の実態を追究する。

農書編纂事業は、本書が取り上げる勧農事業の中でも最も研究蓄積が薄い分野である。それは官営工場や牧場等に比して経費もかからず、日本の資本主義化への関連性も薄いと考えられたからではないだろうか。本書では内務省の農書編纂事業において刊行された農書の特色を析出するとともに、事業の中心人物の織田完之の勧農構想に着目し、農書が果たすべき役割として、どのようなことが期待されたのか、織田をはじめとする農政官が、西洋農業と在来農業に対してどのような見解を抱いていたのか明らかにする。

以上、本書全体では次の三点を明確にしながら論を進めていくこととする。

①内務省以前の勧農政策の実態と、内務省の政策との関連。

②内務省勧業寮の誕生と廃止、勧農局誕生の経緯。

③農商務省設立と勧農政策との関係。

そして、結論として研究史上の問題となっている次の三点について回答する。

第一　明治前期の農政は西洋農業一辺倒で、在来農業を軽視または無視していたのか。

第二　「勧農要旨」を契機として殖産興業政策は直接的勧業から間接的勧業に転換されたのか。

第三　「勧農要旨」は大久保利通の勧業政策を継承しようとしたのか、あるいは転換しようとしたのか。

註

（1）「大蔵大臣伯爵松方正義閣下の演述」（『大日本農会報告』一〇七、一八九〇年六月）。

（2）井上勲「一九八二年の歴史学界—回顧と展望—近代二」（『史学雑誌』九二(五)、一九八三年五月）。井上氏は「個々の論文は論文として自からの論をもちたいものである、自からの断案をもちたいものである」とも記している（同、一二八頁）。

（3）山田盛太郎『日本資本主義分析』岩波文庫、一九七七年、七頁。初版は一九三四年刊行。
（4）永井秀夫『明治国家形成期の外政と内政』北海道大学図書刊行会、一九九〇年、第五章（初出は「殖産興業政策論」『北海道大学文学部紀要』一〇、一九六一年一一月）。石塚裕道『日本資本主義成立史研究』吉川弘文館、一九七三年、第一、二、四章。
（5）鳥海靖他編『日本近現代史研究事典』東京堂出版、一九九九年、一六一〜一六二頁（執筆は小風秀雅氏）。
（6）石井寛治『日本経済史』東京大学出版会、一九七六年、第二章四。石井氏は、殖産興業政策が工部省から開始されるとの従来の見解に対して、その前に、幕営工業の官収等、無視し得ない重要なものがあり、これを過渡的段階（一八六八〜七〇年）として設定した。
（7）神山恒雄「殖産興業政策の展開」（大津透他編『岩波講座日本歴史』一五近現代一、岩波書店、二〇一四年）。
（8）大日方純夫他編『内務省年報・報告書』二、同三、同五、三一書房、一九八三年。明治八年度報告（第一回）は内務省勧業寮初の報告書ということもあり「沿革ノ概略」という事務報告が筆頭項目であるが、事業報告の筆頭は二番目に掲載された「植物ノ件」である。明治一二年五月に内藤新宿試験場が廃止されると、一一年度報告（第四回）の筆頭項目は「沿革」で、次は「養蚕試育」となり、七番目の報告でようやく「植物苗種頒布」が記載された。この報告順位の低下は、適地適作の進展により府県における植物試験が盛んになり、政府の役割が低下したことが理由の一つであると考えられる。また一二年度報告（第五回）からは事業ごとの報告ではなく部署ごとの報告に変わるが、沿革や事務（本務課、報告課）報告の後は陸産課の報告で、砂糖甜菜、煙草試植等について記されている（『内務省年報・報告書』六、同八）。さて、現在では草木全般を「植物」、田畑等で栽培された農作物を「作物」と記すが、本書では史料の表記にしたがい農作物についても、薬用植物、観賞用植物と同様に「植物」と表記する。

（9）　本書が特に影響を受けたのは、石井寛治『日本蚕糸業史分析』（東京大学出版会、一九七二年）と、高村直助『日本紡績業史序説』上・下（塙書房、一九七一年）である。

（10）　代表的な研究に農業問題を資本主義の動きから分析し、農家経営に視点を置いて小作争議の発生を検討した暉峻衆三『日本農業問題の展開』上・下（東京大学出版会、一九七〇・一九八四年）や、資本主義を地主制から分析し、小作料や租税が工業化への投資に転化していく点を明らかにした中村政則『近代日本地主制史研究』（東京大学出版会、一九七九年）がある。

（11）　西村・荒幡・勝部・徳永氏の研究は一書にまとめられている。西村卓『「老農時代」の技術と思想』ミネルヴァ書房、一九九七年。荒幡克己『明治農政と経営方式の形成過程』農林統計協会、一九九六年。勝部眞人『明治農政と技術革新』吉川弘文館、二〇〇二年。徳永光俊『日本農法史研究』農山漁村文化協会、一九九七年。伴野氏の研究は以下の通り。「明治一〇〜二〇年代の愛知県における勧業諸会と勧農政策の展開」（『経済科学』三三（三・四）、名古屋大学経済学部、一九八六年三月）、「明治一〇年代の愛知県における「農事改良運動」の展開」一〜四（『経済科学』三四（四）、一九八七年三月。同三五（三）、一九八八年一月。同三六（二）、一九八八年一二月。同三六（三）、一九八九年二月）。友田氏の研究は以下の通り。「『米欧回覧実記』と日本農業」（『農業史研究』二八、日本農業史学会、一九九五年一二月）、「岩倉使節理事官『理事功程』と日本農業」二（『農村研究』八四、東京農業大学農業経済学会、一九九七年三月）、「ウィーン万国博覧会と日本農業」上・下（『農村研究』八八、一九九九年三月。同八九、一九九九年九月）、「農政実務官僚岩山敬義と下総牧羊場」一・二（『農村研究』九四、二〇〇二年三月。同九五、二〇〇二年九月）、「伊地知正治の勧農構想と内務省勧業寮」（『日本歴史』六五〇、二〇〇二年七月）、「ウィーン万国博覧会と日本における養蚕技術教育」（『技術と文明』一三（一）、日本産業技術史学会、二〇〇二年八月）、「明治初期の農業結社と大日本農会の創設」一（『農村研究』一〇二、二〇〇六年三月)。
(12) 津下剛『近代日本農史研究』光書房、一九四三年。斎藤之男『日本農学史』農業総合研究所、一九六八年。
(13) 海野福寿「外来と在来」(同編『技術の社会史』三、有斐閣、一九八二年)、一五~二一頁。
(14) 木村茂光編『日本農業史』吉川弘文館、二〇一〇年、二八四頁(執筆は坂根嘉弘氏)。
(15) 本書では「農学」「農法」「農業」、「泰西」「西洋」「欧米」、「民業」という言葉が頻出する。「農学」は農業に関する原理・技術を研究する学問として、「農法」は農学や古来からの経験に基づいて編み出された農作についての方法として、「農業」は「農学」「農法」をはじめ植物栽培や農具使用等、農事全般を含む意味で使用した。「泰西」「西洋」「欧米」は同義とし、引用史料や文献の表記を優先して使用したが、それ以外は「西洋」を使用した。「民業」は官業に対する民営事業という意味とともに、一般の人々の生業という意味でも使用した。また、本書では西洋から導入された農業制度として、農事通信、農区、勧農会社、勧業諸会(博覧会、共進会、農事会・農談会)等について分析した。このうち勧業諸会を制度と呼ぶことは適切ではないかもしれない。農業制度は農事通信規則等といったように規則によって運営される。本書では、これらの規則(共進会規則等)を導入(模倣)して勧業諸会が開設、運営されていくという意味で、勧業諸会も農業制度として取り扱った。
(16) 上山和雄「農商務省の設立とその政策展開」(『社会経済史学』四一(三)、一九七五年一〇月)。
(17) 古島敏雄『資本制生産の発展と地主制』御茶の水書房、一九六三年、三八六頁。
(18) サミュエル・ウィリアムズ(洞富雄訳)『ペリー日本遠征随行記』雄松堂書店、一九七〇年、二三五~二三六頁。ペリーの贈答農具はプラウ(西洋犂)や、カルチベーター(耕耘・除草器)等の畜力農具からナイフや鎌等の小型農具まで一六〇点もあった(拙稿「ペリー来航と西洋農具」(『神奈川県立歴史博物館総合研究報告』二〇〇五年三月))。

第一部　民部・大蔵省期の勧農政策（明治二〜六年）

はじめに

第一部では、第一章で民部省期（明治二～四年（民部・大蔵省合併期間も含む））、第二章で大蔵省期（明治四～六年）の勧農政策について追究する。

明治新政府は王政復古に基づき太政官制を採用し、明治二年（一八六九）四月に民政を掌る機関として民部官を設置したが、同官は同年七月に官制改革により民部省と改称された。第一章では民部官・民部省が実施した勧農政策を分析するが、この時期の民政は都市に滞留する窮民、貧窮した士族の授産に重点が置かれており、窮民を帰農させて荒蕪地を開墾させる救済策が実行された。この荒蕪地を開墾する農法として西洋農業が採用されたのである。

民部省とこれに続く大蔵省期の農政を扱った研究としては、古島敏雄氏が開墾・治水が農政の主要な問題であり、当時の重要輸出品であった生糸の製造法の改良にも力が注がれたと述べている。また明治二年の洋牛・洋豚の購入、牧場奨励、明治三～四年の外国植物の種子頒布、外国人農業指導者の雇用等を掲げ、後年の欧米化政策の端緒がみられると指摘する。しかし、これらが積極的に展開するのは、岩倉使節団派遣により欧米農業事情を知った後のことであると記している(1)。古島氏の指摘のように岩倉使節団帰国前の農政の内容は、開墾、治水、生糸改良、未熟な西洋農業導入の四点に要約できるが、これらの政策は生糸改良を除けば、詳細に分析されたうえで評価されているわけではない。その理由として史料が乏しいことが挙げられるが、当該期は版籍奉還から廃藩置県へと中央集権国家の基礎が確立される時期にあり、政府の舵取りがぶれるたびに農政担当機関は民部官↓民部省開墾局↓同勧農局↓同開墾局↓

同勧業局→大蔵省勧業司→同勧業寮→同勧農寮→同租税寮勧農課→同勧業課とめまぐるしく変転し、これに伴い政策指針も安定しなかったため、一定の評価を下すことが困難だからである(2)。

そこで、まず第一章では民部省期（明治二～四年）という郡県制度の基礎が確立される時期を対象とし、士族を中心とした窮民による開墾政策を軸として、西洋農業導入の契機を考察するが(3)、その際に民部省期を前後に二分し、それぞれの特徴を抽出して勧農政策を評価する。前期（民部官～民部省開墾局期、明治二年五月～同三年九月）では、国政と密接に関係する東京府の下総開墾政策の管理、東京府の桑茶植付政策、開墾地調査について検討し、後期（民部省勧農局～同開墾局～同勧業局期、明治三年九月～同四年七月）では士族開墾の推進から西洋農業の導入が志向される道筋を明らかにする。

第二章では大蔵省の勧農政策の実態を究明することを目的とする。明治四年七月一四日、廃藩置県が断行され、政府は中央集権化をめざす代価として諸藩の莫大な負債を抱えることとなった。同二七日に民部省は廃止され、その業務の大半は大蔵省に引き継がれた。厳しい財政状況下、大蔵省は民部省が進めてきた勧農政策の大幅な見直しをはかるのである。

先行研究によれば明治前期の勧農政策の一つである西洋農業の導入は模倣的色彩が強く、農村内部から盛り上がる実践的技術とは遊離しており、西洋種苗については無系統的に導入し、かえって在来種改良の目的を混乱させる危険があったという。しかし畑作物の種子輸入は重大な意義を持ち、当時の輸入によって今日の品種の基礎を築いたものも多い、と一定の評価も与えている(4)。この通説の欠点は勧農政策を分析する時期を内務省期（明治七～一四年）以降に置いており、政策の実質的な始動期である大蔵省期を軽視しているところである。この大蔵省期における種苗・農具の輸入について検討した斎藤之男氏は、種苗では外来小麦以外は成果に乏しいが商品作物選択のよりどころを与えたと評価している。[5]以上のように大蔵省期の西洋農業の導入政策の中では、種苗輸入については評価されている部分もある。そこで、本章では種苗輸入（植物試験）とともに開墾事業や農業調査等を検討し、大蔵省期の勧農政策を再評価する。

従来、軽視されてきた大蔵省期の勧農政策は、近年、小幡圭祐氏により研究され、次の点が明らかにされた。[6]①大蔵省が当初進めた官営事業の民営会社委託が困難となり、その後は民営会社の去就を府県に委ね、官営事業や財政援助に専念するようになった。②大蔵省勧農政策の基調は「「士民」による会社のもとで行われる民営事業に依存しつつ、勧農寮（租税寮）はあくまで「保証」として官営事業や財政援助を実行するという民営奨励方針」であった。③勧農資金となる勧業資本金の設置の最大の目的は、井上馨の富国構想にみえる東北開発にあった。④明治五年一〇月の勧農寮廃止後、勧業資本金の制度整備が進んだ。⑤明治六年五月の井上馨辞職後に省務を担った大隈重信は、勧農政策よりも交通インフラの整備を優先したが、松方正義等は井上大蔵省の勧農構想を継承した。⑥勧業資本金は増加して海外視察・留学から帰国した農政官僚の経験を活かす素地をつくり、内藤新宿・駒場野の試験場の整備や農業教育の導入等、内務省勧農政策の特質を準備することとなった。これらの指摘の中で大蔵省が民営事業を重視した点や、大蔵省勧農政策が内務省勧農政策の特質を準備したとの指摘は、従来の研究に欠如していた点を明らかにした大きな成果である。第二章ではこれらの点を踏まえて分析を進める。

大蔵省勧農政策を分析するうえでは、その政策を支える資金となった勧業資本金の創設過程を解明することが重要である。廃藩置県が断行された翌月（明治四年八月）、大蔵省は民部省が進めてきた荒蕪地開墾政策を中止し、荒蕪不毛地払下規則を布告し、翌五年二月には近世において守られてきた御林＝官林の払下規則を布告した。すなわち、民部省が推進してきた荒蕪地開墾政策を売却政策に変更したのである。荒蕪地・官林払下については、従来は地租改正研究からアプローチされてきた。福島正夫氏は荒蕪不毛地払下規則について、農民の苦情の有無に拘わらず落札がなされる、極めて強引な性格であると指摘し、官林払下については政府が「財政上の急場しのぎ」に旧政府から受け継いだ財産の投げ売りであると指摘している(7)。しかしながら、「財政上の急場しのぎ」ならば、払下代金は一般歳入として国庫に入れなければならないが、実際は勧業資本金として一般歳入とは別に省内に貯蓄されたのである。

萩野敏雄氏は、政府の開墾政策が荒蕪地払下により「士族授産目的を捨て、身分(士族・平民)を問わない競争入札へと転換」し、これが「官林にも波及する」と述べている(8)。確かにこれら払下規則に士族を優遇する項目はない。しかし、政府がいかなる目的をもって荒蕪地・官林売却代金を貯蓄していたかを検討することにより、士族授産の目的を捨ててはいないことが明らかになるであろう。

右の先行研究を踏まえ、第二章では、まず第一節で明治四年九月に布告された「田畑勝手作」許可と呼ばれている近世来の作付け制限を撤廃する法令を検討する。この法令は適地適作を推進するとともに、明治前期における在来・外来植物の試験・頒布を促進し、近代日本の勧農政策の幕開けを象徴する重要法令となったからである。次に荒蕪地と官林払下の実施を分析し、井上馨の勧農構想を概観する。第二節では試験場等の設置、民営会社による開墾事業の開始、西洋植物試験、国内外農業調査について検討し、適地適作方針の下、実施された勧農事業の実態を分析する。そして第三節では明治五年一〇月の大蔵省勧農局廃止後の勧農事業と、荒蕪地・官林払下の停止について論述する。

以上の分析を通して、第二章では①大蔵省の勧農政策において西洋農業導入は、農業の現場と乖離した政策だったのか、②在来農業は軽視されていたのか、③荒蕪地・官林払下の目的は何か、④同政策と士族授産との関係はどのようであったのか、という点を解明する。そして、最後に、明治二年から六年までの民部・大蔵省期の勧農政策を俯瞰し、内務省期への展望を述べることとする。

註

(1) 古島敏雄『資本制生産の発展と地主制』御茶の水書房、一九六三年、三八五〜三九〇頁。

(2) 農林省農務局編『明治前期勧農事蹟輯録』上、大日本農会、一九三九年、五〜六頁。当該期間の農政については、斎藤之男氏が農学導入という観点から述べているが、論述の比重は大蔵省期以降にあり、民部省期の記述は少ないうえ概説的である(『日本農学史』農業総合研究所、一九六八年、八七〜九八、一〇四〜一〇五頁)。

(3) 旧武士層の呼称は、中・下大夫士、士族・卒等と変更されるが、本書では「士族」に統一する。

(4) 農業発達史調査会編『日本農業発達史』一、一九五三年、中央公論社、一一二〜一一八頁。

(5) 前掲、斎藤『日本農学史』九七〜一一二頁。

(6) 小幡圭祐「明治初年大蔵省勧農政策の展開過程」(『歴史』一一五、東北史学会、二〇一〇年九月)。同「明治初年井上馨と大蔵省勧農政策」(『日本歴史』七五三、二〇一一年二月)。同「明治初年大隈重信と大蔵省勧農政策」(『歴史』一一八、二〇一二年四月)。小幡氏の研究は、二〇一八年二月に『井上馨と明治国家建設』(吉川弘文館)としてまとめられた。

(7) 福島正夫『地租改正の研究』増訂版、有斐閣、一九七〇年、五二〇〜五二六頁。

(8) 萩野敏雄『日本近代林政の基礎構造』日本林業調査会、一九八四年、四〇〜四一頁。

第一章　明治初期民部省の勧農政策（明治二年四月〜四年七月）

第一節　民部官〜民部省前期（明治二年四月〜三年九月）

1　窮民対策と開墾政策

明治二年（一八六九）二月五日、政府は府県制の確立を推進するために「府県施政順序」を布告し、知府県事の職掌、税制調査・改正、戸籍編成等、施政大綱を一三項目掲げた(1)。農政に関する項目は「凶荒預防ノ事」と「地力ヲ興シ富国ノ道ヲ開ク事」の二項で、後者では、「開墾、水利、運輸、種樹、牛馬繁畜等、生産ヲ富殖スルヲ講究シ、総テ眼ヲ高遠ニ著ケ著実ニ施行スルヲ要ス」と、富国の方法として開墾が筆頭に掲げられたが、施政方針という性格上、その具体策は記されなかった。

また、「府県施政順序」の「窮民ヲ救フ事」の項では、「貧院、養院、病院等」の設置が掲げられた。維新の混乱により生じた窮民は、東京府等の都市部に滞留し、治安上、深刻な問題となっており、行政官と東京府はその対策を打ち出していく(2)。明治二年三月八日、行政官は戸籍改正により脱籍無産者を取り締まるとともに、府下の家屋に無籍者を寄留させることを禁止し、同一〇日には東京府に対して無産者を下総小金原に移送し開墾に従事させるように命じた(3)。下総開墾の目的は、東京府が「遊民ヲシテ一般ニ之ヲ駈逐シ開墾場ニ赴カシメ」ることと記しているように、府内から窮民を駆逐し、治安上の問題を排除することであった。東京府は「脱浪徒輩ノ多キ今日ヨリ甚シキハ無之処、一時ニ戸籍ヲ検査シ、強テ督責ヲ厳ニスレハ、所謂反側子ナル者自ラ不相安、種々ノ紛々ヲ生シ可申儀、非無其理候」と、「反側子」等の不穏分子の暴発を恐れていた。そこで開墾による授産という名目で、「反側子」を刺激せずに府外に放逐する手段をとった(4)。開墾と窮民救助が結合され、治安維持策として具体化されたのである。

明治二年四月八日、民部官が設置され、府県事務を統轄し、戸籍・駅逓・橋道・水利・開墾・物産・済貧・養老等を管理することとなり、五月には民部官に開墾局が置かれ、東京府の下総開墾を管轄することになった(5)。同一二日に大蔵省より開墾局に経費が交付されたが、その際、東京府が進呈した「起業方法大意書」中の「窮民授産起業方法」には、東京府の衰退を挽回するには「海内ノ全力ヲ以テ之ヲ済救セサル可カラス、豈ニ僅僅タル一府庁ノ能ク幹弁シ得可キ者ナランヤ」と記された。また、府県の開墾を政府機関が関与するべきではないという意見があり、これに対しては「今回ノ工事ノ如キハ、窮民就産ノ方策ニ出ル者ニシテ、敢テ奏効底績ヲ競争ス可キニ非ス、今マ若シ本局ヲシテ疏鑿開墾ヲ総管セシメサレハ、則チ就工ニ際シテ妨碍ヲ来スヤ必セリ」と応えた(6)。東京府の窮民対策＝開墾事業は、一府庁のみでは管轄することができない重大な事業と考えられたため、民部省が管轄することとなり、その成績は度外視されたのである。

その後の下総開墾は、天下井恵氏の研究によれば次の如くである。政府は三井等の商人を中心に開墾会社を設立させ開墾を請け負わせた。移住者は六一五八名で八割が都市窮民で士族は少なかった。当初、自費開墾者(農民)を入植させ、農業に不慣れな窮民とともに開墾に従事させるはずであったが、結果として自費開墾者は認められなかった。このように当初から開墾成功の根本的条件を欠いたまま窮民の入植が強行された。その後、台風等の被害もあり開墾会社は経営に苦しんだ結果、明治五年に解散した。この際に開墾民の借財返済は免除されたが、独立農民として原野に放り出され、その大部分は以後二～三〇年内に離村した。天下井氏が指摘するように、下総開墾は東京府による棄民政策であった(7)。

明治二年七月八日、政府の機構改革により民部省が誕生し、民部官の業務を引き継いだ。同二七日、「府県施政順序」を細密化した「府県奉職規則」が布告された(8)。勧農に関する項目として、「古田畑ヲ不怠培養シ、又ハ土地ヲ開墾シ、山野河海ノ利ヲ興シ、生産ヲ富殖シ、庶民職業ヲ勉励繁盛ナサシムヘシ」と掲げられた。この項目の附には「農ハ田畑永代売ヲ停止スル旧制ニ法リ、貧民ニテモ田畑ニ離レヌ様、良制ヲ立、又ハ漸次質地譲リ帰シ等ノ処分ヲ著ケ、生産ニ基様熟慮スヘシ」と記され、近世以来の田畑売買禁止を再確認し、農民を土地に緊縛し、田畑の荒廃を防止しようとした(9)。また、「貧民」の都市流入を防止するとともに、「府県施政順序」で示された戸籍編成のため「貧民」の離村を食い止めようとしたのであろう。同年九月に、太政官が「東京中、非人乞食共」の中から、「壮健ノ者ハ旧里へ引渡候ニ付、藩県ニテ受取候上ハ、以後再度管轄外へ不立出様、屹度処置可致事」と布告しているように(10)、政府は「貧民」等の帰郷と離村防止に神経を尖らせていたのである。

明治二年に始まる民部省と東京府の開墾政策の主眼は、維新変革により大量発生した窮民を東京府外に駆逐して生業を与えることにあり、産業奨励よりも治安維持に重点が置かれていたのである。

2　邸宅跡地の開墾

政府と東京府は下総開墾により府下の窮民授産を開始したが、明治二年は天候不順による大凶作にみまわれ、八月二五日には節倹の詔が出されるに至った。詔によれば、「諸道不作、物価日増ニ騰貴、無告之窮民ハ勿論、一同之難渋差迫リ、殊更東京ハ近来衰微之砌、人口ハ従前ノ通莫大ニテ遊民最多ク、漸次産業ニ基クヘキ御施法モ未タ行届カセラレサル中、今日ノ姿ニ相成、且又京都ニ於テハ即今御留守ト相成、自然職業ヲ失ヒ、困窮ニ立至リ候者モ不少」という状況で、東京と京都の窮民救助は焦眉の急となっていた[11]。政府は同二八日に、東京府に三〇〇〇石、京都府に七〇〇石の米を発給したが、これは「漸次産業ニ基クヘキ御施法」ではなく応急処置であり、両府は新たな対策を立てる必要に迫られていた[12]。

このような中、東京府大参事の大木喬任は、維新変革の過程で上地された諸藩、幕府旗本等の邸宅跡地に目をつけた。これらの邸宅跡地は約三〇〇万坪に及んだが、居住者はなく荒廃したままで治安悪化の原因ともなり、東京府の頭痛の種となっていた。明治二年八月一五日、東京府は政府に対し、「府藩県三治一定ノ御規則ニ基キ、敢テ東京地方ノミ人煙稠密ヲ競候訳ハ無之、然ルニ府下庶民共苟安ノ常情ヨリ、右體更始ノ御主意モ相弁兼、徒ニ奢侈ノ末弊ヲ慕ヒ、……次第ニ窮民相生シ、遂ニハ不可救事ニ可立至哉ト深ク焦慮罷在候」と述べ、この対策として邸宅跡地を開墾して桑茶園とし、「窮民開産ニ充行候積」であると上申し、許可された[13]。

本政策に関しては『東京都史紀要』（第一〇・農業（明治初期二））が詳述しているので、本節では桑茶植付策の経緯を記しながら、特に政策の目的について考察する[14]。東京府は明治二年八月二〇日に桑茶植付の規則を作成し、その前文で「皇国中ヲ相均候ハヽ、東京地方のミ人烟稠密を競ひ候訳無之」と、同一五日の上申にもある東京府の人口過密を抑制しようとする文言を繰り替えした。東京府は治安維持という緊急課題から人口管理に過敏になっており、府藩県三治一致＝「皇国中ヲ相均」という考えを元とし、桑茶植付策を人口抑制策として展開した[15]。桑茶植付の規則によれば、邸宅跡地には原則として桑か茶を植え付けることとされたが、地味に適合しない場合は府の許可を得てほかの作物を植えることができた。大木は桑茶栽培により養蚕業を刺激し、生糸輸出を増進させようと考えていたのであろう。邸宅跡地は入札による売却と窮民への貸与が行われ、地所を受け取った者は四ヶ月以内に桑茶を植え付けなければならなかった。また、これらの地所には貸長屋取建等、本来の目的以外の土地利用を禁止したが、ここには窮民の寄留場所をつくらないという意味も含まれていたようである。そもそも邸宅跡地を宅地でなく畑にすること自体、人口を抑制しようとする意図がみえるのである。

明治二年九月より地所の受け渡しが始まったが、一一月になっても桑茶を植え付けず、「等閑之向」があり、「実以不埒之至」なので、東京府は開墾期限が切れた者は「無容赦地所引上ケ候」と警告した。また、東京府は一〇月に桑苗四〇万本を取り寄せて売与したり、貧力の乏しい者には貸与する等してその普及につとめたが、これらの七〜八割は枯れてしまう結果となった[16]。三年二月になると、東京府は開墾地に番小屋設置を許可したが、「追々建足シ、貸長屋等ニイタシ候儀ハ勿論、床店様ノ類取建、商ヒ為致候ヘハ自然町並ニ成行候ニ付、堅ク禁止」するとした[17]。禁止したということは、貸長屋等が少なからず設置されていたのであろう。東京府の意に反して開墾地の「町並」化は進んでいくのである。結局、桑茶の植付けはなかなか進まず、四年八月二三日、東京府は桑茶二種の植付制限を解き、地味に適合した作物栽培を許可し、桑茶植付策は挫折した[18]。

明治五年になり桑茶園に地券を発行することとなった。正月に大蔵省から東京府に対して出された「地券発行地租収納規則」第九条では、「是マテ開墾地ノ名目ニ相成居候トモ、現今市街ノ景況ニ相成候歟、或ハ家宅取建候類ハ其近傍ノ地所ニ照準シ、相当ノ地価ヲ定、地券相渡可申事」と記された[19]。地券発行のための規則に、開墾地が「市街ノ景況」となっている場合が想定された。これは大蔵省が東京府の桑茶植付策の実態を踏まえたうえで作成した規則と思われる。二年九月の地所を割り当てた当初から、桑茶を植え付けない者が存在したことや、桑茶植付の規則に貸長屋建設等を禁止し、三年二月には、再度、禁止令が出されたことを考えると、桑茶植付の志願者の中には、当初から貸長屋等の営業を目論んでいた者が多かったのであろう。邸宅地跡周辺の市街地化は規則では止められない動きだったのである。

明治六年三月、桑茶樹芸の地に地券を配与する際の調査により、約一〇二万五二〇七坪が「桑茶存在スル所ノ地」とされたが、「府下方今往々制茶ノ業ヲ作シ、且茶店ニ自園ノ制茶ヲ売ル所ノ者ハ此樹芸アルニ拠ルト雖トモ、桑茶アルヲ以テ養蚕ノ業起ルヲ未タ聞カサルナリ」と報告された[20]。邸宅跡地三〇〇万坪のうち、三分の一の一〇二万坪に桑茶が存在すると報告されたが、桑の売却先である養蚕業が存在しないという記事と、前記した市街地化が進行している事実から、この一〇二万坪が正確に桑茶園の坪数をあらわしているのか疑わしい。また、たとえこの数の通りに存在しても、それら桑茶が有効に利用されていたとは考えられない。

以上のように邸宅跡地の桑茶植付策は実績を挙げることなく挫折した。後年、大木は「己は此の荒れ屋敷へ桑茶を植へ付けて殖産興業の道を開かうと思つた、今から思ふと馬鹿な考へで、……確かに己の大失敗であつたに相違ない」と述懐した[21]。邸宅跡地の桑茶植付策は下総開墾と同様に、府内の窮民を減少させる治安維持策であった。すなわち、下総開墾は府外に窮民を移動させて府内の人口を抑制し、邸宅跡地の桑茶植付策は宅地を畑にして、府内の人口を抑制する政策であった。

3　開墾地の調査―荒蕪地と官林の取り扱い―

「府県施政順序」の「地力ヲ興シ富国ノ道ヲ開ク」方法として「開墾」を掲げた政府は、税制調査の一環として開墾地の調査を開始する。会計官は明治二年二月、「郷帳」「大積明細帳」「村鑑帳」の提出を布告し、村勢を把握しようとした。「村鑑帳」には「高村名家数人別男女牛馬数」等のほかに、山林や土地の様子を記すように定められていた[22]。会計官の後身である大蔵省は、二年七月、伊豆国と関東府県に対して「御料御林、旧旗下上知林」の取締を指令し（御林取締令）、御林を開発する場合は「木品買請人吟味ノ上、御払ニ取計、地代金、鍬下年季等取調」、存置する場合には「反別木数、寸間相改」めるとともに御林帳の提出を命じた。[23] 同月に設置された民部省は、同年一〇月、「府県・預所アル諸藩」に「高反別取米永一村限帳」の提出を命じたが、ここには荒地の反別を記すこととなっていた。[24] 府県による御林帳提出は滞っていたようで、三年三月には民部省が御林帳の雛形を示して提出を督促するに至った。[25]

北條浩氏は、明治二年二月の会計官租税司の山林巡検、七月の大蔵省の御林取締令を分析するとともに、三年三月に民部省が示した御林帳雛形の調査項目に「開墾可相成場所有無」があるところから、政府の林野政策では「依然として開墾に重点が置かれている」と述べている。[26] しかし、御林帳雛形では、まず、御林・並木・竹御林の反別と木数、次に「一御林起立、一御林冥加永有無、一津出ノ次第、一開墾可相成場所有無、一御林木ノ内御用木可相成有無」を報告する旨が記され、その重点は御林等の現状調査に置かれており、これを伐採して開墾することに重点が置かれていたとは読み取ることができない。ただし、政府が御林（官林）調査を行っている間も、その伐木が認められた例がある。明治三年の事例を挙げると、①御林繁茂により耕地が日陰となってしまう場合（大津県）、②暴風雨により折れ枯れた場合（兵庫県）、③御林が悪木の場合（韮山県）であり、[27] 御林の存在により生活に支障が出る場合や御林としての存続が困難な場合に伐木が許可されたことがわかる。すなわち、政府の林野政策において御林は開墾対象ではなく保全対象であった。

第二節　民部省後期（明治三年九月～四年七月）

1　開墾政策の推進と西洋農業導入の志向

明治三年（一八七〇）八月に右大臣岩倉具視が記した「建国策」では、諸藩による士族の私有をやめさせて移住の自由を積極的に認め、「天下一家タルノ制度」＝郡県制度確立を推進し、帰農希望者に荒蕪地を開墾させる旨が示された(28)。その移住地について、「建国策」の原案となった岩倉の「国体昭明政体確立意見書」では、「三都府ノ如キ泰平ノ久、人民競テ輻輳シ遊柔惰発之風、殊ニ甚シ、故ニ目今ノ務メ如此ノ人民ハ駆テ鄙朴ノ地ニ就カシムルニアリ」と、三都府以外の「鄙朴ノ地」に定めた(29)。また、岩倉は「建国策」で、「郡県ノ制ヲ確立スルトキハ天下ノ力ヲ一ニシ、天下ノ勢ヲ均フス」と述べ、郡県の中で「勢」の強弱があってはならないと記した。したがって士族を「勢」の強い三都府ではなく、「勢」の弱い「鄙朴ノ地」＝荒蕪地に移住させ、開墾により地域産業を増進して「勢」を興隆し、全国の「勢」を均そうと構想したのである。士族等の「鄙朴ノ地」移住策は、諸県を均しく発展させる郡県制の主意に沿ってはいるが、現実問題としても窮民が集住し治安維持に苦労している東京府等に士族を移住させるわけにはいかなかった。

また、明治三年九月、大蔵大輔大隈重信も国権確立の方策の一つとして、「旧政ヲ改メ、弊事ヲ去リ、無用不急ノ秩禄ヲ削リ、曠土浮民ナカラシメ、用ニ節シ費ヲ省キ其会計ヲ公第シ政府ニ供セサルヘカラス」と述べ、秩禄処分、荒蕪地開墾、救民をセットとして考えており、これが当時の政府首脳部の共通見解であったといえよう(30)。さらに、同月、太政官は郡県制を徹底し、藩を府県と同質化し、三治一致を推進するため「藩制」を布告した。各藩の主導層は

藩体制を郡県制とするため、帰農法による士族解体を明確に意識するようになるのである。(31)

同月、太政官は「府藩県管内開墾地規則」を布告した。(32) 従来、政府が府藩県管内における開墾の認可権を握っていたため、開墾希望者は府県を通して民部省の許可を得なければならなかった。当然、認可されるまでに時間がかかり、これでは「時日相後レ、自然機会ヲ失ヒ、開業難行届儀」が生じたのである。そこで該規則により、開墾地が五町歩以内かつ自費による開墾で、村内や周辺村に対して支障がない場合に限り、府藩県に開墾の認可権を与えることとなった。この規則は、表向きは事務渋滞による開墾の遅延を危惧して発布されたものである。しかし、同年七月に民部省が弁官に対し、これまでの開墾は「煩ヲ厭ヒ候ヨリ、一応ノ伺モ不致取計候向モ有之、年々海内開墾ノ数モ難相分旁不都合ニ候」と上申しているところから、煩瑣な手続が開墾の進捗を妨げているというよりは、無認可開墾が増加して民部省がその実数を把握できない事態に陥っていたというのが実情である。(33) これでは開墾を管理する政府の威信はまるつぶれである。また、開墾地は将来的に地租の対象となるため、その把握は非常に重要であった。そこで小規模開墾に限って府県に認可権を与えて開墾の実態を把握しようとしたのである。

しかし、無認可開墾は簡単に矯正されなかった。明治四年正月に太政官は府藩県に対し、「近来農間ニ於テ竊ニ空地ヲ開墾」する者や、「隠地」や「無願シテ畑田成、田畑成及ヒ田畑ヲ屋敷地ニ致シ候類」が見受けられるので、「平常懇篤ニ説諭ヲ加ヘ漸々定制ニ帰」すように要請した。(34) 政府は隠田や無認可開墾の対策として、罰則を科すのではなく、「懇篤」という穏和な収拾策をとった。明治二年の凶作以後、有効な対策をとれない政府は、農民一揆がいつ勃発するかわからない状況に直面しており、さらに地方官からも民部・大蔵省批判が噴出していた。(35) この不穏な状況下、同年正月には元民部省御用掛の広沢真臣が暗殺される事態となった。

さて、この時期の府県による開墾申請は、当然ながら窮民救助を目的としたものが多い。例えば宮谷県は、明治三年七月、民部省に対して「極々困窮ニ陥リ候村」の生計を立てるため、不毛地等の開墾を申請した。この伺いは再調査を求められた結果、四年二月に九十九里浜と鹿島浦近傍地の開墾が認められた。また、伊那県は、三年一一月、「窮民ヲ救助シ他出ヲ止メ、次ニ捨子堕胎等之悪弊ヲ除ク道ヲ開キ、厚ク説諭ヲ加ヘ、其弊無之様ニ仕度、其救助永久之策」として開墾を申請したが、民部省は再度精細に取り調べる旨を返答した。その後、この申請の可否は不明である。(36) 結局、明治三年における下総ほか三府一三藩一九県の開墾面積は二五九六町余に及んだ。(37) この中には宮谷、伊那県のような窮民授産を目的とする開墾が数多く含まれていたと思われる。

明治三年一二月に、民部省勧農局は開墾局と改称され、増加する開墾事業に対応することとなった。四年正月、民部省は府藩県の荒蕪地開墾を推進するため、開墾局員を陸奥・出羽・信濃・越後等に派遣し、翌二月には開墾に対する心得（以下「開墾心得」）を布告した。(38)「開墾心得」の冒頭では維新以来の改革により「列藩悉ク禄制ノ変革等ニ取掛リ、是迄ノ士族卒其家禄ヲ減シ、或ハ帰農商等ノ事ヲ以テ誘導スト雖モ、之カ生業ヲ営マシムルノ方法無之ニ於テハ、其極生活ス可カラサルニ至」ったと記された。また、千田稔氏が、版籍「奉還後の改革以降では士族卒の動揺・反抗事件が増加し、その要因が禄制改革に収斂してきた」と指摘しているように、(39) 禄制改革を要因とする治安悪化に府藩県は悩まされていた。士族への具体的生活手段の提供は火急の問題となっており、政府は勧農局を開墾局と改称して開墾事業を最優先に推進しようとしたのである。

「開墾心得」を要約すれば以下の五項目となる。

①士族に荒蕪地を与えて就農させせれば、「無用ノ廩禄」を省くことができるうえ、農業増進により国力も増益し「一挙両便」である。

②府藩県の開墾は農民・商人の力を借りた結果、開墾地が豪農豪商の手に落ち、「耕耘ノ術、精細ニ行届カサル」

状況となった。それゆえ、以後の荒蕪地開墾政策は、速やかにその目的と方法を立てて取りかかることが必要である。

③人口(労働力)の地域格差を解消するため、「移民平均ノ目的」を立てて東北等の広漠無人の地に士族を土着させる。これは「郡県制度ノ御主意」を貫くことにもなる。

④開墾には「海外便用ノ農器」を使用して労働節約をはかるとともに、「農学教授」を招聘し、全国の利益増進につとめる。

⑤これらの政策は強引に施行せず、現場の事情を考慮して進める。

民部省は開墾地として具体的に東北等の荒蕪地を示し、ここに士族を移住させて人口粗密を解消しようとした。また、労働力が寡少な荒蕪地において外国農具を用い、外国人農学者の指導を受けるなど、外国農業の導入方針を明確に示したのである。「開墾心得」の①士族による荒蕪地開墾、③郡県制確立のための士族の荒蕪地移住等が、岩倉具視の「建国策」「国体昭明政体確立意見書」と一致していることから、「開墾心得」は岩倉の意見を具体化したものといえよう。

明治四年二月、「開墾心得」布告と軌を一にして民部省は直轄化により荒蕪地開墾を強力に推進するため、東京府に委任していた下利根川寄洲開墾事業を管轄することにした(40)。また、同月、民部省は太政官に対し、荒蕪地開墾後の構想として「方今官民ノ被服多クハ毛布ヲ用フ、宜ク務メテ牧羊ノ事業ヲ興創」し、「外国人ニシテ開墾牧畜ノ事業ニ熟達セル者一二名、若クハ三四名ヲ雇用シテ、土地ヲ相視シ開墾牧畜ノ事業ヲ開行シ、且ツ農業学校ヲ設立シ以テ牧畜樹芸ノ方術ヲ実際ニ伝習セシム」と上申した(41)。つまり、民部省は開墾後の計画として、牧羊業導入と外国人による牧畜指導、農業学校設立を構想したのである。「開墾心得」を機に、農政ははっきりと外国に目を向けるようになったのである。

政府は富国を実現する手段として開墾事業に着目し、まず土地調査を開始した。その過程で開墾を妨げる要因を把握しながら、農業振興（国力増進）と士族授産を目的とした荒蕪地開墾を提唱するに至ったのである。一方、官林の取り扱いは荒蕪地と異なっていた。明治四年七月、民部省は「官林規則」を布告した[42]。本規則は前節で述べた御林調査や伐木事例を踏まえて作成されたようである。規則は全六項目で、第一項では山林の植栽・培養に心がけ、「眼前ノ小算」によりみだりに伐採しないという全体的な心得を示した。第二・第三項は伐木可能例として「立枯、根返、風雪折、朽腐木、往来ヲ妨、田園良木ヲ害スル」場合、「鉄道並船艦製造、官舎営繕、用水路樋、橋梁、堤防等」に使用する場合を掲げたが、無制限に許可したわけではなく、濫伐禁止等の条件を記した。第四項は松・杉・檜等の培養重点樹木の提示で、第五・第六項は伐採禁止地として諸街道の並木や水源林を掲げた。すなわち、政府の林野政策においても荒蕪地は開墾対象で官林は保全対象であった。

2　アメリカ農業の導入

(1) 外国作物の種子頒布

外国作物の試験的導入は、「開墾心得」が布告された明治四年二月より早く実施された。三年四月、民部省は東京府開墾局等に西洋牧草・甜菜・蕪菁等の種子を、諸県にはアメリカ綿を頒布し、「蒔付培養方共、御国同様取扱」うように指令し、同年一〇月には東京府に対して試験の結果報告を求めた[43]。民部省は東京府とともに窮民による開墾政策を推進していたので、これらの種子は開墾後に播種することが想定されていたのであろう。また諸県にアメリカ綿を頒布したのは、綿の輸入に対抗するため、試験的に頒布されたと思われ、試験後は府県開墾地への導入が計画されていたのかもしれない。

明治四年三月四日、大蔵省は、各地にオーストラリア産の綿種子を頒布し、「其地ニ於テ種植相試ミ成熟ノ模様細記ノ上、種子二三合相添、早々可差出事」と布告した[44]。この試植結果であるが、韮山県では県下の村々に種子を分配し、当初は「殊之外致繁茂」したが、綿が採集できたのは稀であり、「土地柄相応不致候哉、又ハ培養方ニ寄リモ候義ニ候哉」と大蔵省に報告した。また、小菅県では綿作地帯であった埼玉郡から「種芸巧者」を選び試植したが、「何分、日数手数余計相掛候而、取上ケ方減少」したため、満足な結果報告とはならなかった[45]。

以上の外国産種子頒布については史料が乏しいため、その政策を評価することは困難である。また、農政担当機関が変転する中、試験を依頼された府県の対応も混乱したことが予想され、たとえ試験結果が政府に伝達されても、それが有効に活用されたかどうかは疑わしい。ともあれ、民部省期に外国植物の試験的導入が始まり、政府による府県への試験依頼→府県の試験結果答申というシステムが構築されようとしていたことは評価できよう。これらの種子頒布において、アメリカやオーストラリア産が選ばれた明確な理由はわからないが、大規模開墾を想定して両国が選定されたと考えることも可能である。また、アメリカはヨーロッパに比して距離的に近いので、種子の入手が容易だったのかもしれない。明治三年一二月に民部省開墾局が開設され、活動が本格化していくと農具や作物の購入先がアメリカに集中するのである。

(2)ホールの雇用と農具の導入

明治四年二月の「開墾心得」では外国農具の使用と農学者の招聘が記された。これに沿って民部省は三月一日、アメリカ人ホールを雇って農耕・牧畜・種芸を講究し、「人民ヲ奨励」するため駒場と巣鴨に種芸園を開設した。しかし、「果穀ノ種苗ヲ聚メ及ヒ耕耨ノ器具ヲ備ヘサレハ、則チ試験ニ従事スル能ハス」という状況であった。ホールを雇って試験に着手した際、不足しているものが次々と判明したのであろう。そこで民部省はこれら「種苗器具」をアメリカから購入することにした[46]。

実は民部省は、すでに明治三年閏一〇月二七日、渡米する大蔵少輔兼民部少輔の伊藤博文に農具の購入を依頼していた。購入しようとした農具の種類は明らかではないが、伊藤の返答には「今般於米国耕作道具、為買求代洋銀七百弗之為替手形、慥ニ落掌」とあり、それが「耕作道具」であることがわかる。伊藤がどれほど正確に「耕作」という言葉を使用したか定かでないが、士族開墾が重要視されていた時期であることから、「耕作道具」とは開墾用の農具であろう[47]。しかし、前述したように、明治四年三月段階で巣鴨と駒場の試験場に農具が備わっていない状況から、伊藤が農具を購入できなかったか、購入したとしても満足な試験が行える数の農具を揃えられなかったことが推察される。

そこで明治四年四月二三日、農具等の調査・購入のため、民部権少丞細川潤次郎がアメリカに派遣されることとなった[48]。細川は五月二八日、サンフランシスコに到着し、六月には開拓使に雇われて日本に渡航する直前のホーレス・ケプロンに会い、彼の力添えにより商社で農具等を購入した。その後、サンフランシスコの博覧会で各種器械を見学するとともに、工場や農場、学校等も視察し、さらに東海岸まで足を伸ばしてニューヨークで博覧会等を見学した[49]。「オークランド新報」（明治四年九月一九日付）は、細川が帰国する際、船に蒸気機械類や「農具、其他必要ノ品物」を積み込んだと記した後、「細川君、使節ト為リテ他ニ習慣セル人ノ補助ナク、斯ノ如ク諸事整ヘルハ、果シテ日本国ニ於テ貴重スベキ人物ナルコト知ルベシ」と賞賛した[50]。細川は地元新聞で報じられるほど精力的に視察を行ったようであるが、民部省は細川のアメリカ滞在中に廃止されてしまったのである。

(3) 牧羊業構想と牧牛馬の改良

民部省が開墾後の土地利用の一策として牧羊業を提起したことは前述したが、これは明治三年九月の岩山壮太郎（敬義）の建議を参考にしたと思われる。ただし、岩山は牧羊業を士族授産として提起したのではない。養蚕より牧羊の方が利益があることと、高まる毛布需要が輸入を増加させ、国内の「巨万ノ利」が海外に捨てられていることを訴え、牧羊業を興せば「将来莫大ノ利ヲ起シ、国家富強ノ稗〔ママ〕益」となると主張したのである。(51)この意見は採用され、岩山はアメリカに派遣されてカリフォルニアで牧畜業を学び、その後、イングランドとスコットランドに渡り、農事や牧畜の視察、実地研究に励み、アメリカに戻って種牛・種羊・種子・農具等を購入して六年八月に帰国した。これ以後、岩山は政府における勧農部門の中心人物として活躍していくのである。(52)

さて、羊は日本に生息していなかったので全面的に輸入に頼ることになるが、牛馬は在来種と外来種が交配されることにより改良が進められた。明治三年八月には馬産地としての復興をめざす盛岡藩の要請に応え、民部省は盛岡に開墾局の養馬掛出張所を設置した。(53)また、四年正月、盛岡藩は繁殖用としてアメリカ産の牛三頭を横浜居留地のアメリカ人から購入したい旨を請願した。これに応えたのか不明であるが、二月二七日に開墾局牧畜掛員が洋種牛馬を陸奥国七戸地方に牽引した。(54)この際、牧畜掛が飼養していた種牡馬三頭のうち二頭を差し出したが、残った一頭が不調で、東京での繁殖が危ぶまれる結果となってしまった。そこで牧畜掛地理大佑由良守応は、横浜居留地のフランス人よりアラビア馬を購入することを上申した。(55)このように民部省期において洋牛馬が必要な場合でも、身近な外国である居留地を利用するしかなく、その業務は細々と進めざるをえなかった。

そして、明治四年三月、民部省の牧畜掛が「有用獣類蕃息ノ規則」を定めるために牛馬の全国調査を開始し、太政官が府藩県に対し、取調帳雛形を示して牛馬数、牧場面積、牛馬市場の有無等を提出するように命じたのである。(56)しかし、民部省はこの結果報告を受ける前に廃止され（四年七月）、牧畜業務は再び大蔵省に移管されてしまった。民部省期の牧畜事業は、羊に関してはアメリカにおける調査が開始され、牛馬に関しては国内調査から開始されたのである。当該期間の牧畜政策は、試験改良に入る前の事前調査の段階にあったといえよう。

註

（1）「府県施政順序ヲ定ム」（内閣官報局編『法令全書』明治二年二月、第一一七（行政官））。

（2）北原糸子氏は、これらの窮民を政治的窮民（旧幕臣及びその陪従を中心とする無禄無産化士族層）と経済的窮民（都市貧民）に大別し、東京府がこの二様の窮民授産を同時に進行させながらも、政治的窮民への処置が優先されたと記している。さらに授産策のめざした方向が、窮民の熟練労働者化ではなく開墾農民化にあったと述べている（『都市と貧困の社会史』吉川弘文館、一九九五年、二五四頁）。このように窮民は士族層と都市下層民に大別することができるが、第一部では史料中の「窮民」の表現について、それが明らかに士族のみを指している場合は「士族」と表記し、そうではない場合は「窮民」と表記した。

（3）「脱籍無産ノ徒ヲ東京府下ニ留宿セシムルヲ禁シ公卿諸侯以下従者ノ氏名ヲ開申セシム」（『法令全書』明治二年三月、第二六一（行政官））、「東京府ヲシテ無産ノ徒ヲ小金原ノ開墾ニ使役セシム」（『法令全書』明治二年三月、第二六九）。

（4）東京都編『東京市史稿』市街篇五〇、一九六一年、五一四～五一七頁。東京府は、この開墾策の対象を無籍無産の士族層だけに限定せず、市中貧民の処置策として積極的に利用した（前掲、北原『都市と貧困の社会史』二五六頁）。

（5）「民部官職掌ヲ定ム」（『法令全書』明治二年四月、第三四八（行政官））、「開墾局ヲ置キ民部官ニ属ス」（『法令全書』明治二年五月、第四一六）、「東京府管轄小金原開墾事務ヲ民部官ニ属ス」（『法令全書』明治二年五月、第四一七）。開墾局知事は東京府判事の北島秀朝が兼務した（農商務省編『大日本農史』下、博文館、一九〇三年、一八頁）。

（6）大蔵省編『大蔵省沿革志』上（大蔵省編『明治前期財政経済史料集成』二、明治文献資料刊行会、一九六二年、四八七～四八九頁）。
（7）天下井恵「明治初年下総牧開墾東京窮民の生活」（『千葉県の歴史』三二、一九八六年八月）。
（8）「府県奉職規則」（『法令全書』明治二年七月、第六七五（行政官））。
（9）丹羽邦男『明治維新の土地変革』御茶の水書房、一九六二年、五一頁。
（10）「東京中非人乞食ヲ旧里ニ交割シ再出ヲ禁ス」（『法令全書』明治二年九月、第八八三（太政官））。
（11）「淫雨ニ付節倹ノ詔ヲ発シ官禄ノ内ヲ以テ救恤ニ充テシム」（『法令全書』明治二年八月、第八〇一（太政官））。
（12）「東京京都二府ニ救助米ヲ下付ス」（『法令全書』明治二年八月、第八一五）。
（13）『東京市史稿』市街篇五〇、九一七～九一九頁。当初、政府は本件については東京府で処理するように指令したが、府は「諸藩地并中下大夫其他にも関係致候場所多分」にあるので、政府から布告してほしい旨を再上申し、許可されたのである。
（14）東京府総務部文書課編『東京都史紀要』一〇・農業（明治初期二）、一九五一年。
（15）『東京市史稿』市街篇五〇、九一九頁。
（16）『東京市史稿』市街篇五〇、九二四頁。『東京府史料』政治之部勧農（明治二～四年）・桑茶樹芸（『府県史料』内閣文庫蔵）。
（17）同右『東京府史料』政治之部拓地（明治二～五年）第二類・府下桑茶植付。
（18）前掲『東京府史料』政治之部勧農（明治二～四年）・桑茶樹芸。この二週間後（九月七日）には、大蔵省が適地適作の奨励（いわゆる「田畑勝手作」許可）を布告するので、その前に植付制限を解いたのかもしれない（「田畑夫食取入ノ余ハ諸

物品勝手作ヲ許ス」（『法令全書』明治四年九月、大蔵省第四七））。
(19)「東京府下地券発行地租収納規則」（『法令全書』明治五年正月、大蔵省無号）。
(20)前掲『東京府史料』政治之部勧農（明治二〜四年）・桑茶樹芸。
(21)『奠都三十年』（『太陽』第四巻第九号臨時増刊、博文館、一八九八年、一〇〇〜一〇四頁）。
(22)「郷帳大積明細帳村鑑帳等ヲ進致セシム」（『法令全書』明治二年二月、第一九八（会計官））。
(23)「関東筋御料御林旧旗下上知山林ヲ査点セシム」（『法令全書』明治二年七月、第六三二（大蔵省））。
(24)「府県並預所アル諸藩ヲシテ郷帳村鑑帳御林帳高国郡村名帳高反別取米永一村限帳ヲ進致セシム」（『法令全書』明治二年一〇月、第一〇一九（民部省））。
(25)「御林帳様式ヲ頒チ録上セシム」（『法令全書』明治三年三月、第二五四（民部官））。
(26)北條浩「日本近代林政史序説」（『徳川林政史研究所研究紀要』昭和六二年度、一九八八年三月）。
(27)①「浅井郡小室村堂ノ奥官林伐払ノ儀伺」（『公文録』各県公文七、明治元年、国立公文書館蔵）。②「摂播国村々官林并並木等売払代ノ儀ニ付申出」（『公文録』各県公文一一、明治元年）。③「伊豆国網代村外一ヶ村官林開墾伺」（『公文録』民蔵両省伺、明治三年一〜二月）。③の申請は伐木後の開拓による窮民授産に重点が置かれている。
(28)多田好問編『岩倉公実記』下、皇后宮職蔵版、一九〇六年（復刻版、書肆澤井、一九九五年）八二六〜八二七、八二九頁。
(29)日本史籍協会編『岩倉具視関係文書』一、一九二七年、三五三頁。
(30)明治三年九月、大隈重信「大隈参議全国一致ノ論議」（「大隈文書」Ａ一、早稲田大学図書館蔵）。丹羽邦男氏は本資料の提出年月を明治三年一二月としている（『地租改正法の起源』ミネルヴァ書房、一九九五年、二三六〜二三七頁）。

(31)「藩制」(『法令全書』明治三年九月、第五七九(太政官))。千田稔『維新政権の秩禄処分』開明書院、一九七九年、四一九～四二〇頁。
(32)「府藩県管内開墾地規則ヲ定ム」(『法令全書』明治三年九月、第六三〇(太政官))。
(33)農林省編『農務顚末』五、一九五六年、九八七～九八九頁。
(34)「私ニ空地ヲ開墾シ或ハ地目ヲ変換スル者ヲ説諭シ漸次定制ニ帰セシム」(『法令全書』明治四年正月、太政官第一八)。
(35)井上光貞他編『日本歴史大系』四近代一、山川出版社、一九八七年、二七三～二八三頁(執筆は坂野潤治氏)。
(36)『農務顚末』五、八一二～八一三、八一八～八二六頁。
(37)民部省編『民部省日誌』明治四年第一号。
(38)『大日本農史』下、六〇～六一頁。「開墾局ヲ設ケ開墾施行ノ順序正院稟定書ヲ頒ツ」(『法令全書』明治四年二月、民部省第三)。
(39)前掲、千田『維新政権の秩禄処分』四一一頁。
(40)「東京府ヲシテ利根川附寄洲開墾ハ開墾局ニ協議セシム」(『法令全書』明治四年二月、太政官第六九)。直轄の理由は東京府と寄洲近隣村との複雑な関係を、政府直轄により解消させるためでもあった(前掲『東京都史紀要』一〇・農業(明治初期二)五頁)。
(41)前掲『大蔵省沿革志』上(『明治前期財政経済史料集成』三、三一〇頁)。
(42)「官林規則ヲ設ク」(『法令全書』明治四年七月、民部省第二二)。
(43)『大日本農史』下、四一頁。「米国産ノ木綿種ヲ交付シ栽培ヲ試ミシム」(『法令全書』明治三年四月、民部省第三二三)。『農務顚末』三、二八九頁。東京府の結果報告の有無は不明。

(44)「新和蘭産出ノ木綿種ヲ頒布ス」(『法令全書』明治四年三月、大蔵省第六)。この布達は発令先が記されていない。『太政類典』には文書表題として「新和蘭木綿種ヲ地方ニ頒与シテ樹芸ヲ試ム」と記されている(「新和蘭産木綿種頒布」(『太政類典』第一編、慶応三～明治四年、産業、農業二、国立公文書館蔵))。

(45)『農務顚末』一、六三〇頁。明治四年一一月、埼玉県宛元小菅県書状「新和蘭産木綿種植成熟ノ模様申上ノ件」(『埼玉県行政文書』明一五〇一―一、埼玉県文書館蔵)。

(46)前掲『大蔵省沿革志』上(『明治前期財政経済史料集成』三、一五〇頁)。ホールの前歴等については不詳である。駒場の「種芸園」は、幕府から受け継いだ薬園地を利用したものと思われる(上田三平『日本薬園史の研究』上田三平、一九三〇年、一一七～一三三頁)。

(47)『農務顚末』五、五九五頁。

(48)「細川民部権少丞ヲ米国ニ差遣ス」(『太政類典』第一編、慶応三～明治四年、第六一巻、外国交際、諸官員差遣)。前掲『民部省日誌』明治辛未第四号、一丁。

(49)細川潤次郎『新国紀行』上・下、一八八三年。

(50)「オークランド新報」明治四年九月一九日付(抄訳)(『万国新聞』三、明治五年正月(北根豊監修『日本初期新聞全集』三四、ぺりかん社、一九九二年、一四一頁))。

(51)前掲『民部省日誌』明治辛未第一号、六～七丁。

(52)友田清彦「農政実務官僚岩山敬義と下総牧羊場」一・二(『農村研究』九四・九五、東京農業大学農業経済学会、二〇〇二年三、九月)。

(53)『岩手県史』七、一九六二年、三五四～三六二頁。『農務顚末』四、一一頁。ただし、この産馬政策は地元との軋轢等から挫折したようである（『岩手県史』七、五八七～五八八頁）。

(54) 同右『岩手県史』七、五九四頁。『大日本農史』下、六二頁。民部省の官員である長谷川貞次と林義生等が、岩手県下閉伊郡、岩手郡、青森県下七戸に派遣されたようであるが、肝心の繁殖結果については記されていない（『農務顛末』四、九二五頁）。牧畜関係業務は、牛馬売買会社や牛乳販売の管理のため、明治三年七月の民蔵分離後も大蔵省通商司に属していたが、四年正月にそれらの業務は民部省に移管された（『大蔵省沿革志』下（『明治前期財政経済史料集成』三、二九八頁）。「大蔵省中通商司取扱ノ牧畜事務ヲ民部省ニ属ス」（『法令全書』明治四年正月、太政官第三五））。

(55)『農務顛末』四、一〇～一一頁。

(56)「府藩県ニ従前ノ牧畜法ヲ調査ヤシム」（『太政類典』第一編、慶応三～明治四年、第九五巻、産業、農業四）。

第二章　明治初期大蔵省の勧農政策（明治四年七月～六年一二月）
―勧農資金の捻出と西洋農業の導入―

第一節　勧農の基本方針と勧農資金（勧業資本金）の捻出

1　適地適作の奨励

明治四年（一八七一）七月二七日、大蔵省に設置された勧業司は、八月一〇日に三等寮に格上げされ、記録、駅逓寮とともに勧業寮となり、二三日には勧農寮に改められた。そして九月七日に大蔵省はいわゆる「田畑勝手作」を許可する旨を布告した。この法令は、従来は、その土地に適した作物があったとしても、食糧不足を防ぐために米穀を作付けしてきたが、運輸の道が開け石代金納も許されたため、食糧確保分以外は自由に作付けした方が農民の利潤となるので、従来の貢租額を納入することを条件に農民に適地適作を許可する、という内容であった。(1)つまり、本令は「田畑勝手作」許可というよりも、食糧確保、税収維持を前提とした「適地適作の奨励」と表現した方が正確である。

本令について福島正夫氏は、米麦雑穀中心の作付制限は、幕末、地方によっては著しくゆるみ、大阪周辺のように商品作物生産が顕著なところもあったが、国全体としてこの耕作制限は農村の共同体的な規制とあいまち、農業の自由経営に対する強い拘束となっていた、と述べた。そして、本令はこの制限を撤廃し、日本の農業を輸出貿易に適合するように改造することを期待したと指摘した。(2)一方、井上晴丸氏は、本令を明治二年の農工商の身分撤回、四年の米販売許可等とともに、すでに商品・貨幣経済の進展が事実上つくりだしていたものの追認にほかならなかったとし、古島敏雄氏は、すでに死文となっていた制限の一つが公式に除かれたと指摘した(3)。これらの研究を踏まえた荒幡克己氏は、死文化していたが一応の禁令となっていた田畑勝手作を許可した政策意図として、その宣言効果（アナウンス効果）により商品作物振興の動きを一層加速化しようとしたところにあると述べ、さらに商品作物の中でも特に外貨獲得として期待された桑茶を奨励したと指摘した(4)。

先行研究を比較すると、明治四年の本令布告の際に、作付制限の効力が生きていたか否かということが一つの問題となろう。この点にヒントを与えてくれるのは、八月一七日に大蔵卿大久保利通と大蔵大輔井上馨が正院に対して本令布告を促した上申である(5)。

従来、五穀ヲ貴重致シ候ヨリ万民耕作ヲ以専業ト致来候処、余リ五穀ニ拘泥致シ候故、他ノ物産ヲ開クヘキ儀ニ心附カス、加之従前割拠ノ弊ヲ受ケ、一領ノ部内ニ日用必需ノ品、尽ク備ハラサレハ、其地ノ人民生活相成兼候儀ト心得候ヨリ、今日ニ至リ候テモ其地ニ適当セサル品物ハ之ヲ他邦ニ求ムルヲ知ラス、徒ニ培養ノ力ヲ費シ種芸致シ候向モ有之、或ハ旧来ノ主長ヨリ養蚕甘蔗ノ類ヲ制禁致シ候仕来ノ猶存在セルモ有之、第一地力ヲ尽サヽル而已ナラス、大ニ富殖ヲ求ムルノ道ニ背キ、其得失ノ係ル処、全国ノ大計ニモ差響候儀ニ有之、今也内外運輸ノ道、盛大ニ相成、日々開化ノ運ニ際会候ヘハ、万民ヲ教導シ物産ヲ繁殖セシムルハ実ニ方今ノ急務ニ付、地味ニ従ヒ四木三草何品ニ限ラス盛ンニ培養セシメ、洽ク地力ヲ尽サシメ候様為致度、就テハ以来田畑ヲ論セス、総テノ地所ヨリ従来ノ貢租辻ヲ以テ定納相願候ニ於テハ、其地主ノ好ミニ任セ、何品ニ限ラス地味適当ノ品物、作付致シ不苦旨、一般ニ致布告可然儀ト致評議候、依之布告案相添此段相伺申候也

まず、冒頭で五穀偏重の実況が示され、その原因は幕藩体制下における「割拠」により、領内に日用必需品がすべ

て備わっていなければならないと考えられたためであると指摘された。大久保等は領主が養蚕や甘蔗栽培等を禁止している仕来りが、まだ存在している地域もあると認識していたのである。では、農業の現場の声を近くから聞くことができる地方(官)の見解をみてみよう。

明治六年九月、熊谷県が桑茶栽培を奨励した際、「人々ノ中ニハ、トカクニ古キ仕クセニ泥ミ、未タ桑モ植ス茶ヲ蒔ク事ヲモ忌ミ嫌フモノ少カラス、是如何ナル故ソ、若シクハ蚕ヲ養ヒ茶ヲ製スル事ヲ難キ業ト思ヘルヤ、又利アラスト思ヘルヤ、甚タ甲斐ナキ事ト言フヘシ」という状況であった。同年一一月、熊谷県令河瀬秀治は灌漑施設の整わない水田を畑にし、桑の植付を管内に諭示したが、その中で、「抑、我国一般人民ノ食物タル米穀ヲ以テ第一トス、故ニ政府ニ於テモ厚ク爰ニ注意シ、稲田ヲ減滅スルコトヲ厳禁シ」てきたと述べた(6)。桑茶栽培が進まないのは、米穀を第一とする旧習とともに、栽培作物を桑茶に転換することに対し、農民が技術や収益を理由に嫌悪感を覚えたことも要因であった。

明治八年一〇月、佐賀県令北島秀朝は、桑茶や和洋植物培養のために植物試験場の設置を上申したが、その中で「当県下ノ義ハ従来米穀ヲ以テ重ニ一般ノ耕作ト致シ来候故、植物ノ業ヲ始、其他ノ農事、未タ曽テ相開ケス」と述べた(7)。河瀬も北島も輸出作物の奨励による外貨獲得という国策を推進しようとしたが、その障害となったのは米穀偏重の旧慣であった。作付制限の残存と作付転換に対する抵抗感を要因とする米穀偏重の旧慣は、やはり厳然として存在していたのである。つまり、幕末には商品作物生産が盛んな地域もあったが、明治初期に至っても作物転換を拒み、米穀を中心とした作付けを継続する地域も存在していた。すなわち、「田畑勝手作」許可の第一の意図は各地に残る作付制限の拘束力を解き、その地に適した作物への転換を推進することであった。

さて、次に前述した大久保・井上の八月一七日の上申に戻り、作付制限撤廃を可能にした理由について検討する。

この上申では本令布告の前提として「内外運輸ノ道、盛大」となったことが掲げられた。これは関所撤廃等の「割拠ノ弊」廃止による物流・通行の自由化や、蒸気船等の近代的な交通運輸の発展を指すものと思われる。また、明治四年は米価が下落し、価格維持のために大蔵省保有米の輸出が許可されるほどであり(8)、凶作に備えた食糧確保という意味での米麦生産に神経質にならなくても良い状況であった。しかし、大久保と井上が、わずか二年前の凶作を忘れるはずがない。明治二年の東北は七月の暴風雨による洪水、八月下旬の早霜等の天候不順により、天保飢饉に匹敵する凶作に見舞われたのである。明治三年、政府は諸藩県に救済金を貸し付けるとともに、被災地に大規模な廻米を行った。特に蒸気船による南京米の廻送が東北救済に大きく貢献した(9)。つまり、大久保・井上の食糧確保の自信は、東北凶作という危機を「内外運輸」を活用して克服したという事実に裏づけられていたのである(10)。

維新後の日本では、府藩県内で凶作が発生しても、国内の他地域からの移入、または外国からの輸入により食糧供給が可能となった。封建割拠体制の打破と交通運輸の発展は、五穀偏重の作付制限を不要にしたのである。

本令における作付制限撤廃の対象地は、前記した大久保・井上の上申に「田畑ヲ論セス、総テノ地所」とあるように田畑だけではなかった。本令布告の前月(八月)、大蔵省は全国の荒蕪地を払い下げて開墾を推進する旨を発した(11)。つまり、「田畑勝手作」許可には新開地にも自由な作付けを保証し、開墾を奨励する意図も存在していたのである。翌五年八月、大蔵省は「田畑勝手作ノ儀、既ニ去辛未八月御差許シ有之儀ニテ、漸々米作ヲ減シ、桑茶漆楮、土地ニ相応スル物品、或ハ牛馬羊豕ノ牧畜等、常々心掛、充分物産繁殖ノ方法可相立事　但、追々外国ヨリ草木禽獣類、勧農寮ヘ相集候上、分配試験可致筈ニ付、有志ノ者ハ其筋ヘ可願出事」と布告した(12)。大蔵省は作付制限撤廃後、桑茶等の商品作物栽培とともに牧畜業の勃興をめざし、さらにその先には外国動植物の導入を考えていた。「田畑勝手作」許可は、日本の耕地を米穀偏重という桎梏から開放して適地適作を奨励するとともに、外国農業を受容する環境を整える重要な法令であった。

2　荒蕪地・官林の払下

第一章第二節で述べたように、明治四年二月の民部省が布告した「開墾心得」では、従来、開墾地が豪農豪商の手に落ちて開墾事業が進展しなかったことを反省し、事業の中心に士族を想定した。それからわずか半年後の四年八月、大蔵省は経費の嵩む荒蕪地の開墾政策を変更し、「荒蕪不毛地払下規則」を布告した。[13]左にその規則を記した。

別紙ノ通、今般御布告相成候条各府県管内於テ、地所望ミノモノ有之節ハ、広ク入札為致三番札迄別紙雛形ノ通リ、掛リ官員一々奥印致シ、村名並字等記載イタシ候絵図面相添当省へ伺出、許可之上落札可申渡事

但代金之儀ハ其都度当省へ上納可致事

各管内荒蕪不毛之地所、自今相当ノ価ヲ以、御払下ケ相成候間、士民ヲ論セス望之者ハ別紙雛形ノ通リ入札致シ其地方官ヨリ当省へ願出可申事

荒蕪地を払い下げるという重要な規則にも拘わらず、本文はこれだけである。福島正夫氏が「廃藩置県後早々の法令たることを思わせる」と述べているように、この規則は十分な準備がないまま発令されたものなのであろう。また、福島氏は、この規則により荒蕪地が入札方法により払い下げられて土地所有が認められたこと、「士民ヲ論セス」入札させることで民部省の立てた士族授産のための開墾という考え方が否定されたこと（財政収入源として払下代金への期待と、廃藩置県における四民平等の潮流の影響）を指摘している。[14]民部省の開墾政策を変更したことは明確であるが、士族授産の開墾が否定されたという点と、払下代金が財政収入源として期待されたという点については疑問の残るところである。

「荒蕪不毛地払下規則」公布の半年後の明治五年正月に、第一章第二節で述べた「府藩県管内開墾地規則」（五町歩以内は府県において開墾を許可することができる等を記した規則）が取り消されたため[15]、この規則に則って事業を推進していた府県は混乱した。例えば「荒蕪不毛地払下規則」により試作地を払い下げなければならなくなった群馬県は、五年四月一二日、大蔵省に試作の継続を求めた。しかし、大蔵省は「都而入札之上可伺出事」と応えた[16]。「荒蕪不毛地払下規則」は府県が推進してきた開墾政策を停止させ、試作も拒絶し、それらの土地をすべて払下対象としたのである。

大蔵省内では荒蕪地払下と同時期（明治四年八月）に官林払下についても検討されていた。民部省は明治四年七月の「官林規則」により官林は保全することと取り決めていた。しかし、民部省の業務を引き継いだ大蔵省勧業司（勧農寮の前身）が、官林の看守を委託した近隣村では「力ヲ栽培ニ尽ス者無クシテ枯槁凋瘁」してしまったが、官林を「人民ニ斥売セハ、則チ栽種培養ノ周到スルヲ得ン、又タ其ノ斥売スル価直金ハ貯蓄シテ以テ種芸・牧畜等ノ経費ニ充用セン、是レ一挙両得ト為ス」と提案し、省内で承認されたのである[17]。勧業司は近傍村による委託管理から、民間売却に転換することで官林の「栽種培養」が行き届くと主張したのである。しかしこれは表向きの理由であろう。勧業司は「官林規則」（官林保全規則）公布の翌月に、これを反故する法令（官林売却令）を発しては朝令暮改と非難されることが明白であるため、官林の保全と売却とを結びつけた理由をひねり出して提議したのであろう。また、ここで注目したいのは官林払下代金を貯蓄して種芸牧畜経費とするという点である。

さて、この大蔵省内で承認された勧業司案が正院に上申されるまで半年も費やされた。この背景には官林売却に対する強い反対意見の存在が推測される。明治五年二月七日にようやく大蔵省から正院に上申され、売却方法が入札による払い下げと具体化され、払下代金が種芸牧畜生産等の費用として「正税ノ外」に置くことが明記された。この時点でも払い下げの理由は官林保全であった[18]。

この上申に対する正院の諾否は不明だが、四ヶ月後の明治五年六月一五日に大蔵大輔井上馨が正院に対し、「諸国官林ノ儀、追々御払下取計、右代金ヲ以、種芸牧畜生産等ノ経費ニ当テ、大ニ生育繁殖ノ道、相開可申段、既ニ当二月中及御届置、其後追々近国官林ノ内、御払下取計候処、次第ニ望人モ相増候ニ付テハ、今般各府県ヘ別紙ノ通相達候」と上申したことから、官林払下は二月より「近国官林」から実施されていたことがわかる。これを全国に広げるため、六月に「官林払下規則」が布告され、「公物ヲ私有物ニ相改候趣意」により、「華士族卒平民並他ノ管内ノ者」に入札により、払い下げられる旨が示された[19]（以下「荒蕪不毛地払下規則」と「官林払下規則」を同時に取り扱う場合、「荒蕪地・官林払下規則」と表記）。「官林払下規則」は明治五年二月七日の大蔵省の上申を継承したものであるが、官林保全の姿勢は欠落しており、払い下げ後の官林の取り扱いは落札者の自由とされた（ただし五条には水源林等の取り扱いに注意を促す旨が記された）。五年二月一五日の地所の永代売買解禁後、売買後の土地使用は購入者の自由となっていたからである。そして、「官林払下規則」発令をもって官林保全をうたった「官林規則」は消滅した。つまり四年八月と五年二月の段階で大蔵省が官林保全を提唱したのは、払下反対意見をかわすための方便でしかなかったのである。

土地私有化については、すでに明治二年から公議所において議論されていたが、政府の主流意見とはならなかった。しかし、「大蔵省が抱懐していた抜本的租税改革（地租改正）実現の条件が、廃藩置県によって整い、これを民部省がこれまで進めてきた「全国ノ地租ヲ均定スル」改革の延長上に、地券税法の実施をはかる形で、すすめることになった」のである[20]。そして明治五年二月、大蔵卿大久保利通と大蔵大輔井上馨は「地所売買放禁分一収税法施設之儀」を正院に提出し、土地私有化を主張した[21]。この土地私有化の潮流が、荒蕪地・官林払下規則の底にあり、「官林払下規則」に「全ク公物ヲ私有物ニ相改候趣意」という文言をもたらしたのである。

福島正夫氏は、「官林払下規則」の直接最大の動機は「財政上の急場しのぎに旧政府からうけついだ財産を投売しようとした」ところにあると指摘している(22)。しかし、後述するように、官林売却代金は前記した荒蕪地の売却代金等とともに一般歳入には組み込まれず、種芸牧畜生産等の経費に充当するために大蔵省内に貯蓄された。官林や荒蕪地の売却は、「財政上の急場しのぎ」ではなく、厳しい財政状況の中、勧農政策を遂行する資金を捻出するために実行されたのである。

さて、官林払下は「荒蕪不毛地払下規則」布告と同じ時期に構想されていたが、その発令は遅れた。これは朝令暮改との非難を免れようとしたこともあろうが、官林払下には様々な支障が予想され、発令前から反対意見が存在したためであろう。もちろん、発令後も各方面から反対意見が浴びせられた。京都府・工部省からは伐採による焚料不足や開発による自然災害発生を理由に、海軍省からは艦船製造のための良材確保を理由に反対が表明されたのである(23)。これに対する大蔵省の応えは「官林払下規則」の主旨を繰り返しただけで、反対意見に応えるものではなかった。

3　井上馨の勧農構想

明治四年一一月、大蔵卿大久保利通が岩倉使節団の一員として洋行したため、それ以後の大蔵省の実質的責任者は大蔵大輔の井上馨がつとめた。同年九月、大蔵大丞の渋沢栄一は井上馨から「どうしても工業農業を盛にせねばならぬ。第一に農業といふ事」で、「奥州などは最も注意しなければならぬ方面である、北海道の改良も急務である。開拓使に対して金を出すのも農業を盛にする必要、国の根源はもう少し農業が盛にならなければいかぬと思ふ」と聞いたという(24)。廃藩置県後の井上は農業振興を第一に考え、東北・北海道の開発を重要視していた。

翌明治五年五月、井上はこの構想を実現するための第一歩として、荒蕪地・官林売却代等を財源とした陸羽地方への勧農寮出張所設置を上申した(25)。この上申で井上は、日本において「中西国」は地力を尽くしているが、「関東地方ノ如キハ農業筋至テ粗漏、就中三陸両羽ノ国々ハ総高ノ三四歩通リハ悉ク不毛ニ属シ、莫大ノ良田沃野、天生ノ草木果実等、空敷耗殄ニ打過キ」ていると主張し、これを解決するために出張所を設置して現状を調査し、地方官と打ち合わせて開発に着手し、「中西国並肩ノ国柄」まで発展させようとした。また、この上申で井上は、東北の「土地開拓、牧蓄蕃殖、産業引立等」が勧農寮設立の「大眼目」であり、資本として荒蕪地・官林の売払代等をあてるとも述べた。井上大蔵省が勧農政策を遂行していく際、施策の根底には東北振興構想が流れていたのである。

明治政府は、廃藩置県によって中央集権化の基礎を築こうとしたが、一方で旧藩の膨大な借金を背負うことになり、財政的に非常に厳しい状況に置かれていた。しかし、文部省・司法省・兵部省等は改革推進に伴う予算増額を求め、大蔵省と激しく対立した。このような状況下において大蔵省は、勧農政策を遂行していかなければならなかったのである。そもそも国家の財布の紐を締めなければならない大蔵省が、開墾事業等、多額の出費を伴う勧農政策を担うことには少々無理があったといえよう。財政が逼迫した状況下、予算増額を要求する他省と折衝しなければならない手前、積極的な勧農政策を展開することは困難だからである。この勧農政策の財源となったのが荒蕪地と官林の売却代金(のちに勧業資本金と呼ばれる)であった。本来、公有地の売却代金は大蔵省租税寮に納入されるはずであるが、これらの売却代金は国庫に入れられずに別会計とされ、勧農寮が保蓄して、直接、勧農事業に投入できるように準備されたのである。

第二節　試験場の設置と駒場野開墾計画

1　試験場・農具置場の設置

大蔵省は民部省で実施されていた荒蕪地開墾政策を荒蕪地売却政策に変更したが、西洋農業の導入や在来農業の調査は継続した。明治四年（一八七一）一一月、民部省時代にアメリカに派遣された権少丞細川潤次郎が購入した農具・種苗が日本に到着すると、その収容施設等を探さなくてはならなくなったが、広大な土地を必要とする農業試験の適地を見出すことは容易なことではなかった。それでも勧農寮は東京府等と折衝を繰り返して土地を手に入れ、明治五年には農業試験場・農具置場は一〇余箇所を数えるまでになった。これらの詳細は明らかではないが、事業内容が判明する場所①〜⑨を表1-1に記した(26)。

表1－1　大蔵省勧農寮試験場

場　所	事業内容
①雉子橋	牧畜
②巣鴨	種芸
③駒場野	種芸・牧畜
④霞ヶ関	種芸
⑤本所柳島	農具置場
⑥本所横川通	〃
⑦築地	〃
⑧深川高橋	〃
⑨　〃	〃

典拠：農林省編『農務顛末』1（1951年、464頁）、同4（913―916頁）、同5（961〜967頁）、同6（831頁）。農商務省編『大日本農史』下、博文館、1903年、86頁。東京府『大蔵省往復留』（1872年、旧邸宅懸取扱・3号・第3課、605-D3-10、東京都公文書館蔵）より作成。

①雉子橋　民部省の牧畜業務を掌る役所が置かれていたところで、牛・馬・豚のほか、細川がアメリカから購入した綿羊も飼養された。これらは繁殖されて民間や県に貸与・払い下げられた。明治四年一一月には「西洋ノ法」を模擬して種馬を飼養したところ費用が減少したので、以後はこの方法を採用することにしたようである。

②巣鴨　明治四年三月一日、民部省がアメリカ人ホールを

雇い、農耕、牧畜、種芸等を講究するために設置したが、種苗や農具が揃わなかったため、試験に従事することはできなかった。しかし、五年八月時点では広さ二万一〇七五坪の試験地に二六二種、七五〇〇本の樹木、二八〇種の草花が植え付けられており、試験場として機能していたことがわかる。西洋の果樹として植えられたのは、アーモンド・梨・桃・リンゴ・覆盆子（ラズベリーか）・無花菓・ブドウ・木イチゴ・草イチゴ・杏・桜桃であった。

③**駒場野**

駒場野については次項で詳述する。

④**霞ヶ関**　明治四年、大蔵省が霞ヶ関の広島藩邸跡を試験場とし、アメリカから購入した馬耕農具等を使用して西洋の穀類蔬菜を栽培した。

⑤〜⑨**本所・築地・深川**　明治四年一一月、大蔵省は東京府と農具置場・植物試験場の交渉を開始した。候補地の条件は運送の便を重視して「水利宜敷場所」とし、その結果、⑤本所柳島の本多忠伸上地、⑥本所横川通の牧野康民上地、⑦築地の織田信敏上地、⑧深川高橋の高知県邸、⑨同所土浦県出張所の五ヶ所を獲得した。

勧農寮は農具置場の獲得後、外国植物種芸所の候補地を探した。明治五年四月には東京府の三田救育所に目をつけたが、府は「貧民養育」に差し支えるとの理由でこれを断り、代わりに大崎村の品川県徒刑場跡を提示した。しかし、勧農寮はこの場所が「地方僻遠之地」で「市井衆人之人目ニ相触レ」ないとの理由で断り、東京府に再調査を依頼した。(27) 試験地の役割として一般の人々に西洋農業を啓蒙することも期待されていたのである。

明治五年五月、勧農寮は文部省に対して、上野の二、三万坪の地所を西洋農具置場・種芸試験所として使用したい旨を打診した。(28) 勧農寮が上野に目をつけたのは、文部省がこの地に「展覧場」（＝博物館）を建設することと関係があった。勧農寮は文部省への照会に、試験場には欧米と国内の農具器械・植物類を配置し、「第一ハ試験、第二ハ衆人ノ耳目ヲ為開度旨意ニテ、展覧場、試験場、自然両輪車ノ如ク相互ニ以テ一壮観場ト相成」と記し、博物館と試験場の相乗効果を期待した。しかし、文部省の返事は、当該地には学校・病院を建設するので応じられないというものであった。翌六月、勧農寮は「衆人ノ聞見ヲ開キ候ニハ適宜之場所」である神田佐久間町の鎮火社（火除地）に目をつけ、東京府から試験場として借用する許可を得た。しかし、一〇月には、ほかに「適宜之場所」を買い上げる計画なので、返却することとなった(29)。「適宜之場所」とは後に内藤新宿試験場となる用地を指していると思われる。

以上のように、勧農寮が積極的に試験場を探したのは、第一に民部省時代に派遣された細川が購入した農具や植物が日本に到着し、これを収容しなければならないという差し迫った問題があったからである。特に「諸菓木類仮植ノ分、夫々痛ミ等出来不少、片時ヲ争ヒ差急」ぐ状況であった(30)。第二に勧農寮は外国から購入した農具・植物類を、直接、農業の現場に導入するのではなく、まず勧農寮試験地や府県において風土への適否を試験する必要があると考えたからである。例えば勧農寮が神田佐久間町への試験地設置を東京府に打診した際、欧米各国から購入した植物類は「未夕現場相試ミ候品少ク、風土ノ違ヒ寒暖之模様等ニ寄リ、彼ニ美ナルモ此ニ不美アリトモ難申、何レニモ試験場一ヶ所相設、夫々実地試験ノ上、各県ヘモ其地味ニ応シ、夫々分賦等仕度」と述べていた(31)。第三に西洋農業を試験してこれを広く公開することにより、人々の耳目を開化させようと考えたからである。勧農寮は試験場において西洋農業を宣伝し、在来農業に固着した状況を打破しようとしたのである。第四に勧農寮が西洋農業による民営開墾（次項で述べる開農社による開墾）を推進するため、民間では困難な土地取得を担当したからである。

2 民営開墾会社による駒場野開墾計画

明治維新後、駒場野には旧幕府の薬園とともに、兵部省の練兵場が広がっていた(32)。明治四年三月、この練兵場は民部省に移管され、同年八月に毛利凌(勧農寮付属)が、ここを牛馬牧場として開発する見込書を作成し、新地開墾、農器運転、秣草培養、牛舎構造、藩籬建築等はすべて欧米の方法にならう方針を示した。見込書を受けた大蔵省は、「一旦御開キ相成候上ハ最寄人民ハ申ニ不及、府下望之者へ売渡候、一般ノ者共モ自然ト見做《ママ》ヒ開化進歩ノ一端」になると、一般の人々への開化を目論んで、大蔵省の開発後に民間に払い下げようとした(33)。

翌九月、民間人の淡野久作、林耕之助、藤家鶴之助が開墾の願書を勧農寮に提出した(34)。この願書には、勧農寮が「西洋開墾機械、草木果菜之種品」を取り入れ、農業教師(ホール)を招請したことを「不図伝聞」したので、これら機械や種、教師を委任されれば、一社を興して開産に尽力すると記されていた。なぜ勧農寮の情報が民間人に「不図伝聞」されたのか疑問の残るところである。申請人の一人である藤家は、以前、民部省に羅紗製造と牧羊業の開業申請を行い許可を得たが、同省廃止のため、この事業を実現できなかったという過去があった。藤家はこの際に政府要人と何らかのパイプをつくったのかもしれない(35)。この申請に対する勧農寮の反応は至極良好であった。山田常正(権中属)は、「下民ヨリ右様ノ事業相開ケ候へハ此上モナキ都合ニ御坐候処、幸前書之者共、会社ヲ結ヒ開墾并ニ牧畜共取開キ度候旨、当節柄至当之願意ニモ相聞候間、断然御許容相成候」と、申請を高く評価した。さらに山田は器械や外国人の雇用等には大金を要するので、開農社に対して植物類のみを払い下げ、機械や農業教師ホールについては貸し渡すという厚い配慮を示したのである(36)。西洋農法における駒場野開墾が民営により軌道に乗れば、農業会社の模範ともなり、勧農寮としては好都合であった。また、おそらく民間委託による官費節減も目論んでいたのであろう。

翌一〇月、淡野等は社名を開農社と定めて勧農寮に事業の見込書を提出するとともに、駒場野(練兵場約一四万坪・

薬園地約五万坪）を払い下げられ、一二月には勧農寮から東京府開墾局を通して農具一式が渡された[37]。見込書には開墾計画が記され、「水利宜場所」に開墾器械置場、「果菜類鳥類栽付種取場」として駒場野のほかに代々木や駒込等、七ヶ所を要望する旨も掲げられており、手広く開墾事業を行う予定であったことがわかる。

さて、駒場野練兵場は、大蔵省の開墾後に開農社に払い下げられたようであり、開農社に請求された代金には、土地代五六五〇両余のほか、大蔵省勧農寮の開墾費二四五〇両、牛小舎普請費約二四二両余が付加されていた[38]。しかし、開農社が明治六年一月に提出した代金納入に関する書類において、「当社持地、官費ヲ以御開拓有之候所、種芸之節ニ莅ミ、開拓方不宜趣、教師ホール之言ニ付、再社費ヲ以開拓仕返シ致候」と記されており、大蔵省開墾後の駒場練兵所は植物栽培が可能な状態ではなく、さらなる開墾のため資金が投下されたようである[39]。

明治四年一〇月、開農社の民営開墾計画がスタートした、その翌一一月、岩倉使節団が横浜を出発した。帰国後にまとめられた『米欧回覧実記』には、「欧洲ニテ、近代ニ農功ノヨク進歩ヲナセシハ、勧農会社ノ誘掖ニヨルモノ、実ニ其根基タリ」と、「勧農会社」（農業団体）に着目しており、明治六年のウィーン万国博の報告書においても「勧農社」の重要性が記された[40]。大蔵省が明治四年の段階で民営農業会社を利用して開墾事業を推進しようとした点は注目できよう。

第三節　植物試験事業と国内外農業の調査

1　植物試験事業―アメリカ産植物の府県頒布―

大蔵省勧農寮は、明治四年（一八七一）一一月にアメリカから取り寄せた大麦・小麦を、翌年二月には同じく蜀黍・

表1－2　敦賀県のアメリカ麦・在来麦の収穫量

明治	アメリカ種	在来種	増収
5年	2石1斗	9斗5升	1石1斗5升
6年	2石	1石9斗	1斗
7年	2石4斗	1石	1石4斗
8年	1石2斗5升	1石2斗	5升

典拠：農林省編『農務顚末』1（1951年、172頁）より作成。

燕麦を各府県に配布し、生育状況の報告と収穫物の見本提出を求めた。本項ではこれらの生育状況がわかる府県報告の概要を記すこととする。(41)

①東京府（旧小菅県）　足立郡大谷田村で大麦・小麦を試験し、種麦と収穫された麦の重さを比較し、大麦は一〇歩余の畑に三合五勺蒔いたところ九升余りの収穫があり、小麦は五歩余の畑に三合蒔いたところ三升八合の収穫があり、これらの植物が土地に適していると報告した。

②新治県　試作地は不明であるが、『東京日日新聞』に新治県から大蔵省に対し「普通の麦トハ手入方異リ候哉、過半実入不相成、尤地味相応ノ分ハ御国内ノ大小麦ヨリ作益有之趣」との報告があったことが掲載された。

③敦賀県　第七区本保村の堀谷右エ門に託して四年間の試験を行い、明治八年に在来麦とアメリカ麦との比較表を添付して報告した（表1－2）。敦賀県は毎年の収穫量には多少の差があり、アメリカ種が在来種より幾分の増収があるが、粒が大きいので風雨災害に注意しなければならないと記した。そして、まだ試験途中なので「諸方之農家宜シク同人ニ就キ種麦ヲ乞イ互ニ相注意シテ試作スルコトアラハ、其培益予シメ期スヘキナリ」と前向きに報告を結んだ。

④三重県　県下一二郡で栽培し、在来種との収穫量を比較して報告した（表1－3）。これによると在来種より増収したのは、小麦が四郡であったが、大麦と玉蜀黍では二郡、燕麦に至っては全郡において収穫がなかった。三重県はこの結果について、播種が遅れたので「適否確実申上兼候」と報告して適否の判断を保留し、再試験のために新たに大麦・小麦の頒布を請求した。これに対して大蔵省は在庫がないため、取り寄せ後に頒布すると返答し

た。

⑤兵庫県　八部郡花隈村と石井村に頒布した結果について、播種期に遅れたが「其種実ヲ検査スルニ、当国風土ニ応シ候様相見候間、蒔付時節、其期ヲ失ハサレハ御国産ノ品ヨリ有益ニ可有之哉」と報告した。

⑥長崎県　大麦・小麦の播種期に遅れ、「収穫未タ十分ニ至ラスト雖モ、之ヲ本邦ノ産ニ比スレハ巨粒白質較佳品タリ、逐年伝播蕃殖ニ至ラシメハ果シテ民利ヲ補フニ至ル知ル可キナリ」と報告した。この後、長崎県では明治七、八年頃からアメリカ大麦の試作が、一五、一六年頃からアメリカ小麦の試作が大流行し、一時は全県下に伝播するという状況で、その収穫も在来種を上回ったようである。しかしながら、それ以降は在来種が復帰する傾向になったという。その理由は「米国種大小麦ハ内国種ニ比シテ成熟期ノ後ル、カ為メ裏作ニ差支ヲ生シ、農家ニ取テハ差引上、却テ不便ヲ感スルコトアル」ということであった。アメリカ種は土地には適合したが、成熟期間が長いために二毛作の障害となり、衰退していったのである。

このほかにも、明治五年九月、勧農寮は各府県にヨーロッパ産の亜麻仁（亜麻の種子・フラックスシード）、続随子（ホルトソウ）の種子、そしてその培養方法書を配布した。磐前県の報告によれば、続随子は「寒地ナルカ故カ多クハ腐耗シ」したが、「一勺ノ種子ニテ五勺ヲ」収穫し、亜麻仁は「風雨ニ偃シ易キ草ナリ、一勺ノ種ニテ二合ヲ」収穫したことがわかる。磐前県は、今回は初めての試験なので「風土ノ適否、結実ノ好悪等、数年試験ノ上ニアラスンハ詳カニシ難シ」と報告を結んだ(42)。

本項では、主に明治四年から六年という短期間の試験結果を提示したので、アメリカ麦

表1－3　三重県12郡のアメリカ種の収穫

収　穫	大　麦	小　麦	玉蜀黍	燕　麦
増収	2	4	2	0
減収	6	4	9	0
無	4	4	1	12

典拠：『三重県史稿』政治部・勧農附博覧会（明治５～８年）（前掲『府県史料』）より作成。

等の日本の風土への適否を判断することはできない。各府県の報告を概観していえることは、勧農寮が洋種導入に不慣れだったこともあり、播種期に合わせた種子頒布ができず、このために結果報告が曖昧になっていること、それにも拘わらず好感触を得た府県が多いことである。また、勧農寮の外国種子頒布により、府県の農業者は輸入種と在来種を試験栽培して比較し、成育状況を報告した。このように大蔵省の西洋種導入は、あくまでも試験的導入であり、種子を闇雲に府県にばらまいたわけではない。さらに今回の試験頒布により在来農業に実験的態度を導入した意義は非常に大きかったと思われる。

2　外国農業の調査・伝習—アメリカへの留学生派遣—

大蔵大輔井上馨と大蔵少輔吉田清成は、明治五年二月、留学生を二年間アメリカに派遣する旨を上申した。派遣目的は農牧業と製造業（麦酒・諸酒造、ガラス、織物等）を学ばせ、帰国後、これらの技術を諸人に伝習させることであった。井上等は輸入に頼っていた産業を国内に導入しようとしたのである。この上申は許可され、一七名の留学生がアメリカに渡った。(43)

井上・吉田の上申の中で伝習項目の第一に掲げられたのが農業であった。この上申では「開化有礼ノ諸邦、農業ヲ勧奨シ、物品ヲ増殖シ冨盛ヲ企ント要スルモノ、先ツ化学、地質学、動植学等ノ如キ諸科ヲ兼学セサレハ、其立論ト実際ニ於テ充分ナル見込ヲ主張シ、其順序次第ヲ失サルコト難シ」と述べられ、農業の技術というよりは、化学、地質学、動植物学等を総合した農学を学ばせようとしたのである。例えば化学では「菜穀」の性分に要する「糞肥ノ元質」を明らかにし、地質学では土質の植物に対する適否を考察するといった具合である。井上等は西洋農学を日本に導入して、経験と勘に頼ることが多かった近世農業から脱皮しようとしたのであった。さて、この分野を修業するために派遣された留学生は田代静之助であるが、管見の限りアメリカにおける伝習の詳細と帰国後の足取りをつかむことができない。一方、牧畜修業として派遣されたのは勧農助の由良守応・山澤静吉である。平均年齢二〇歳の留学生の中で、四六歳の由良は留学生の世話役も兼ねていた。由良は民部省時代に牧畜掛に所属し、外国産牛馬の購入等に携わっていた(第一章第二節)。山澤については田代同様、伝習先の詳細、帰国後の動向ともに不明である。(44)

留学生たちは明治五年二月一八日に横浜を発し、三月一一日にサンフランシスコに到着、五月までには各地で伝習を開始したようである。吉田清成も渡米して留学生の世話を焼くとともにサンフランシスコで牛一五頭と羊二〇頭を、フィラデルフィアで測量器械と農具を購入して勧農寮に送付した。(45)これらの購入の際には、牛馬に詳しい由良が補佐したと思われるが、その由良は五年八月にイギリスに渡ってスコットランドを巡回し、一一月には勧農寮に宛て、盛んな農業・動物市場、精密な牧畜に感心したと報告した。そして報告の最後に「来春ニ至リ奥羽之国々へ種牛馬廻シ方ハ先有合之品ヲ以御取計有之度存候」と記した。由良の留学目的には、東北で牧畜業を振興するための牛馬調査も含まれていたようである。由良はその後、六年四月にサンフランシスコに戻り、牛二二頭と綿羊二七頭を購入し、五月に帰国した。(46)一方、田代・山澤を含む大半の留学生の滞在期間は七年三月まで延長され、その後、帰国した。(47)後述するように由良の帰国時、大蔵省勧農寮は廃止されており、由良の農業視察の成果が活かされたか不明である。また、農牧業におけるアメリカ留学の成果は、現時点では史料的制約から、現地で牛・羊を購入したことしか記すことができない。

3　国内農業の調査

勧農寮はアメリカ農業を導入しようとしていたが、在来農業を無視していたわけではなく、次に述べるように、むしろ積極的に調査した。

⑴国産米の調査

明治四年九月、勧農寮は国産米の分析を開始した。この時期、国産米を輸出するとともに、低価のインド米を輸入し、その差益をあげようとして輸出許可を願い出る者があった。ところが両方の米の性質・養分が不明であったので、勧農寮は文部省に「中西国、奥羽等三五種之米麦、大小豆及印度地方ヨリ輸入スル処ノ米麦」の成分調査を依頼した。さらに一〇月に勢州米等一八種を文部省に送付したが、分析器械や検査薬が備わっていないという理由で断られてしまい、分析は実現しなかった(48)。

この調査の背景には大蔵省が米麦輸出を始めようとしていたことがあろう。明治四年八月の大蔵省の伺には、これまで米麦は「御国人必須ノ食糧ニテ万一海内欠乏ノ憂」があるため輸出は禁止されていたが、「宇内ノ百貨、東流西移、搬運輸送、十分ノ便ヲ得候折柄」、米価騰貴の際は「支那、安南、暹邏、印度」の米粟を輸入し、下落した際には輸出して価格調整にあたる旨が記された(49)。大蔵省が輸出解禁を急いだのは、米価が「格外ニ低下相成候テハ頗ル大蔵ノ得失ニ相関シ、国用多端、支給難渋ノ際、一ト方ナラサル病害」となるからであった。そして今期も米は豊作が予想されていたのである。結局、米麦輸出は五年正月に大蔵省貯蔵米のうち有余分に限り、開港場・運上所において入札により売却される旨が布告された(50)。大蔵省は外貨獲得と米価調節を目的とした米等の輸出を想定したが、その品質を知らなければ価格の設定が困難となる。このため国産米等の品質調査を開始したのである。

このほか、明治四年一〇月、勧農寮は遠州今切（現、浜松市）に塩水で育つ稲があるとの情報を得たので、静岡県に対し、「稲種研究、海水ノ引方其他利害得失等」の調査を依頼した。また五年七月には小倉県に対し、「稲種粗悪等ノ場所へ頒布」するために、前藩主小笠原氏の給米に用いられた上質米の種籾を買い上げることを伝えた(51)。そして、同年八月には奈良県に対し、同県の中村直三から差し出された「地蔵早稲」の種籾を買い上げるように指令した。この早稲は収穫期が早いために秋の風水害から免れる可能性が高く、勧農寮はこれを各県で試験しようとしたのである(52)。「地蔵早稲」の買い上げが指令された八月、大蔵省は「田畑勝手作」許可を確認するとともに、米作を減少させ、商品作物栽培や牧畜等に心がけて物産を繁殖させる方法を立てるべきであるとした。しかし、大蔵省は決して米作をないがしろにしたわけではなく、様々な性質の米を調査して取り寄せ、適宜、各地に普及させようとしていた。「国人必須ノ食糧」である米を改良することは、国力増進の基であったからである。

(2)国内農具の調査

明治五年二月、大蔵省は府県に対し、国内農具類を備えるので「農事ニ属シ候器械ハ都テ一ト通リツ、買上ケノ上、四月晦日迄ニ可差出候」と達した。農具置場を設置した勧農寮は次に国内農具の調査に着手したのである。農具収集の目的の一つは、改良が進んでいる「中西国」の農具をもって、東北の開墾生産等に活用するためであった(53)。この後の五月に、井上は東北地方を「中西国並肩ノ国柄」にするため、ここに勧農寮出張所を設置しようとしたが、農具収集はその事前調査でもあった。勧農寮は東北開墾にあたり西洋農業の導入も考えていたが、東北地方に比して農業技術の進んでいる「中西国」の農具を導入することも構想していたのである。

さて、この布告に対し、長崎県は、管内の農具は皆一様であるが「五島、民間ニ用ユルトコロノ鋤鍬二柄、一ハウツバヱ、一ハサイドト称ス、稍異品」なので、他の農具とともに送致した(54)。その他の県からの収集具合は芳しくなかったようである。そもそも布告が発せられたのが明治五年二月で締め切りが四月末である。わずか二ヶ月の間に県下の農具を一通り揃えて東京に送付することは、廃藩置県後の混乱が続く府県においては至難の業である。期限通り送付した長崎県は珍しい例であったろう。九年三月、池田謙蔵(内務省中属)が国内各地の農具を採集する旨を上申したが、そこには「旧勧農寮ニ於テ各地方ニ相用ヒ候農具取寄候内、二三県分有之候」と記された。勧農寮廃止後、保管状況が悪かったことも考えられるが、収集した農具自体が少なかったのであろう。(55)

このように収集状況が思わしくないにも拘わらず、大蔵省が期限通りに収集を終了したのは、やはり財政難が原因と思われる。農具収集令が出された五年二月には、大蔵省が調査を進めていた歳入歳出見込額の結果が出て、概算で一九〇万両余の歳入不足が明らかとなった。(56)井上が危機感を募らせたのは無理もなく、さらなる緊縮財政を推進しなければならなくなり、農具の収集状況が芳しくなくとも予定通り終了したのである。

第四節　勧農寮廃止後の勧農政策

1　勧農寮廃止と荒蕪地・官林払下代金

明治五年（一八七二）から六年初頭にかけて、大蔵大輔井上馨を中心とする大蔵省と、諸省（文部・工部・司法省等）・正院は、予算問題をめぐって対立し、混乱状態に陥っていた。これは、各省の割拠体制と、各省を統轄するはずである正院の調整能力の低下という太政官制の機構上の問題と、大久保利通、木戸孝允といった実力者不在（岩倉使節団による外遊）による政府の弱体化という人事上の問題を原因としていた。(57)このような中、五年七月二八日、太政大臣三条実美は岩倉具視に対し、「方今、政府会計頗告急候姿に而、大蔵大輔にも百方尽力、苦心仕居申候、就而は此節正院并諸省も悉定額相定、専冗費を省き候事に評定仕申候」と書き送っているが、(58)そう簡単に事態が収拾されるものではなかった。

明治五年九月には、大蔵省の歳入歳出の見込額（一〇月以降一年間）の予測がまとめられて、正院に提出されたようである。この際、井上馨は歳入四〇〇〇万円、歳出五二〇〇〜五三〇〇万円と見込み、不足額を六〇〇万円まで圧縮することを正院に上申し、内決を得た。そこで井上は四六〇〇万円の枠内で各省定額を定めようとした[59]。しかしながら、諸省は予算増額を要求し、大蔵省と対立を深めていった。そして、九月二九日、井上は「方今公費多端ノ際、百官減省ノ儀、兼テ申立候儀モ有之、差向キ本省中勧農寮廃止、右事務租税寮ニテ取扱候様仕度」と、突如、勧農寮廃止を上申した（同時に正算司廃止も上申[60]）。農業の振興を第一に考えていた井上が、「公費多端」を理由に勧農寮廃止を申請したのである。これは予算編成にあたり、身内を切ることにより不退転の決意を示したかのようでもあり、他省に対する強烈なアピールとみることもできる。

同年一〇月五日、右の上申に対して左院は、勧農寮が租税寮に合併されれば「徴租苛酷ニ陥ルハ古今ノ通弊、勧農ノ寮ヲ別ニ設ケテ其根本ヲ勧ムルハ、民ヲ愛護スルユヱンナリ」等と述べて合併に反対したが、この意見は通らず、同月九日、勧農寮の廃止が布告され、租税寮内に勧業課が新設された[61]。この直後の一〇月一九日・二三日に井上と渋沢栄一が、吉田清成に宛てた書翰に、「省中近況無事、本月九日、勧農正算之寮司被廃、……判任少しく減員之事ニ有之候得共、先以大同小異之事ニ有之候」と認めている[62]。勧農寮廃止は大蔵省にとって大きな変更ではなかったのであろうか。「大同小異」の真意がつかみにくいところである。

さて、勧農寮が貯蓄してきた荒蕪地・官林払下代金は、租税寮が引き継ぐことになった[63]。財政窮乏の折にも拘わらず、租税寮はこの代金を直ちに一般歳入に組み込むことはせず、前述した留学生のアメリカ派遣費用や試験場費等に支出するが、その他は東北振興のために蓄えたのである。資金がプールされた理由として考えられるのは、明治六年五月に井上が辞職した後、大蔵省事務総裁となった大隈重信も東北開発を構想していたことである。翌六月、大隈は東北の状況視察のため、井上の派遣を上申した[64]。ここでは「既ニ官林荒蕪地等御払下ケ之代価、其外ヲ以、別途ニ勧業資本之積金ト定、右奥羽筋開物之費用ニ充候積ヲ以、追々積置候処、免〔ママ〕ニ若干之高ニ至、稍着手之時機ニ及候」と記されており、勧業資本金が積み立てられ、東北開発への着手の時期が到来したことがわかる。しかし、大隈は、東北の県令等の意見を聞き、「資本金ヲ以、漸次奥羽地方一般運輸之道ヲ便ニシ、……猶資本増殖候ニ従ヒ、追々荒地開墾物産生育等ノ設ニモ推及シ申度、先以各地之便宜ト民情之向趨トヲ詳察シ、夫々施設之方法ヲ立申度」と判断した。つまり、井上の東北開墾を継承した大隈は東北の県令等の意見を参考に、まずは勧業資本金をもって運輸を整備し、その後に物産繁殖に取りかかろうとしたのである。井上は八月八日から東北巡見に出発した(65)。

表1−4　荒蕪地・官林等売却代

会計年度		*金額（円）
Ⅰ	慶応3年12月～明治元年12月	23,399
Ⅱ	明治2年1月～9月	24,943
Ⅲ	明治2年10月～3年9月	310
Ⅳ	明治3年10月～4年9月	628
Ⅴ	明治4年10月～5年12月	69,191
Ⅵ	明治6年1～12月	1,590,473
Ⅶ	明治7年1～12月	309,001
Ⅷ	明治8年1～6月	518,056

＊円未満は切り捨て。
典拠：大蔵省『歳計決算報告書』（1897年（緒言）11、180、202、220、238、254、281、305、329頁）より作成。

表1−4は慶応三年（一八六七）から明治八年までの歳入に組み込まれた荒蕪地・官林等の払下代金である(66)。第Ⅵ期の地所・官林払下代（『歳計決算報告書』における費目は「土地木石等売払代」）が一五九万余と他期を圧倒している。それは『歳計決算報告書』において「五年十月勧農寮ノ廃止ニ由リ、旧前ニ属スル土地払下代ノ内、勧業資本ノ為メ、別ニ該寮ニ保蓄セシ金額壱百五拾壱万円余ヲ本期ニ至リ納入セルヲ以テナリ」と説明されているように、旧勧農寮から「保蓄」されてきた一五一万円余が一般歳入に組み込まれたからである(67)。しかし、Ⅵ期といっても納入されたのは、次の史料に示す通り明治六年一二月二〇日であった。

明治六年一二月二〇日、大蔵卿大隈重信は右大臣岩倉具視に対し、「当省中ニ於テ勧業資本金之儀は壬申二月中上申候通、官林及官舎等払代金之収入ニして費途は陸羽各県開物筋及ヒ試験場一切之経費等ニ有之、……然処今般省議を尽し、右金一般歳入出之内え相加へ申候、即壬申年ヨリ之越高金拾万四千七百円余、及本年之収入高百七拾万六千八百円余、合金百八拾壱万千五百円余、本日出納寮え引渡方為取計申候」と上申した。(68)ここから、「陸羽各県開物筋及ヒ試験場一切」のために貯蓄された資金は「勧業資本金」と呼ばれ、明治五年からの繰越金を含めて約一八一万円に達していたことが判明する。『歳計決算報告書』には、このうち約一五一万円が一般歳入に組み込まれたと記されており、差額の三〇万円は第Ⅵ期の勧業経費等に支出されたようである。

明治六年(第Ⅵ期)の勧業資本金の支出の内訳を表1‐5に示した。支出総額は三四万八四二五円で、右に記した差額の三〇万円とはやや開きがある。蚕種原紙の売買にかかる費用が約一三万円と全体の三八％を占めており、本節3で述べる『大蔵省考課状』にあらわれた勧業課の蚕糸業事務に関する処理件数の多さとも比例する。また、府県に交付する勧業貸与金(繰替金を含め全体の一七％)も高額であり、後述する青森県の広沢安任が申請したような有益とみられる事業に貸与されたと思われる。「四谷試験場」とは前記した大隈の上申にある「試験場」＝内藤新宿試験場である。内藤新宿試験場は、明治五年一〇月に、大蔵省が東京府下に散在していた試験場を一ヶ所にまとめるため、内藤頼直邸跡地九万五六〇〇余坪を購入して開設したが、その後も隣接地を購入して拡張していった。(69)この隣接地購入に際して大隈は、西洋動植物における「内国地味寒暖燥湿」の適否を試験し、これらを各府県へ頒布して「内外之物産ヲ増殖」するため、飼育、培養法等を講究してきたが、従来の敷地では狭隘になり、諸般に差し支えるようになったと述べていた。内藤新宿試験場の活動が盛んであったことがわかるが、このようなケースは勧業課の勧農事業の中では例外的なものであった。表1‐5の「駒場牧場」は、明治六年六月七日に租税寮が牛馬放養場の再興を議決しているので、その費用かもしれない(本章第四節)。「米国留学生徒費」は、前節で述べた明治五年にアメリカに派遣された留学生の経費である。

表1－5　明治６年勧業資本金支出内訳

支出項目	金　額
蚕種原紙売捌方諸費	130,716
勧業貸与金・繰替金	58,998
四谷試験場・駒場牧場諸費	42,782
養蚕取締諸費	3,650
堺製糸場臨時諸費	6,861
勧業の賞典	474
房総牧諸費	463
米国留学生徒費	20
上記以外の勧業諸費	84,675
その他	19,786
合　計	348,425

＊円未満は切り捨て。
典拠：「明治六年中勧業ノ諸費出方大蔵省協議上申」（『公文録』明治７年10月・内務省伺６）より作成。

以上のように、勧業資本金は本来の目的である東北開墾に直接使用されていないが、これは勧農寮廃止とともに同寮の東北出張所の設置が実現しなかったこと、開墾を推進しようとした井上馨が大蔵大輔を辞任したこと、大隈が開墾よりも交通運輸の整備を優先に考えたことも要因であろう。

大蔵省租税寮内に積み立てられてきた勧業資本金は、明治六年一二月に一般歳入に組み込まれたが、これは内務省設立と関係すると思われる。内務省は一一月一〇日に設立が布告された後、具体的な機構・職制等が煮詰められていくが、その際、左院副議長の伊地知正治が作成した「内務省職制私考草案」が検討試案とされ、戸籍・勧農・警保の三行政の総合機関として位置づけられていく。[70] 内務省機構の成立過程で、五年一〇月に廃止された大蔵省勧農寮が、内務省の主要機関の一つとして復活することになった。そこで大蔵省は、租税寮が掌っていた勧農（勧業）業務が内務省に吸収されることを見越し、勧業資本金を一般歳入に組み込んでしまったのであろう。

民部省の西洋農業導入による東北開墾構想は大蔵省に引き継がれ、その経費を捻出するために荒蕪地・官林払下が実施された。この払下代金は、勧農事業としては農業留学生のアメリカ派遣費用と農業試験場経費等にも支出されたが、東北開墾のために大蔵省内に貯蓄されていた。東北開墾を担うのは士族である。すなわち、明治四年八月の「荒蕪不毛地払下規則」をもって士族授産の方針が放棄されたのではなく、「荒蕪不毛地払下規則」と、これに続く「官林払下規則」は東北等の士族開墾資金を捻出する手段だったのである。

2　府県による士族授産の難航と荒蕪地・官林払下規則の廃止

明治五年から諸省・正院との対立を激化させていた大蔵大輔井上馨は、六年五月一四日、ついに辞職した。これにより荒蕪地・官林払下政策は転換し、七月二〇日に大蔵省布告第二五七号により、その払い下げは停止されたのである(71)。福島正夫氏は停止理由として、①官林払下を契機とする濫伐、②巨商巨農との結びつきによる無制限の払い下げが人目を引くほどのあさましさを示し、農村では入会林野に生活を託する農民の不安を生み、また地方官としては管内士族授産に困難を来した、③財政収入として払下代金が格別の額に達しない以上、新政権自身が山林をその手に保有して将来の経営を考慮する考え方も出てきたと指摘した。さらに福島氏は「井上馨の大蔵省が強引な払下政策をとったのに対して、太政官内部で批判が生じ、井上の辞職後、大隈も同意してこの発令をみたのではなかろうか」と推測している(72)。③については、前記したように大蔵省は払下代金を一般財源として期待していないので、この指摘はあたらない。①は規則発令当初より危惧されたことであり、これが払下停止の大きな要因となったことは確実であり、②の地方の士族授産に困難を来した点は、次の三重県の事例をみても明らかであろう。

明治六年三月二八日の『租税寮改正局日報』には、三重県の荒蕪地・官林払下における士族優遇の上申を許可した旨について記載されている(73)。三重県は、管内士族四五六七戸の中には「自食目途を立、農業志願之輩不少、然るニ有限之儲蓄を以て俄ニ地面を買ふあたハさるに由て、志を齎し恨を抱き深く当惑」している状況を記し、現行の荒蕪地・官林払下制度では、薄資の士族の地所購入は不可能であり、これが「恨」を醸成している原因であると訴えた。そして、一〇年以内に無産士族を有産化する方策として、士族に「巨商豪農」と結託することを禁止して、公有地を入札させること等を上申したのである。これに対する大蔵省の指令は「村方故障無之場所ハ申立之通聞届候」と、士族のみを対象とする入札を認めた。この後、印旛・高知・酒田・浜田県等から士族を対象とする払下申請があったが、大蔵省は三重県の事例を参考とするように指令した(74)。

荒蕪地・官林払下政策は間接的には士族授産資金の捻出を目的の一つとしていたが、この払下規則には、士族への優遇措置が講じられておらず、その結果、各県が進めてきた士族授産政策に支障を来した。そこで、貧窮した士族の対応に困った府県は、大蔵省に対して士族授産の緊急性を訴え、払下対象を士族に限定することを許可させたのである。明治六年七月に荒蕪地・官林払下規則は廃止されるが、各県から士族授産への対応を迫られた政府は、家禄奉還制を創設し、一二月二七日に「家禄奉還ノ者へ資金被下方規則」「産業資本ノ為メ官林荒蕪地払下規則」を公布した。前者では家禄を奉還した一〇〇石未満の士族に産業資金が下付されること、後者では、その資金の受領者が農牧業を開始するため官有田畑や荒蕪地山林等の払い下げを願う場合は「相当代価ノ半価」で、立木代等は「相当代価」で支払うことが定められた(75)。この財源としては吉田清成がロンドンで募集した外債により得られた資金をあてることとなっていたが(76)、同月に大蔵省が貯蓄してきた荒蕪地・官林払下代金を一般歳入に組み込んだのも、この財源と考えたからなのかもしれない。

明治四年八月に公布された「荒蕪不毛地払下規則」には士族を優遇する規定がなかったため、士族への土地提供は困難となった。また大蔵省が進める禄制改革は各地で混乱を招き、不利な措置を適用された者から、苦情と訂正要求が数多くなされたが、多忙な地方官はこれに応えることができず、燻る不満が政府攻撃に転じることも危惧された(77)。政府は士族の不満を緩和する必要性に迫られ、前述したように三重県の上申を認めるに至ったのである。

3 勧農寮廃止後の勧農事業

明治五年一〇月に勧農寮が廃止されたが、同月、太政官は「定石代安石代等改正」による増税に際して増税分の約二割を地方の「勧業授産ノ要費」にあてる処置をとった(この増税分の二割を使用するには大蔵省の許可が必要)。この方策を上申したのは井上馨で、その目的は「安石代ノ甘ヲ以却テ惰農相成居、改正ノ際、或ハ怨嗟イタシ、自ラ営業ヲ失シ候者」の発生を抑えるため、「地方庁ニ於テ人民職業勧奨ノ方法」を設けさせることであった[78]。勧農寮が廃止され、府県に勧業費を融通する道を開いたことで勧農政策の実施主体は政府から府県に移ることとなった[79]。一方、政府における勧農事業は、勧農寮廃止以降、蚕糸業分野や内藤新宿試験場を除いて目立った事業は着手されず、縮小したといわざるをえない。そのためか、勧農寮廃止後から六年一二月までの租税寮勧業課の業務を示す史料は非常に乏しく、その具体的活動を知ることは困難である。ただし、当該期の勧業課の活動は、大蔵省と各府県の稟問と回答の摘要である『大蔵省考課状』から窺い知ることができる。ここに記された事務処理内容と処理件数を表1-6に掲げた[80]。『大蔵省考課状』(租税寮勧業課)において、明治五年は一〇・一一月の報告(改暦のため一二月分はない)、翌六年からは三ヶ月ごとの報告が掲載されている。この一年二ヶ月の間の事務処理件数は八一六件で、このうち種目別の割合は、①蚕種が四七%、②生糸が一七%、③牧場・牧畜が五%、開墾は一%である。以下、各項目を概観する。

①蚕種・②生糸

事務処理件数は蚕種と生糸を合わせると五一八件となり、全体の六三%を占める。勧業課は「蚕糸業課」と称した方が良いほど、この業務に傾斜していたのである。蚕糸業は明治前期において貴重な外貨獲得手段であり、明治三年八月に、政府は蚕種製造規則を公布して粗製濫造の取締を強化すると、五年五月には蚕種製造方大総代の職を設置し、一一月に蚕種原紙規則を公布した。しかし、濫造はおさまらず、六年四月に蚕種取締規則が公布されるに至った。一

表1－6　勧業課の業務処理件数（明治5年10月～6年12月）

種目＼年月	明治5年		明治6年				合計
	10	11	1～3	4～6	7～9	10～12	
①蚕　種	6	16	29	52	96	184	383
②生　糸	3	9	4	25	68	26	135
③牧場・牧畜	1	2	8	11	4	13	39
④開　墾	—	—	9	—	—	—	9
⑤その他	18	11	50	57	40	74	250
合　計	28	38	100	145	208	297	816

典拠：『大蔵省考課状』租税寮（16-16、3-2、22-5、22-10、22-11、22-21、22-22、国立公文書館蔵）より作成。

方、生糸に関しては六年一月に生糸製造取締規則、二月に生糸改会社規則、三月に生糸売買鑑札規則が公布された(81)。これらの規則は、もちろん粗製濫造防止を目的としたが、外国商人の生糸の直買いを排除することも意図されていた(82)。勧業課の仕事の大部分は、このように矢継ぎ早に発布された取締法規への対処であった。事務処理内容は、蚕種の部では主に蚕種紙の品質管理（濫造取締）、養蚕所・会社設立、蚕種大総代任免等の府県等からの申請の処理で、生糸の部では生糸品質・売買管理、生糸改会社設立等の府県からの申請の処理であった(83)。

③牧場・牧畜

内容は各府県からの牧場運営に関する事務的な伺いや牧牛会社設置の問い合わせが多い。例えば山形県は従来から馬産地であった最上郡小国郷村の種馬が衰微してしまったので、洋産牡馬の払い下げを申請した。これに対して大蔵省は水沢県のアラビア馬を二五〇円で売却する旨を伝達した(84)。勧業課は資金貸与も行っており、すでに牧牛蕃殖費（牝牛二〇〇頭分四〇〇〇円）を貸し付けられていた奈良県参事の津枝正信が、洋産牡牛費の貸与を追加申請したので、これを認めて四〇〇〇円を貸し付け、七年で返還させることにした(85)。また、青森県の広沢安任が同県に対して牧畜資金貸与を申請したため、県が実地調査を行い、「右ハ昨年中開業以来、雇使スル所ノ外国人ト共ニ日夜之ヲ勉励シテ其業既ニ八九分ヲ成功スレトモ、纔ニ其二三分ノ資金ヲ缺キ如何スヘカラサルノ景況ニシテ、此業果シテ全成ノ上ハ内地一般ノ利益ヲ生スヘキニ付、猶実地点検ノ上、願ノ通リ許可セラレヨ」と勧業課に申請した。勧業課はこれに応え、五ヶ年無利息で七〇〇〇円を貸し付けることにした。会津藩出身の広沢は明治四年に政府から開牧の許可を受け、青森県の谷地頭（現、三沢市谷地頭）において、イギリス人を雇って西洋農法による開拓に従事し、明治一三年には二三九〇町歩の面積と牛二二〇頭を有するに至った(86)。開拓が一定の成果をあげたのは、広沢の並々ならぬ努力があったことはもちろんであるが、政府の資金がその一助となったことも付け加えておきたい。

④開墾

本項は明治六年一～三月の九件のみで、その内容は荒蕪地売買の許可や開墾資金の貸与申請等である。前述したように政府は五年一〇月に増税分の二割を勧業授産にあてる旨を発令したが、山梨県はこの二割の三分の二を使い、巨摩郡の原野に「勧農済貧兼徒刑懲役場」を設置し、農事と牧畜を興して「無告ノ窮民」を土着させ、残りの三分の一を「四木其他授産ノ本資」として各村に貸し渡したい旨を申請した。これに対して勧業課は、資本金額出納順序や施行方法を詳細に調査して再申請するように指令したので、後日、山梨県は目的書を提出した。しかし、「方法妥当ナラサル」と返却されてしまった(87)。

⑤その他

本項は府県からの営業税徴収の上申が多い。また、ここでも増税分の二割を勧業授産にあてる申請があった。入間県は秩父地方の貧民により荒蕪地に桑茶を栽培する計画を申請したが、勧業課はその詳細を提出するように指令した。千葉県は富豪に産物会社を設立させ、漁業と茶業を勧奨すると申請したが、勧業課は施設の方法、会社定額、資金出納等の詳細を明らかにするように指令した。このほか、若松県は製糸・蠟燭・絞油・メリヤス・その他、新機械の設備費、浜田県は害獣（猪鹿）防止費、筑摩県は勧業授産資本費に使用するため申請したが、勧業課はいずれも、その方法等を詳細に調査して再申請するように指令した。また、④開墾の部で原野開墾計画が不採用となった山梨県は、今度は原野開墾費とともに製糸器械（所）建設費、桑苗栽植費、桑苗購買費等の必要経費等を詳細に調査して二度にわたり申請し、ようやく許可されるに至った（明治六年四〜六月）。『歳入歳出決算報告書』によれば、明治六〜七年に勧業授産費が下付されたのは、山梨・筑摩・熊谷・磐前の四県のみであった(88)。

さて、『大蔵省考課状』は、基本的に府県・各省からの伺が掲載されていることもあり、大蔵省が主体的に着手した事業はあまり記されていない。勧農寮時代に導入された西洋農業を勧業課がどのように引き継いだか、または導入先の府県の動向等といった記事はほとんど見当たらず、府県からは西洋の牛馬を導入して在来種を改良する申請や、磐前県が明治五年一〇月に頒布したヨーロッパ産種子の試験報告がみられる程度である。ただし、蚕種、生糸の部では、生糸蚕種の調査のためにイタリアに官員を派遣したり、富岡製糸場のお雇い外国人ブリューナが試験した煮繭法の効果があったので、その方法を府県に告諭したりと、勧業課の積極的な姿勢をみることができる(89)。

明治五年一〇月まで展開された勧農政策は、勧農寮の廃止とともに著しく消極的になった。勧農寮の業務を引き継いだ租税寮勧業課は、蚕種・生糸の取締法規実施に際して府県で生じた諸問題への対応、営業税等の新設・徴収等の可否等の処理が主要業務となった。いわば府県の申請に対する許認可機関となってしまったのである。

第五節　勧農構想の再浮上

1　民営開墾会社による駒場野開墾の失敗

第二節で述べたように大蔵省から設立許可を得た開農社は、築地の元織田邸を拝借して東京基社とした（表1-1の⑦）。そして同社の淡野久作、林耕之助は事業資金を集めるため、明治四年（一八七一）一〇月、大阪で金策に駆け回るが失敗し、一一月に東京に戻った。しかし、勧農寮からは駒場野をはじめ巣鴨の御用地が払い下げられ、本所柳島・深川高橋（表1-1の⑤⑧）の農具置場等も下げ渡される等、事は進んでいった。そして、五年四月、金策に窮した淡野と林は「不埒ノ所業」を働き逮捕されたのである。[90] しかし、その後も開農社には、駒場野に続いて土地・官林が払い下げられたが、同社はそれらの代金を支払う能力に欠けていた。その結果、六年四月、租税頭陸奥宗光は開農社の支払い未納分について「督促取立上納」させるように東京府に伝えたのである。[91]

督促対象となったのは、①相模国高座郡茅ヶ崎村等、②上目黒村薬園地、③駒場練兵場であったが、開農社は即納できず、明治六年五月九日にも陸奥代理の租税権頭の松方正義が、再度、東京府に対し「至急督促取立上納」させるように迫る結果となった。この間の大蔵省・東京府・開農社の書類によると、開農社は①～③のほかに、④五年六月に木更津県市原郡の土地と官林、⑤七月に三州幡豆郡小栗新田、⑥八月に武州橘郡稲荷新田を落札した（①も八月に落札）。結局、①～⑥のうち、六年五月二一日には松方により⑤の払い下げが取り消され、その他についても、その後に取り消しや政府による買い上げが実施されたようである。[92] ただし④はすでに伐木が開始されており、地先の者に譲渡の約束をしていた。そして六年八月三〇日、松方は東京府知事大久保一翁に対し、③の駒場練兵場を約一五六五円で買い上げることを指令し、翌月に実行した。開農社は買い上げにより得られた資金を未納分の支払いにあてたようである。⑥については松方の判断により土地が下付されないまま取り消された。

明治六年六月七日、租税寮において旧勧農寮が駒場野に開設した牛馬放養場を再興する件が議決された。ここが元駒場野練兵場、元薬園地のどちらを指すのか不明であるが、駒場野の牛馬牧場が進展していなかったことが判明する。[93]

その後、一〇月に買い戻された元駒場野練兵所は、明治六年末に開設された内務省に移管され、七年六月に牛馬舎等の新設が申請されることとなる。その新設理由には、「元租税寮所轄中、狭少之草葺畜舎取設、牝牡種牛馬及農馬等飼育有之候所、追々頭数増殖、目今ニ至リ而者、迚モ難差置」とあり、大蔵省租税寮の駒場野牧場で牛馬が繁殖していたことが判明する(94)。

大蔵省は明治四年八月に荒蕪地、翌五年二月には官林の払下規則を布告し、民部省が推進してきた荒蕪地開墾政策を売却政策に変更した。そして民営開墾会社に土地・官林を払い下げ、西洋農業を導入した開墾政策を推進し、一般の模範となるように企図したのである。しかしながら、開墾を委託された開農社には、それを遂行する能力と財力が欠けていた。特に資金不足は致命的であり、結局、大蔵省は払い下げた駒場野試験場用地を買い戻す結果となった。失敗に終わった開農社による開墾であるが、大蔵省が民営会社による開墾事業を推進しようとした点は注目に値することである。

明治六年五月の大蔵大輔井上馨の辞職により大蔵省内の風向きが変わり、荒蕪地・官林払下政策が変更された。この風向きの変化は租税寮による勧農政策にも影響し、政策に積極性を与え、六年六月の牛馬放養場の再興が決定し、一〇月の駒場野試験場用地が買い戻されたのではないだろうか。この動きは、井上の辞職とともに、次に述べるように松方正義が勧農政策の重要性を提起したことにも起因していると思われる。

2　松方正義の勧農構想

明治五年一〇月九日に「公費多端」という理由で大蔵省勧農寮が廃止されたが、政府内に勧農構想が消え去ったわけではなかった。そもそも大蔵大輔井上馨の勧農寮廃止の上申に対し、左院は「農業ハ素ヨリ本邦ノ要務タル論ヲ待タス、而シテ頑固愚蒙ノ民、旧習ニ拘泥シ各国耕牧ノ盛業ヲ知ラサルヲ患ル久シ、農学校ノ如キ、牧畜ノ如キ、之ヲ誘導シ、之ヲ鼓舞シ、駸々進歩セザルヘカラズ」と勧農の重要性を述べていたのである。[95]この時の左院副議長は、後述するように明治初年から勧農の重要性を訴えていた伊地知正治であり、左院の意見は伊地知の意向そのものであったのかもしれない。ともあれ、勧農政策を重要視する見解は政府に内在しており、政府内外の状況が変われば勧農寮はいつでも復活する可能性があった。その変化のきっかけの一つとなったのは、明治六年五月の井上馨の大蔵大輔辞任と、九月の岩倉使節団の帰国（大久保利通は五月末に帰国）であろう。

この時期（明治六年）に、大蔵省租税寮権頭の松方正義は、大蔵省事務総裁の大隈重信に対して意見書を提出し、「今日不急ノ費用ヲ省キ、其余剰ヲ以テ府県常費ノ外、勧業原資ノ歳額ヲ立、専ラ農事勧奨ノ鋭意ヲ一層誘導」することを提言した。[96]松方は国家を富強に導くには「地勢ノ便宜ヲ詳ニシ、民心ノ帰向ヲ察シ、以テ農ト工商トヲ講習奨励」することが必要であり、「農ハ其地力ヲ尽シ、工ハ其機巧ヲ極メ、商ハ其貨財ヲ活動シ、各其義務ヲ竭サシムルハ、今日ノ奮励スヘキノ急務」であるとした。しかし、実際に講習・奨励策を施すには緩急、先後があり、まずは「地力ヨリ生スルノ利ヲ以テ、漸次ニ工商ノ鴻利ニ及ホスノ術ヲ施ス」こと、つまり、工商より農を優先したのである。これは、工商は「一朝、能スヘキ」ことではないが、農は「我風土慣習ノ適術ニシテ之レヲ工商ノ諸術ト費用トニ比衡スレハ、亦難シトセス」という理由からであった。さらに、生活の根本は衣食にあり、衣食の根本は勧農より生じると考えたからである。

また、松方は、従来より政府が農務を尽くしているとはいいがたく、田畑や桑茶草木、牧畜、それぞれに適合した地があり、風土と地味にしたがって振興すれば、投じる資本は僅少でも大きな利益が得られ、利益が多ければ税額も増すと指摘した。適地適作策は税収増加策でもあった。そこで、勧奨方法としては大蔵省の歳出費目に「勧業誘導ノ資本トシテ若干ノ歳額ヲ立」て、これを租税寮が各地方に配賦し、地方官に委ねて農工を奨励すれば、年を経ずに効果がみられると提言したのである。明治五年一〇月の「定石代安石代等改正」により、増税分の約二割が地方勧業授産費にあてられることとなっていたが、これには大蔵省の許可が必要であり、この制度が十分に機能したとはいいがたい。そこで、松方は勧業費を「各地方ニ配賦シ」、その出納は地方官の裁量に委ね、奨励方法等については「各地宜キヲ異ニスル」ので、地方の実情を知る地方官と詳議する方針をとったのである。

松方が農工商奨励の前提として「地勢ノ便宜」と「民心ノ帰向」、すなわち地方の実情と民情を把握することを掲げたこと、勧業政策の施行を地方官に委ねたことは興味深い。この姿勢は、日田県知事として地方を熟視してきた経験から出たものであろう。松方の地方の実情と民情を重視するスタンスは後々まで変わらず、明治一〇年に内務省勧農局長を兼任した後も、その政策にあらわれる。

以上のように、明治六年の政府には従来から勧農政策を重視する左院、勧農が富強策であるとともに税の増収策でもあると認識する松方正義が存在していた。松方がこの意見書を提出した同時期に大久保利通が欧米視察から帰京した。この意見書に大久保の意向が含まれているか定かではないが、明治六年後半には勧農政策を取り巻く状況は確実に変化してきたといえよう。そこに岩倉使節団が帰国し、視察により得た情報を政府に広めていくのである。これらは六年後半に進められていく内務省設立の動きと融合する。

註

（1）「田畑夫食取入ノ余ハ諸物品勝手作ヲ許ス」（内閣官報局編『法令全書』明治四年九月、大蔵省第四七）。本城正徳氏は「田畑勝手作の禁」について、①近世前期の幕府農政においては、継続的ないし体系的な形での商品作物一般に対する作付制限令（政策）は存在しない。②現在その存在が確認できるすべての幕府作付制限令において、「勝手作」という文言が全く使用されておらず、したがって「勝手作」ゆえに作付けを制限するという領主側の論理も、その存在が確認されない、と述べている（『近世幕府農政史の研究』大阪大学出版会、二〇一二年、一四〜一五頁）。

（2）福島正夫『地租改正の研究』増訂版、有斐閣、一九七〇年、八一〜八二頁。

（3）農業発達史調査会編『日本農業発達史』一、一九五三年、中央公論社、五四〜五五頁。古島敏雄『古島敏雄著作集』九、一九八三年、東京大学出版会、一三二頁。

（4）荒幡克己『明治農政と経営方式の形成過程』農林統計協会、一九九六年、三六〜四四頁。

（5）大久保利通・井上馨「五穀ノ外適宜品物田畑ヘ作付ノ儀布達伺」（『公文録』明治四年八月、大蔵省伺、国立公文書館蔵）。

（6）『埼玉県史料』政治部・勧農（明治六・七年）（『府県史料』内閣文庫所蔵）。『群馬県史』政治部・勧農（明治元〜七年）樹芸（前掲『府県史料』）。荒幡克己氏も年貢米を納める義務がある以上、本田畑を桑園に転換するにはためらいがあったと指摘している（前掲、荒幡『明治農政と経営方式の形成過程』四一頁）。

（7）「植物試験場ノ義ニ付伺」（『旧佐賀県史稿』政治之部・勧農（明治八・九年）（同右『府県史料』））。

（8）前掲、福島『地租改正の研究』八一頁。また、荒幡氏が指摘するように法令発布時点で政府が食糧自給を維持し続けられると認識していたことが重要である（前掲、荒幡『明治農政と経営方式の形成過程』三六頁）。

（9）松尾正人「明治二年の東北地方凶作と新政権」（『日本歴史』三四五、一九七七年二月）。

（10）明治六年二月、大蔵大輔井上馨は米麦輸出解禁の範囲を大蔵省保有米から一般に広げようとする旨を上申したが、ここで井上は貿易の発展により飢餓の不安が払拭された例として、明治二年の凶作を掲げた（「米麦輸出ノ儀伺」（『公文録』明治六年三月、大蔵省伺一））。
(11) 「荒蕪不毛地払下ニ付一般ニ入札セシム」（『法令全書』明治四年八月、大蔵省第三九）。
(12) 「各地ノ風習旧慣ヲ私法ト為ス等申禁解禁ノ条件」（『法令全書』明治五年八月、大蔵省第一一八）。
(13) 前掲「荒蕪不毛地払下ニ付一般ニ入札セシム」。その後、この法令は「荒蕪不毛地払下規則」と呼ばれる（前掲、福島『地租改正の研究』五五二頁）。
(14) 同右、福島『地租改正の研究』五二二～五二三頁。
(15) 「荒蕪地入札払可相成ニ付午年布告開墾規則取消」（『法令全書』明治五年正月、大蔵省第一）。明治四年八月の「荒蕪地払下規則」公布以降、「開墾規則」の取り扱いをめぐって混乱が生じた結果、五年正月に取り消される結果となったのであろう。また、この事実は「荒蕪地払下規則」が性急につくられたとする根拠ともなる。
(16) 前掲『群馬県史』政治部、勧農（明治元～七年）樹芸。
(17) 大蔵省編『大蔵省沿革志』下（大蔵省編『明治前期財政経済史料集成』三、三七八頁）。
(18) 「官林払下ノ儀申立」（『公文録』明治五年二月、大蔵省伺）。
(19) 「官林払下ノ儀ニ付布達届」（『公文録』明治五年六月、大蔵省伺一）。「伐木ヲ留ル官林総テ入札ヲ以テ払下規則ヲ定ム」（『法令全書』明治五年六月、大蔵省第七六）。
(20) 丹羽邦男『地租改正法の起源』ミネルヴァ書房、一九九五年、二〇四～二〇六頁、及び第六章（引用部分は二六四頁）。奥田晴樹『日本近世土地制度解体過程の研究』弘文堂、二〇〇四年、第二章。
(21) 「地所売買放禁分一税法施説ノ儀伺」（『記録材料』地租改正所内略記、国立公文書館蔵）。
(22) 前掲、福島『地租改正の研究』五二四頁。

(23)「官林払下取消ノ議ヲ駁ス」(「大隈文書」A三八四〇、早稲田大学図書館蔵)。「官林御払下伐木ノ儀ニ付建言」(『公文録』明治五年七～九月、工部省伺)。大日本山林会編『明治林業逸史』一九三一年、二頁。『京都府史料』政治部・拓地類(明治二～七年)開墾事要(前掲『府県史料』)。

(24) 澤田章『世外侯事歴維新財政談』中、一九二一年、二四二頁(『明治後期産業発達史資料』二六四、龍渓書舎、一九九五年)。

(25)「陸羽地方へ勧農寮出張所取設伺」(『公文録』明治五年五月、大蔵省伺中)。この伺に関わる東北開発については、小幡圭祐「明治初年大蔵省勧農政策の展開過程」(『歴史』一一五、東北史学会、二〇一〇年九月)参照。ここで小幡氏は大蔵省が立田彰信を東北に派遣して事前調査を行ったうえで、三本木開墾を中心とした東北開発を実行していたことを明らかにしている。

(26) 斎藤之男『日本農学史』農業総合研究所、一九六八年、九七頁。農商務省編『大日本農史』下、一八九一年、八六頁。東京市役所編『東京市史稿』遊園篇四、一九三二年、四六五頁。①②、④～⑨の出典は以下の通りである。①農林省編『農務顛末』四、一九五五年、九一三～九一六、九二六～九三三、九三八～九三九頁。②前掲『大蔵省沿革志』上(『明治前期財政経済史料集成』二、一五〇頁)。『農務顛末』一、四六四頁。④『大日本農史』下、八六頁。⑤～⑨「米国御注文西洋農具置場所ノ儀伺」(『公文録』明治四年一一月、大蔵省伺二)。東京府『大蔵省往復留』明治五年、旧邸宅懸取扱・三号・第三課(一、三、五、二二、三〇)、605-D3-10、東京都公文書館蔵。当初の大蔵省申請では⑧⑨は深川富川町の元桑名県邸上地、本所猿江の稲葉正善上地であったが「機械運転不自在」のため変更された(『大蔵省往復留』(一))。

(27) 同右『大蔵省往復留』(二六、二九、四〇)。三田救育所は明治二年四月に貧窮者の援助を行うために設置された(『東

京市史稿』市街篇第五〇、六一〇〜六二一頁）。

(28)『農務顛末』六、八三三〜八三四頁。

(29)『農務顛末』六、八三四〜八三七頁。

(30)『農務顛末』一、三六九頁。同六、八三三頁。

(31)『農務顛末』六、八三四頁。

(32)享保五年（一七二〇）に駒場御用屋敷の一部を薬園とし、安政六年（一八五九）には総坪四万九四七坪となっていた（上田三平『日本薬園史の研究』上田三平、一九三〇年、一一七〜一二三頁）。

(33)「兵部省所轄駒場野練兵場ヲ民部省ニ交割セシム」（『法令全書』明治四年三月、太政官第一一七）、「駒場野練兵場ヲ民部省ニ受領セシム」（『法令全書』明治四年三月、太政官第一一八）。『農務顛末』六、八三〇〜八三一頁。『大日本農史』下、七五頁。

(34)『農務顛末』五、九六一〜九六七頁。本章の元となった拙稿「明治初期大蔵省の勧農政策」（『人文学報』四三〇、首都大学東京都市教養学部人文・社会系、二〇一〇年三月）の発表後、小幡圭祐氏から、駒場野について大蔵省と開農社が別々に開墾したのではなく、大蔵省は開農社へ完全委託したとのご指摘をいただいた（前掲「明治初年大蔵省勧農政策の展開過程」）。このことも含め、本項では東京都公文書館所蔵の史料を再検討し、旧稿に修正を加えた。

(35)『農務顛末』四、九三三〜九三八頁。

(36)『農務顛末』五、九六一頁。

(37)「開農社結社の者租税寮より引継に付絵図面等添掛合并富地家融平開墾願一件書類」（『諸会社綴込』二冊之内二（第二課）（一）、606-D8-02、東京都公文書館蔵）。

(38)『大日本農史』下、八五頁。「開農社長富地家融平地所払下け代金上納に付租税寮懸合外内訳一件書類」(同右『諸会社綴込』(六、七))。

(39)「開農社開墾の儀に付島根県へ添翰願」(同右『諸会社綴込』(一五))。

(40)久米邦武編『特命全権大使米欧回覧実記』五、岩波文庫、一九八二年、一九三頁。佐野常民「農業振起ノ条件報告書」(『公文録』明治九年、澳国博覧会報告書第三)。これらについては、友田清彦「『米欧回覧実記』と日本農業」(『農業史研究』二八、一九九五年一二月)、「ウィーン万国博覧会と日本農業」上・下(『農村研究』八八・八九、一九九九年三、九月)を参照。

(41)「米国産大小麦種ヲ頒ツ」(『法令全書』明治四年一一月、大蔵省第九六)。明治五年二月の頒布は「蜀黍、燕麦ノ両種御取寄相成居候間、試ミノ為、諸県ニ於テ御管内へ播種ノ上、萌生ノ模様、御申出有之度」と、希望の県に頒布したようである(「米国産麦黍」(『三重県史稿』政治部・勧農附博覧会(明治五〜八年)(前掲『府県史料』)))。本文で記した府県のほか、栃木県が大麦・小麦、広島県が黄玉蜀黍・白玉蜀黍・燕麦・裸麦・地中海赤麦の生育状況を報告したことがわかるが、その内容は不明である(「第三・米国渡来ノ大小麦種試験ノ為相渡置候分六七穂ツ、刈取迄ニ日数出穂ノ模様等詳細取調可指出旨達」(『栃木県史材料』政治部・勧農(明治五〜七年)(前掲『府県史料』)))。「外国穀菓子蔬菜」(『広島県史(国史稿本)』三、勧農(明治八〜一五年)樹芸(前掲『府県史料』))。府県報告の出典は、以下の通りである。①前掲『大蔵省往復留』明治五年、旧郷村掛取扱、二号、第三課(八〇)、605-D3-9。②『東京日日新聞』明治五年六月二五日付、復刻版、日本図書センター、一九九三年。③『農務顚末』一、一七二頁。④前掲「米国産麦黍」(『三重県史稿』)。⑤「米国麦種試験」(『兵庫県史料』政治之部・勧農(明治三〜七年)第一編(前掲『府県史料』))。⑥『長崎県史稿』政治部・勧農(明治二〜八年)(前掲『府県史料』)。長崎県『農事調査』(沿革)三、一八九三年、三〜四頁。

(42)『農務顚末』一、六九一～六九三頁。前掲『群馬県史』政治部・勧農(明治元～七年)樹芸。「勧業課　雑科ノ事」(『大蔵省考課状』二三一―二二、租税寮)(前掲『記録材料』)。

(43)明治五年二月一二日、吉田清成・井上馨「諸職業修行由良勧農助外十人米国行伺」(『公文録』明治五年二月、大蔵省伺)。『農務顚末』六、八九四～八九五頁間の表。

(44)『農務顚末』四、一〇、九一六～九一七、九二五頁。ただし「東京商工会議事要件録」四六(一八九〇年九月)に、沖縄商議所長として「田代静之助」の名がある(『渋沢栄一伝記資料』一九、一九五八年、三九七頁)。

(45)明治五年三月二六日付、井上馨宛吉田清成書翰(「在欧吉田少輔往復書類」(前掲『明治前期財政経済史料集成』一〇、二六九頁))。

(46)『農務顚末』四、一五～一六、九六六～九六七頁。同六、八九四頁。「由良租税七等出仕欧米各国公用相済帰朝届」(『公文録』明治六年五～六月、着発忌服)。井上は明治六年二月七日の吉田清成宛書翰において「由良勧農助等ハ追々老輩ニも有之、長ク滞在候とて大ニ得る所も有之間敷ニ付、帰朝可為致様」と記し、由良に期待していない(前掲『明治前期財政経済史料集成』一〇、三五四頁)。

(47)この点に関して、小幡圭祐氏は由良の農業視察の成果は駒場野において活かされた可能性が十分にあると指摘している(「明治初年大隈重信と大蔵省勧農政策」(『歴史』一一八、二〇一二年四月))。今後、検討すべき課題である。

(48)『農務顚末』一、七～九頁。

(49)「米麦輸出ヲ許ス・九条」(『太政類典』第二編、明治四～一〇年、第二七八巻、租税八、海関税)。

(50)「有余米麦ヲ売与シ海外輸出ヲ許ス」(『法令全書』明治五年正月、太政官)。

(51)『農務顚末』一、九～一〇頁。

(52)『農務顛末』一、一〇～一一頁。中村は後に明治の三老農に数えられた。

(53)「内国農具省中備附ニ付各管内農具類ヲ進致セシム」(『法令全書』明治五年二月、大蔵省第一三)。『農務顛末』五、五九七～六〇〇頁。

(54)前掲『長崎県史稿』政治部・勧農。

(55)『農務顛末』五、六〇〇～六〇三頁。その後、内務省は大蔵省が収集した「各地慣用ノ田器」を農業博物館に陳列した(大日方純夫他編『内務省年報・報告書』二、三一書房、一九八三年、三五頁)。

(56)『農務顛末』五、五九八頁。井上馨侯伝記編纂会編『世外井上公伝』二、内外書籍、一九三三年、二九頁。

(57)勝田政治『内務省と明治国家形成』吉川弘文館、二〇〇二年、四六頁。

(58)日本史籍協会編『岩倉具視関係文書』五、一九三一年、一七〇頁。

(59)関口栄一「明治六年定額問題―留守政府と大蔵省・四」(『法学』四四(四)、東北大学法学会、一九八〇年)。

(60)井上馨「勧農寮正算司廃止ノ儀伺」(『公文録』明治五年一〇月、大蔵省伺一)。

(61)「大蔵省中勧農寮正算司ヲ廃ス」(『法令全書』明治五年一〇月、太政官第三〇三)。

(62)明治五年一〇月一九日・二三日付、吉田清成宛井上馨・渋沢栄一書翰(前掲『明治前期財政経済史料集成』一〇、三二七頁)。

(63)「勧農寮廃止ニ付官林及牛馬払代金其外ノ事務ハ租税寮ニ開申セシム」(『法令全書』明治五年一〇月、大蔵省第一四七)。

(64)『農務顛末』五、九八二～九八三頁。大隈が井上構想を修正したことは、小幡圭祐氏の指摘にしたがった(前掲「明治初年大隈重信と大蔵省勧農政策」)。

(65)「世外井上公年譜」(前掲『世外井上公伝』一、二八頁)。この伝記によれば鉱山視察が中心であったようである。

(66)大蔵省編『歳計決算報告書』一八九七年、一八〇、二〇二、二一〇、二三八、二五四、二八一、三〇五、三二九頁。会計年度により荒蕪地・官林払下代金を含む費目が異なる。Ⅰ～Ⅲは「地所売払代」であるが、Ⅳは「官林売払代」のみで荒蕪地払下代金を含む費目が見当たらない。Ⅴ～Ⅷは「土地木石等売払代」である。荒蕪地・官林払下規則以前(明治四年八月、五年六月)から、払下代金の納入があるのは、官有地や存続困難な官林が払い下げられたためと思われる。

(67)同右『歳計決算報告書』三七頁。表1-4のⅦ・Ⅷ期の収入がⅤ期以前に比して多いのは、明治六年七月の荒蕪地・官林払下の停止後も、少ないながらも払い下げが行われていたことと、「秩禄奉還ノ挙アルニ由リ該奉還者へ低価ヲ以テ土地ヲ払下スルノ頗ル多キ」ためである(『歳計決算報告書』三一五頁)。

(68)「勧業資本金ノ儀上申」(『公文録』明治六年一二月、大蔵省伺五)。

(69)農商務省農務局編『勧農局沿革録』一八八一年、三頁。『大蔵省伺留』明治六年・旧郷村取扱・二号、第三課(一二、二八)、606-D2-8、東京都公文書館蔵。大隈重信「内藤新宿農事試験場地読囲込届」(『公文録』明治六年一二月、大蔵省伺五)。また、小幡圭祐氏は、この時期の内藤新宿試験場で農業生教育が始められたことや、勧業資本金の使途について明らかにしている(前掲「明治初年大隈重信と大蔵省勧農政策」)。

(70)前掲、勝田『内務省と明治国家形成』一三三一～一三四頁。

(71)「荒蕪不毛地並ニ官林等入札払差止」(『法令全書』明治六年七月、太政官第二五七)。本令の但し書きに「不得止事情有之、払下ケ不致候テ難相成節ハ詳細具状シ大蔵省へ可伺出事」と記されているように、本令は払い下げの全面的停止ではなかった。

(72) 前掲、福島『地租改正の研究』五三三、五三五頁。
(73) 大蔵省租税寮改正局編『租税寮改正局日報』第一六号(我妻栄編『明治初年地租改正基礎資料』上、有斐閣、一九五三年、一八一〜一八二頁)。
(74) 前掲『大蔵省考課状』二二―四、租税寮地理課、官林ノ事、第六号(印旛県)、第三二号(高知県)、第三八・七三号(酒田県)、第五八・六二号(浜田県)。また、福岡県も同様の指令を受けている(第八号)。
(75) 「家禄奉還ノ者ヘ資金被下方規則」(『法令全書』明治六年一二月、太政官第四二六)。払い下げの決定には、対象地がある村における故障の有無も考慮された。
(76) 落合弘樹『明治国家と士族』吉川弘文館、二〇〇一年、五五頁。
(77) 同右、落合『明治国家と士族』四一〜四二頁。
(78) 「定石代安石代改正ニ付増加高此度限勧業授産費ニ充テシム」(『法令全書』明治五年一〇月、太政官第三〇一)。井上馨「安石代改正高旧収高間金二分下付ノ儀伺」(『公文録』明治五年一〇月、大蔵省伺一)。
(79) 小幡圭祐氏は、このほかにも財源移譲の一つとして「府県限税」の地方財源化について述べている(前掲「明治初年井上馨と大蔵省勧農政策」)。
(80) 前掲『大蔵省考課状』租税寮勧業課の部は、「蚕種」「生糸」「牧場(牧畜)」「開墾」等、内容別に分類されているが、表1-6では、その中の「僕婢舟車」と、明治六年一〇〜一二月期に新設された「雑科」と「牛馬税」は「その他」に含め、同じく新設の「蚕種原紙」「蚕種大総代」は「蚕種」に含めた。『大蔵省考課状』については、茂木陽一「廃藩置県後の地方制度形成過程について」(『三重法経』九一、一九九一年六月)参照。
(81) 『横浜市史』三下、一九六一年、七七、八三、一四〇頁。

(82) 井上光貞他編『日本歴史大系』四近代一、山川出版社、一九八七年、四五八頁(執筆は高村直助氏)。
(83) 前掲『大蔵省考課状』其十六冊ノ十六・租税寮(記一一九〇)。同其三冊ノ二・租税寮(記一一九二)。同其二十二冊ノ五・租税寮(記一一九八)。同其二十二冊ノ十・租税寮(記一二〇三)。同其二十二冊ノ十一・租税寮(記一二〇四)。同其二十二冊ノ二十一・租税寮(記一二一四)。同其二十二冊ノ二十二・租税寮(記一二一五)。以上の『大蔵省考課状』の簿冊名称は紛らわしいため請求番号も記した。
(84) 前掲『大蔵省考課状』其三冊ノ二、第一四五、一四七号。実際には二〇〇円で売却された。
(85) 前掲『大蔵省考課状』其二十二冊ノ五、第一二〇号。
(86) 前掲『大蔵省考課状』其二十二冊ノ十一、第一六六号。広沢安任『開牧五年紀事』一八七九年(『新青森県叢書』二、歴史図書社、一九七三年、復刻版)。蝦名庸一「廣澤安任(人物素描)」(『日本歴史』二五二、一九六九年五月)。
(87) 前掲『大蔵省考課状』其三冊ノ二、第一三六、一三九号。開墾関係の書類は勧業課以外にも本省の部に七件記載されている(『大蔵省考課状』八止・本省(記一〇四九)。同二・本省(記一〇五九)。同五・本省(記一〇六七))。ここには開墾(開拓)費用の申請が多い。
(88) 前掲『大蔵省考課状』其二十二冊ノ五、第四号(入間)、第八・二三号(山梨)、第一一号(若松)、第一五号(浜田)、第二六号(筑摩)。同其二十二冊ノ十、第一四五号(山梨)、第一六六号(千葉)。前掲『歳計決算報告書』三〇〇～三〇一、三二五頁。山梨県の事例については有泉貞夫『明治政治史の基礎過程』吉川弘文館、一九八〇年、第一章、熊谷県の事例については松沢裕作『明治地方自治体制の起源』東京大学出版会、二〇〇九年、第一部第三章参照。
(89) 前掲『大蔵省考課状』其二十二冊ノ二十一、第二一〇号。同其十六冊ノ十六、生糸の部。同其二十二冊ノ五、第一一一号。

(90)『農務顛末』五、九六四～九六七頁。
(91)「開農社払下け地代上納に付租税寮達書并内訳書」(前掲『諸会社綴込』(一二))。
(92)「開農社長富地家融平地所払下け代金上納に付租税寮懸合外内訳一件書類」「開農社長富地家融平木更津県下官林払下け代金の儀神奈川木更津両県へ達書并反別内訳書類」「開農社長富地家融平木更津県下官林払下け代金の儀神奈川木更津両県へ達書并反別内訳書類」「開農社上総国今富村官林払下け願」「富地家融平神奈川県下9ヶ村開墾地払下け上納の儀租税寮達書(同右『諸会社綴込』(六)・(七)・(九)・(一九))。
(93)『大日本農史』下、一一九～一二〇頁。
(94)大久保利通「駒場野牧場へ三棟新築ノ儀伺」(『公文録』明治七年七月、内務省伺一)。
(95)前掲「勧農寮正算司廃止ノ儀伺」。
(96)「国家富強ノ根本ヲ奨励シ不急ノ費ヲ省クベキ意見書」(前掲「大隈文書」A九六八)。本史料の末尾には「大蔵省事務総裁　参議大隈重信殿閣下」とあり、大隈の事務総裁在任中の明治六年五～一〇月の間に提出されたと思われる。なお小幡圭祐氏は、六年六月に提出されたと推察している(前掲「明治初年大隈重信と大蔵省勧農政策」)。

おわりに

第一章では明治初期における民部省の勧農政策を前期（二年（一八六九）四月〜三年九月）、後期（三年九月〜四年七月）に分けて検討し、民部省の勧農政策が、「勧農」というより「帰農」に重点が置かれていたことを明らかにした。

民部省前期は、戊辰戦争が終わり、政府が近代国家建設に着手した段階であるが、建設前に地均しをする必要があった。それは首都を東京に定めた後、東京府民とはみなされない「浮浪人」「無籍無産者」等を府内から排除することであった。この代表的な政策が府内の不安要素を府外に駆逐する下総開墾であった。さらに東京府では明治二年の天候不順による凶作に対応するため、上地された邸宅跡地に桑茶を植え付け、宅地を畑に転換することにより、窮民の滞留を阻止し、府内の人口を抑制し、あわよくば養蚕振興にも寄与しようとしたのである。民部省前期の勧農政策は開墾事業を中心としており、治安維持という緊急性を帯びていたため性急で実効性を欠いていた。下総開墾は棄民政策として一時的に成果をあげたが、邸宅地跡の桑茶植付策は挫折した。

民部省後期になると、民部省は開墾に対する認可手続の迅速化をはかり、府県に一定の認可権を与えた。さらに郡県制の確立、禄制改革の進行とともに、士族開墾の重要性が増すと、開墾局を設立して事業推進をはかった。従来の開墾は豪農・豪商に利用されてしまったため、政府は西洋農業を援用した士族による荒蕪地開墾を計画した。このように荒蕪地は開墾の対象とされる一方、官林は保全の対象とされた。

当初の西洋農業の導入事例をみると、明治三〜四年にアメリカ・オーストラリアの種子が府県に頒布され、その栽培結果の報告が求められたことから、この頒布が植物の適性を試験するものであり、無定見な施策ではないことがわかる。さらに甜菜や綿の種子が含まれていたことから、その目的の一つが輸入防遏をめざした植物栽培であることが判明する。四年二月の「開墾心得」以後は、アメリカを模範とした農業が導入された。これは導入対象地が一般の田畑ではなく、士族が開墾する荒蕪地だからである。荒蕪地は労働力に乏しいので、在来農業のような労働集約型農業より、畜力を利用し労働を節約しながら大地を開墾するアメリカの開拓農法が着目されたためであろう。民部省期の勧農政策は士族開墾のために西洋農業を援用する方針が示されたが、在来農業をどのように扱うか明確な方針は示されなかった。

明治四年七月、政府は廃藩置県を断行し、民部省を廃止した。第二章では民部省廃止後、その事業を引き継いだ大蔵省の勧農政策を分析した。政府は廃藩置県により封建割拠という運輸・物流停滞の要因を除去し、食糧不足に陥らないことを保証したうえで「田畑勝手作」許可を布告し、米穀偏重を是正して桑・茶といった商品作物栽培を奨励するとともに、牧畜業の勃興や西洋動植物の導入を企図したのである。そしてアメリカ農法に着目し、農器具や動植物を購入し、その試験と一般の人々への啓蒙のため、東京府内に西洋農業の試験場設置を進めた。これと同時に日本各地で西洋植物の試験を行うため、まず、アメリカ大麦・小麦等の種子を府県に頒布し、その栽培報告を求めた。この頒布も民部省期における種子頒布と同様に、各地における植物の適性を調査するためのものであり、無定見、無差別な施策ではない。大蔵省が勧農政策を展開した時期は短いので、導入の成果をはかることはできないが、府県の試験結果は一部を除き良好であった。また、大蔵省は西洋植物の導入とともに、国産米の品質調査や各地の優良米調査、さらには西日本の農具を調査して、これを東北地方で活用することを計画する等、在来農業も重視していた。種子頒布が遅れたり、民営開墾事業に失敗した勧農寮であったが、在来農業を踏まえ、府県の意見を聞き、西洋農業を導入しようとしたのである。

右の勧農政策の財源を確保するため実施されたのが荒蕪地・官林払下であった。厳しい財政状況下における勧農政策の遂行を企図した大蔵省は、明治四年八月以降、荒蕪地・官林を払い下げ、これを勧業資本金として種芸・牧畜業費にあてようとしたのである。これらの払下規則には士族優遇の措置が盛り込まれていないが、払下代金で実施しようとしていた事業は東北等の開墾であり、この対象者は士族であった。したがって荒蕪地・官林売却政策は間接的には士族授産を目的としていたのであった。このように大蔵省は将来的な東北開墾＝士族授産を企図しながらも、当初は士族のみを対象とする払い下げを認めなかった。しかし、府県は士族の困窮という問題に直面しており、明治六年三月、ついに大蔵省に士族のみを対象とした払い下げを認めさせたのである。

勧業資本金は勧農関係ではアメリカへの農業留学生費や内藤新宿試験場経費等に使用された。しかし、大蔵省は、明治六年末に設立される内務省に勧農事業が移行されることを見込み、貯蓄してきた勧業資本金を一般歳入に組み込んでしまったのである。

次に「はじめに」で掲げた課題に応えよう。まず、①大蔵省の勧農政策において西洋農業の導入は、農業の現場と乖離した政策だったのか、という点である。勧農寮は東京府と試験地選定の折衝していた際、欧米植物類を風土や寒暖に配慮して試験した上、各県の地味に応じて配布すると構想していたように、農業の現場の状況を重視していた。しかしながら、これらの勧農事業はまだ着手されたばかりで、農業の現場に導入する前の試験的段階であった。したがって、大蔵省期における西洋農業の導入政策は、まだ農業の現場と乖離した政策か判断する以前の段階である。②在来農業は無視されていたのか、という点については、アメリカ産大小麦の府県における試験の際に在来種と比較させていること、国内農業調査にも力を入れていること、西日本の農具を東北地方に導入しようと意図したことから、政府に在来農業を無視する姿勢はみられない。③荒蕪地・官林払下の目的は何か、④同政策と士族授産との関係はどのようであったのか、という二点であるが、荒蕪地・官林払下は、勧業(勧農)資金の捻出を目的とした政策であり、実際に農業生徒留学費や試験場費等にあてられた。さらに、この資金＝勧業資本金は士族による東北開墾のために貯蓄されていた。民部省から続く士族による荒蕪地開墾政策は大蔵省期に一時停止されるが、この政策が放棄されたわけではなかったのである。

民部省期における西洋農業導入と在来農業改良については、まだ勧農政策が開始されたばかりであることから、両事業の特徴や政策指針の相違を抽出することは困難である。これが大蔵省期になると前記したように在来農業を軽視していないことが明らかとなる。ともあれ西洋農業の導入は始まったばかりであり、民部省期・大蔵省期ともに、まだ試験的導入の段階であった。比較的に輸送が容易な種子類の頒布は民部省期から実行され、農具類は民部省期にアメリカで購入が開始されたが、日本に到着したのは民部省廃止後の大蔵省期で、勧業会社や農区等の農業制度に至っては海外視察報告書等において紹介されるにとどまっていた(第二部第二章第一節)。

民部・大蔵省期において、政府は政治的・財政的に安定せず、勧農政策が一貫して遂行されることはなかった。農業は自然を相手とするだけに、その改良には時間を要する。したがって勧農政策を遂行するためには、政策を安定的に継続させることが重要であり、このためには強い政治力を持つ人物が政策の指揮をとることが必要である。この条件が整ったのが明治六年一一月の内務省の設置と大久保利通の内務卿就任であった。

第二部　内務省勧業寮期の勧農政策（明治七～九年）

はじめに

第二部では、内務省の勧業寮が実施した勧農政策について追究する。まず第一章では政治・経済的側面からみた勧農政策の動向を分析し、第二章では農業制度の構想と国内外農業の調査、第三章では植物試験、農具導入・改良、農書編纂事業について検討する。

第一章は勧業寮の設立過程の分析から始める。原口清氏が明治「五年一〇月以来大蔵省租税寮の一部にすぎなかった勧業課は、一躍内務省勧業寮となり、一等寮となった。勧業寮は全国の農工商の諸業を勧奨し盛大にすることを目的とし、勧農、牧畜、および製糸・織物生産の三大部門にはとくに力をそそいでいる」と指摘するように(1)、内務省の中で一等寮となった勧業寮を中心に殖産興業政策が進められると考えられた。しかしながら、開設後の内務省は、勝田政治氏が指摘するように、内乱外征（佐賀の乱・台湾出兵）や内在的理由（未成熟な政策論）により、本格的に省務を始動することができなかったのが実情であった(2)。本章では勧業寮の本格的始動を阻んだ原因として、さらに財源確保の問題について明らかにする。

明治八年（一八七五）になり、内乱外征を処理した内務卿大久保利通は内務省の業務に専念するが、明治九年五月には勧業寮の商業部門が分離して勧商局となり、翌一〇年一月に勧業寮は縮小されて勧農局となるのである。序論でも述べたように、内務省勧業寮の諸政策については殖産興業政策史と農業（政策）史の両面から研究されてきた(3)。商業的側面からの研究蓄積は薄く、浅田毅衛氏が政商との関わりにおいて検討しているが(4)、いまだ十分な研究成果が示されているとはいいがたく、特に勧業寮から勧商局が分離独立する過程の研究は不十分である。一方、勧商局と勧農局設置に密接に関わる政府機構の改革や、その節目の一つである内務・工部省の合併問題については安藤哲、勝田政治氏等の詳細な研究があるが、両省合併が挫折した原因はまだ明らかにされていないのである(5)。そこで、第一章では、まず勧業寮設立経緯と設立後の予算等に着目し、一等寮としてスタートした勧業寮の実態を究明する。次に大久保利通の勧業構想を明示し、内務・大蔵省の商業政策に着目しながら勧商局新設の経緯を検討する。さらに、政府機構改革、勧業寮改革案を分析し、当時の政治・経済情勢を加味しながら、内務・工部省の合併構想が挫折し、勧業寮が勧農局に縮小される過程を明らかにする。そして、この過程で大久保が独裁的に政策を遂行したのか検証する。

第二章・第三章では、勧業寮期に構想、実施された勧農政策について分析するが、従来の研究では勧農局期(明治一〇～一四年)も含めて、内藤新宿試験場・三田育種場・駒場農学校・下総牧羊場の設置等に視点が置かれ、それらは「欧米農牧技術の直訳的輸入の試み」で、「ほとんど成果を収めることができなかった」と解釈されている(6)。このように、明治前期の西洋農業の導入は農業の現場と乖離した政策だったために失敗したという見方が一般的である。そして西洋農業に代わって在来農業が着目されて老農が起用されていくというのである。このような見解に対して荒幡克己氏は「政府には、農業の近代化を図っていく上で、泰西農法と同時に在来農法からも学んでいこうとする姿勢が早い時期から見られた。そしてこれは、通説で言われる泰西農法導入の時期とほとんどずれていないことに注意すべきである」と指摘した(7)。第二章・第三章では荒幡氏の指摘を踏まえ、勧業寮期の勧農政策の実態を解明し、それが西洋農業中心の無差別的直輸入政策だったのか、在来農業はどのように扱われていたのか検証する。まず、第二章では西洋農業制度の導入と国内外農業の調査を扱う。西洋の植物を購入し、国内で試験・頒布するといったことは民部・大蔵省期に実行された。一方、西洋農業を模倣した農区・農事通信といった相互に連関する農業制度は、近世日本には存在せず、これらを実行するには、その仕組みや方法を十分に理解し、国内の実情を考慮して運営規則等を立案する必要があり、速やかな実施は不可能であった。内務省勧業寮期は、これらの農業制度を実施する前の調査段階・準備段階であり、この段階の詳細を明らかにすることは、明治農政史の実態を究明するうえで重要なことである。また、設立されたばかりの勧業寮は、国内外の農業の状況を把握していなかったため、諸政策を施行するにあたり、積極的にそれらの調査を行った。本章では調査地や調査項目等を明らかにして、勧業寮の視線が欧米のみに向けられていなかったこと等を明らかにする。

第三章では、第一節で植物試験事業、第二節で農具導入・改良事業、第三節で農書編纂事業について検討する。第一節で検討する植物試験は、勧業寮が最も重要視した事業であった(8)。本事業の先駆的研究として津下剛氏の業績がある。津下氏は明治初年の官営試験場を分析し、この中で重点が置かれたのが果樹・穀菜の分野であり、在来種の試験・改良というよりは、西洋種をそのままの栽培法に、かなり無差別に促進したと述べている(9)。石塚裕道氏も内藤新宿試験場における洋種果樹・穀菜の試植と各府県への配布について、「在来種の改良よりも、こうした洋種の無系統な直輸入はほとんどみるべき成果を収めず、同試験機関は八年後に廃止された」と述べている(10)。また、『茨城県農業史』は「〝やみくもの勧農政策〟を象徴しているものが、外国種苗輸入配布政策」であり、「あらゆる種類、あらゆる品種の種苗が無選択に輸入され、各府県に配布、試作を勧奨されている」と厳しい評価を与えている(11)。しかし、最近では、勝部眞人氏が、明治八年・九年度における海外種苗の輸入量と各府県への国内外種苗の頒布量を示し、場合によっては外国種以上の国内種苗の広範な収集・配布が行われていた事実を明らかにし、「一八八〇年代後半に至るまでの時期において、欧米農業であれ在来のものであれとにかく新しいものを試して、それぞれの地域にとって有益なものを見出させていこうとする政府側の姿勢を物語っているように思われる」と記し、従来の説に修正を迫っている(12)。

本章では勝部氏の指摘を踏まえて本事業を再検討する。

第二節では農具導入・改良事業について検討するが、本事業における西洋農具導入策は、先行研究において西洋農業導入の失敗の代表例のように語られている。津下氏は「洋式農具奨励は效を奏して、民間に利器あることを知らしめたが、その後此等の農具は我が農業社会より漸次姿を没した」とし、その原因として、①日本の農地区画が狭小で山地が多く西洋の大農具は開墾事業以外に利用の余地がないこと、②洋式農具は高価格のため小農には購入困難であること、③改良農具の出現により洋式農具が省みられなくなったこと、④在来農法が復活したこと、⑤明治政府が漸次重商主義となり農業を軽視したことを掲げた。注目されるのは①で、開墾事業においては利用の余地を認めている点である[13]。一方、農業発達史調査会編『日本農業発達史』では「農具置場、三田農具製作所の約二〇年にわたる生涯は、明治政府勧農政策における直輸入的側面の破綻の歴史であった」と酷評し、政府と農民間の農業技術推進の甚だしい遊離を当初の技術政策の一つの特徴とし、「西洋農機具直輸入の失敗はその一極を表わすもの」と述べている[14]。また、斎藤之男氏は、西洋農具の導入政策には直接の成果をみることはできず、現実と隔離する欧米農機具の模擬の域を出ず、試験よりも珍奇なものの試用・模範に走ったという誹りを免れがたいと指摘している[15]。以上のように津下氏が開墾事業における利用の余地を認めているほかは、西洋農具導入を中心にみた農具改良事業に対する評価は著しく低い。しかし、これらの低評価は西洋農具導入地を一般の農地に限定して判断しており、政府が重要視した士族等の開墾地への導入を軽視しているのである。そこで第三章では、勧業寮における農具導入について、西洋農具とともに在来農具にも着目し、政府の導入目的を検討しながら本事業を再評価する。

第三節で検討する農書編纂事業は、勧業寮が推進した勧農政策の中でも研究蓄積が薄い分野である。特に近代の農書に関する研究は前近代のそれに比して乏しいのが現状である。この乏しい業績の中では、津下氏が、明治前期の農書編纂について、科学的な総合的農業の普及ということより編纂当初から日本古来の農業の再認識、その一般化を目的とするかのような方向に舵がとられたと指摘した。[16] しかし、西洋化を推進する政府が、なぜ古来の農業を再認識しようとしたのか説明していない。また、斎藤之男氏は、明治一三年頃までは欧米農書に関する翻訳が多い一方、在来農業について記した農書は少ないが、これは当時政府の欧米農業模倣政策のあらわれであるだけでなく、農界の気運にも応じるものであると述べた。[17] つまり、農書編纂の開始当初は、日本古来の農業が再認識されながらも、政府が刊行した農書の多くは西洋の翻訳書であり、この理由の解明も必要であろう。内務省勧業寮における農書編纂の中心の一人は権中属の織田完之であった。斎藤氏は織田著『勧農雑話』等を検討し、実地調査において学術と実際の遊離を痛感した織田が、泰西農学の排斥と在来農書の実益を語り、「近代農書」の非実用性を非難したと指摘した。[18] 泰西農学の排斥を唱える織田が農書編纂の中心にいながら、なぜ勧業寮では西洋農書の翻訳書が多く刊行されたのか疑問の湧くところである。また、先行研究は明治前期の勧農政策の特徴を西洋農業の直輸入、無差別導入であると唱えるが、農書編纂を担当した織田は泰西農学を否定したと捉えているのである。以上の問題点を解明するため、本節では勧業寮の農書編纂方針等を検討し、次に織田完之の農業観や勧農構想を分析して、日本古来の農業の再認識と翻訳農書刊行が同時に進められた理由について明らかにする。

以上、第二部の第一章では政治・経済的側面に視点を置き、大久保利通が内務省勧業寮設置の際にめざした農・商・工の産業を総合した勧奨体制が、内務省内の機構改革を経て挫折する過程を追う。第二章・第三章では具体的な政策に視点を置き、農業制度の構想と諸事業の実施状況を分析する。そして、勧業寮期が明治一〇年代に次々と着手される農業制度を構築する準備期間であったことを提示するとともに、政府が西洋農業の導入過程において、在来農業をどのように扱ったのか明らかにする。

註

（1）原口清『日本近代国家の形成』岩波書店、一九六八年、二一四頁。
（2）勝田政治『内務省と明治国家形成』吉川弘文館、二〇〇二年、一五六頁。
（3）代表的な研究として永井秀夫氏の殖産興業政策論（『明治国家形成期の外政と内政』北海道大学図書刊行会、一九九〇年）や石塚裕道『日本資本主義成立史研究』（吉川弘文館、一九七三年）が挙げられる。
（4）浅田毅衛編『殖産興業政策の軌跡』白桃書房、一九九七年。
（5）安藤哲『大久保利通と民業奨励』御茶の水書房、一九九九年。前掲、勝田『内務省と明治国家形成』Ⅱ第二、四章参照。合併問題については山崎有恒氏の研究も含め、第一章で検討する。
（6）井上光貞他編『日本歴史大系』四近代一、山川出版社、一九八七年、四三八頁（執筆は高村直助氏）。海野福寿「外来と在来」（同編『技術の社会史』三、有斐閣、一九八二年、一五～二二頁）。
（7）荒幡克己『明治農政と経営方式の形成過程』農林統計協会、一九九六年、四六頁。
（8）序論で述べたように『内務省年報』の明治八～一〇年（第一～三回）の筆頭項目は植物試験に関わる事業である。
（9）津下剛『近代日本農史研究』光書房、一九四三年、二七四頁。
（10）前掲、石塚『日本資本主義成立史研究』一一一～一一四頁。
（11）茨城県農業史研究会編『茨城県農業史』一、一九六三年、三三三～三四頁。
（12）勝部眞人『明治農政と技術革新』吉川弘文館、二〇〇一年、一九頁。
（13）前掲、津下『近代日本農史研究』二三七～二六七頁。
（14）農業発達史調査会編『日本農業発達史』二、中央公論社、一九五四年、一一五頁。また、堀尾尚志氏は「明治政府の

早急な西洋化政策は、あまりにも日本農業の実情を無視したものであって、たちまち挫折してしまった。三田農具製作所でつくられた西洋式の農具も、農業の現場ではまったく相手にされなかった」と述べている(飯沼二郎、堀尾尚志『農具』法政大学出版会、一九七六年、一七一頁)。

(15) 斎藤之男『日本農学史』農業総合研究所、一九六八年、一〇四～一一二頁。

(16) 前掲、津下『近代日本農史研究』一四一～一七六頁。

(17) 前掲『日本農業発達史』九、五〇頁。

(18) 同右『日本農業発達史』九、五二～五四頁。

第一章　勧業寮期の政治・経済的側面からみた勧農（勧業）政策の動向

第一節　内務省勧業寮の誕生

1　勧農寮の構想と勧業寮の設立

内務省内における殖産興業を推進した中心機関は勧業寮であったが、立案当初は勧農寮として構想された。立案者の左院副議長の伊地知正治は、すでに明治元年（一八六八）に西洋農具導入を説き、四年に「時務建言書」「勧農建言書（勧農再言）」を提出し、西洋農法を取り入れた勧農政策の重要性を建言した。特に後者では在来農法に注視しながら、試験場・農学校といった西洋の科学的農法を摂取する旨を記した(1)。

明治六年九月に岩倉使節団が帰国し、征韓論政変を経て、一一月一〇日に内務省の設置が布告された。同二五日には左院の伊地知と松岡時敏、参議の寺島宗則・伊藤博文が正院制度御用掛に任命され、内務省の機構について煮詰められていく。この際、伊地知の「内務省職制私考草案」（以下、伊地知草案）がたたき台となったようである。伊地知草案における内務省は、本省、戸籍寮、勧農寮・出張所、警保寮、記録寮、会計司で構成され、省務の中心は戸籍・勧農・警保の三寮で、勧農を内政の軸とした(2)。

伊地知草案の「勧農寮并出張所」の項では、諸外国において勧農業務を担当している省として文部、工部、内務省

表2−1　勧農寮から勧業寮への変遷

年　月	文書表題等	寮名	等級
明治6年11月	内務省職制私考草案	勧農寮	—
↓	内務省所管六寮	勧農寮	3等寮
明治7年1月	原案	勧業寮	2等寮
↓	変更確定案	勧業寮	1等寮

典拠：大霞会編『内務省史』3（1971年、979頁）より作成。

を掲げたが、内務省が担当することが「誠ニ良法」であるとした。伊地知は「人民保護」を主務とする内務省が担当すれば、「勧教セラル、者」が、「実心永勉」すると考えたからである。これは「今ハ租税寮ニ合併ニテ実事体裁不宜敷候」と指摘しているように、勧農業務が収税を担当する大蔵省租税寮内に置かれている現況では、人民は「実心永勉」しないといいたいのであろう。この草案が提出される一年前の明治五年一〇月に大蔵省勧農寮が廃止された際、伊地知が所属する左院は、税務を管理する租税寮の中に勧業司が置かれて勧農業務を担当することに対して不満の意を表明していたのである（第一部第二章第四節）。伊地知草案では勧農寮業務の概要として、①開墾・耕地培養・収穫等の便宜の方法を調査して報知する、②獣類・穀類種子の頒布、③府県願伺の評議、④欧米の農学大校のような勧農寮出張所の設置を掲げた。さらに「出張勧農寮ノ法方ハ別ニ取調へ置候草稿御座候」と記されており、別に詳細なプランが練られていたようである。

　この勧農寮は内務省開設時には勧業寮として誕生する。この間の変遷を表2−1に示した。まず、明治六年一一月の伊地知草案（内務省職制私考草案）では、勧農寮は戸籍寮の次に記されているが等級は付されていない。詳細な日付がわからないのが残念であるが、一一〜一二月頃に三等寮であった勧農寮は、審議を重ねていくうちに翌年一月に二等寮の勧業寮となり、確定時に一等寮となった。勧農に工と商という肉付けをして勧業寮とし一等寮に格上げされたのである。ここには、農・工・商を総合的に勧奨する機関を立ち上げて、勧業殖産を強力に推進しようとした大久保利通の意図があるのではないだろうか。

勧農寮は「工」が含まれる勧業寮に変更されたため、工部省の勧工部門が内務省に移管される可能性が浮上した。

ところが、当の工部省勧工寮は一一月一九日に同省制作寮に吸収されるかたちで廃止されていたのである[3]。この件に関して柏原宏紀氏は、工部卿伊藤博文が内務省の機構を決定する制度取調掛においてリーダーシップを発揮したことにより、内務省設置に際して「工部省は、実質的には、機構面でも管轄も最低限の影響しか受けなかった」と述べている[4]。つまり、伊藤は制度取調掛に任命される前から内務省に勧業寮が設置される可能性を予測して、勧工寮業務を製作寮に避難させたのではないだろうか。

さて、勧業寮をはじめ、戸籍・駅逓・土木・地理寮等、内務省の業務の大部分は大蔵省からの移管であったが、大蔵省がこれらの移管を黙過したわけではなかった。大蔵省租税寮には荒蕪地・山林、蚕種原紙の売却代金等を国庫に入れずに保蓄してきた勧業資本金があり、これを勧業事業費にあてていた。第一部第二章第四節で述べたように、明治六年一二月、大蔵卿大隈重信は、租税寮勧業課の内務省移管を前に、この勧業資本金を国庫に入れてしまったのである。後述するように、これが内務省勧業事業を停滞させる要因となり、勧業寮は勧業資本金を取り戻すために腐心するのである。

2　内務省職制・章程、勧業寮事務章程の公布

明治七年一月九日、太政大臣三条実美は内務省設置を布告するとともに、大蔵省に戸籍・土木・駅逓寮と租税寮中の地理・勧農の事務、教部省に音楽・歌舞の事務、工部省に測量司、司法省に警保寮を内務省へ引き渡すように達した。次に三条は仮の内務省職制・章程(全三五条)を大蔵、教部、工部、司法省に回送した[5]。この職制・事務章程において勧業に関わる条目は、第七条、農業学校・勧農会社の制を定める、第二三条、夫食・種籾・農具代の貸付、第二四条、金券発行会社を除く諸会社設立に准允を与える、であった。

これらに対して大蔵卿大隈重信は第二四条について、勧農、勧商、通常一般の諸会社は内務省の管轄であるが、「銀行類似又ハ公債証書、洋銀、米油、総テ相場会所并株券発売之会社等」は大蔵省の管掌とすることを要求した(6)。金券発行会社が銀行のみを指すのか、さらに広い範囲を指すのか不明瞭なので、大隈はこれに各相場会所と株式取引所を加えて管掌範囲を明確にするとともに、大蔵省の権限縮小を防ごうとしたのであるが、翌二月一八日に改訂された内務省職制・事務章程において第二四条は修正されなかった。しかし、明治七年五月二二日に大蔵卿代理の大蔵少輔吉田清成が株式取引所の設置を申請し、許可を受けると、一〇月一三日には株式取引条例が公布され、大蔵省国債頭が株式取引所を管轄することとなった(7)。また、八年五月二八日、大蔵省は米油相場会所を会社組織に変換するため「米穀相場会社創立準則」を公布した(8)。このことからも株式取引所・相場会社は大蔵省の管轄であったことがわかる。

明治七年三月、勧業寮事務章程(全二七条)が布告された(9)。第一条では、「勧業寮ハ全国農工商ノ諸業ヲ勧奨、確実、盛大ナラシムル事務ヲ管掌スル所ナリ」と記され、勧業寮を農工商の総合的な勧奨機関として位置づけた。農業関連の条目は、①農家に有益な珍種を分配する(第四条)、②農業学校・勧農会社制度の創定(第八条)、③勧農方法の企図、荒地開墾等により利便の方法、生活の方法を授ける(第一二条)、④農業が不振である場合の原因調査(第一五条)、⑤食糧・種籾・農具代等の貸与方法の立案(第一八条)である。農家への珍種分配や勧農会社制度創設、農具貸与等、具体的な施策を掲げて民業重視の姿勢を示した。前記した伊地知草案で記された開墾方法調査や穀類種子頒布、農学大校設置等が活かされていることがわかる。また、③の勧農方法は、まず「発明説ヲ考案シ、其原理ヲ推覈シ、実効試験ヲ経テ其事ノ正確ナルヲ徴シ、其案算ヲ詳シ、措画ノ法案ヲ具シ、卿ニ申呈シ、其指図ニ由リ尚其所轄地方官ト協議シ之ヲ処置スヘシ」と、立案から実施までに段階を踏み、実施にあたっては地方官と協議すると記されており、勧農事業に対する慎重な姿勢が示されている。

工業関連の条目は、①工業等の健康被害の調査(第九条)、②発明者の褒賞(第一〇条)、③専売免許付与(第一一条)、④工業が不振である場合の調査と対策の報告(第一七条)である。褒賞や専売特許等は工業奨励上、重要であるが、ここには、どのような工業分野をどのように奨励したいのか記されていない。

商業関連の条目は、①諸会社の免許申請は民害を生ぜず官費不要の場合は一定の法則に準拠して許可する(第七条)、②会社の法則の考案(第一三条)、③貿易・商業が衰退した場合、その原因の調査と振起方法の考案(第一六条)、このほか、第二条に「諸会社ヲ勧誘シ、益全国天造人造ノ諸物産ヲ拡充スルヲ図ルヘシ」とあるが、工業関連の条目と同様に具体的奨励方法を欠いている。

勧業寮は勧農寮構想から始まったため、農業関連の条目には具体的な方策が記されていたが、工・商業に関しては具体性を欠いた条目の提示にとどまった。そもそも内務省設置以前、工務は工部省、商務は大蔵省が担当しており、明治七年一月九日に三条実美から各省に対して業務の一部を内務省へ引き渡すように達せられたが、各省間で十分な調整があったとも思われない。

内務省の殖産興業政策の特徴は、民業重視の姿勢にあることは間違いない。通説では大久保利通「殖産興業に関する建議書」(明治七年)において、従来の官業重視の工部省路線と違い、民業重視の姿勢が萌芽的にあらわれ、翌年五月の同「本省事業ノ目的ヲ定ルノ儀」で明確化されたと説明されている(10)。しかし、民業奨励については、この事務章程ですでにその姿勢(特に農牧業重視)が示されており、大蔵省勧農寮時代にも府県に西洋種苗を頒布したり、国産米・在来農具の調査、勧農会社(開農社)の設立許可等、民業を重視していた(第一部第二章)。さらに、小幡圭祐氏は明治四年から六年までの大蔵省の勧農政策が、「「士民」による会社のもとで行われる民営事業に依存しつつ、勧農寮(租税寮)はあくまで「保証」として官営事業や財政援助を実行するという民営奨励方針を基調とした」ことを明らか

表2−2　勧業寮の陣容と業務

担当	課	掛
岩山敬義	農務	農学、編輯、開墾、養蚕、樹芸、牧畜、本草、分析、虫学、種庫等
古谷簡一	工務	富岡・堺製糸場、武蔵・深谷・信濃・上田・岩代・福島蚕種原糸売捌場
欠	商務	—
欠	編纂	受付、往復、処務、浄書

典拠：農商務省農務局編『勧農局沿革録』(1881年、4頁)より作成。

にしている。[11] これまで、内務省設立以前の勧農政策の研究が乏しかったため、工部省による官業中心の勧業政策の反省をもとに内務省期から民業が重視されるようになったと説明されることが多い。しかしながら、すでに大蔵省期から民業は重視されていたのである。

3　勧業寮の官員構成

明治六年一一月二九日、大久保利通が内務卿に就任し、省内人事が進められた。翌年一月、勧業権頭には河瀬秀治が抜擢された。宮津藩出身の河瀬は、武蔵・小菅・印旛・群馬・入間・熊谷と、知県事・県令を歴任し、熊谷県では開明県令として蚕糸業の改良や近代教育の発展に力を注いだ地方行政に熟達した人物である。[12]

設置当初の勧業寮は表2-2のように農務・工務・商務・編纂課の四課に分けられた。商務・編纂課担当者が欠員となっており、勧業寮が十分な準備により設立された機関ではないことがわかる。農務課は勧業権助の岩山敬義(直樹)が担当した。岩山は薩摩藩出身で、明治四年からアメリカ・ヨーロッパで農牧業に関する研修、調査を行った経験を持ち、勧業寮で農務を担当した。友田清彦氏は「内務省職制私考草案」[13]を作成した伊地知正治に勧農寮の情報を提供したのが岩山であると推察している。さらに幕末のパリ万国博、明治六年のウィーン万国博に参加した田中芳男(六等出仕。幕末の開成所でリンゴ等を栽培した経験を持つ)、ウィーン万国博に際してヨーロッパで蚕糸業等を視察し、それらの技術を伝習してきた佐々木長淳（七等出仕。福井藩出身）が農務課担当となった[14]。工務課は勧業助の古谷簡一が担当した。古谷は慶応二年（一八六六）に函館奉行小出大和守秀実に随い（定役出役）、ロシアとの樺太国境交渉のためにサンクトペテルブルグに赴いた経歴を持つ。維新後は会計官出納司権判事、民部省通商大佑、大蔵省租税権助等を歴任した[15]。勧業寮では工務を担当して富岡製糸場や堺紡績場等の業務に従事したが、その経歴から商務をこなすことも期待されたのかもしれない。勧業寮は、上層部に洋行経験者を配置し、それを地方行政の熟練者である河瀬が統率するという陣容をとり、藩閥よりも、その経歴と実務能力が重視された人員配置となったのである。

第二節　内務省勧業寮の予算とその実態

1　明治七年三月の仮定額金の申請と勧業寮の実態

内務省は明治七年（一八七四）一月に省務を開始したので、政府の会計年度第七期（明治七年一～一二月）の予算費目中に内務省の項目は存在しなかった。そこで、七年一月、内務省は経費として、とりあえず一〇万円と洋銀二〇〇〇ドル（お雇い外国人給料等）を申請して許可を受けた[16]。その後、内務省が定額金（一年間の経費）を算出して申請し、この金額を月割りで受け取る予定であったが、定額金はなかなか決定せず、ようやく三月三一日に仮の定額金を申請した。許可を得た金額は、月額で常費（内務省費）が五万九五五二円・洋銀二四九四ドル、国費が五万四六五五円・洋銀一〇三〇ドルであった。常費は月給・旅費等、国費は勧業寮・駅逓寮諸費と府県営繕費で、このうち勧業寮諸費は三万〇二四一円であった[17]。勧業寮諸費を年額換算すると三六万二八九二円となり、第六期（明治六年一～一二月）に勧業資本

表２－３　第６～７期勧業関係支出内訳

内訳＼会計年度	第６期 勧業資本金	第７期３月 勧業寮諸費
内藤新宿試験場他	42,782	36,000
富岡製糸場	—	60,600
堺製糸場（紡績場）	6,861	15,300
養蚕取締・蚕種原紙売捌他	134,366	250,992
勧業貸与金・繰替金	58,998	—
上記以外の勧業諸費	85,632	—
その他	19,786	—
合　計	348,425	362,892

表２－４　内務省経費

明治７年	
月	受取額
1	100,000
2	200,000
3	7,923
4	114,207
5	47,046
6	99,129
計	568,305

＊円未満は切り捨て。洋銀は不掲載。
典拠：表２－３「明治六年中勧業ノ諸費出方大蔵省協議上申」（『公文録』明治７年10月、内務省伺６、国立公文書館蔵）。「本月分仮定額金御渡伺」（『公文録』明治７年４月、内務省伺２）より作成。
表２－４「本年仮定額費御渡伺」（『公文録』明治７年８月、内務省伺２）より作成。

金でまかなわれた大蔵省の勧業関係支出の三四万八四二五円と大差がないことがわかる（表2－3）。ただし、第六期勧業資本金には富岡製糸場諸費は含まれておらず、これは別途、第六期の歳出費目「勧業費」八万四三三七円から支出されたと思われる(18)。

仮定額金により当面の内務省経費の月額が定まったわけであるが、実際は前月からの繰越金等の調整があるため、表2－4の通り、月ごとに受け取る金額は異なっていた。この後も内務省は繰越金や毎月の過不足を計算して申請し、その金額を受け取っており、この状況は明治八年度会計がスタートした後の明治八年八月頃まで続くのである(19)。明治七年四月、この状況について河瀬秀治は大久保利通に対して「内務ノ如キハ未タ創立ノ際、自カラ大蔵分省ノ体裁アリ、彼是ノ習慣事務ノ順序、毎件合評、或ハ異見ノ往復、諸事渋滞、目今ノ形勢ニテハ到底事業ノ機宜ヲ誤リ……、内務立省ノ御趣意ニ背」くと嘆いた(20)。大蔵省との経費に関する毎月の折衝は事務渋滞を招き、事業を遅滞させた。河瀬はこのような内務省はあたかも大蔵省の分省であり、内務省設立の主旨に反すると吐露したのであった。

話を元に戻して第七期の勧業寮諸費から大蔵省と内務省の勧業

政策を検討しよう。表2-3の第七期勧業寮諸費の中で目立つのは養蚕取締(大総代の旅費・月給等)、蚕種原紙売捌方(各地の売捌所諸費)、その他(掃立原紙買上代)二五万余円で、第六期からほぼ倍増し、第七期全体の七割を占めた。第一部第二章第四節で述べたように養蚕取締は大蔵省勧業課の主要業務であった。この業務を引き継いだ内務省において、大久保も蚕種の粗製濫造を防ぐために養蚕取締を重要視しており、これが第七期の費額にあらわれたようである。

仮定額金を申請した四日後の明治七年四月四日、大久保の代理をつとめる木戸孝允内務卿が、勧業経費の支払いについて上申した。ここで問題となったのは、明治六年中に大蔵省が着手した勧業事業費の支払いが残っていたことである。木戸は、勧業寮設置以前の勧業諸費は勧業資本金から支出されたこと、六年一二月にその勧業資本金が出納寮に入ってしまったこと等を挙げ、六年度以前の勧業諸費の支払残金は、大蔵省が支払うべきであると上申した。左院財務課が勧業寮に作成させた六年度の勧業関係の仕訳書によると勧業資本金は一五四万円余となっていた[21]。

明治七年六月、この件に決着がつかないまま、河瀬・古谷・岩山が大久保に「勧業意見」を提出し、前半では勧業業務の重要性・緊急性を示した。そして後半では「勧業事務ノ進歩ハ資金ノ多寡ニ応シ」ていることを強調し、勧業資本金の獲得を訴えたのである[22]。すなわち河瀬等は、①先般、常費と内藤新宿試験場・富岡製糸場・堺紡績所・養蚕取締関係費用をあわせて「歳額」を提出したこと、②「歳額」は現在着手している事業分を概算しただけで新規事業費は入っていないこと、③「歳額」では新規事業を興起できず、既設事業の成功も期待できないこと、④このため、さらに一〇〇万円の下付が必要であることを訴えたのである。この一〇〇万円の出所としてあてにしたのが「勧業資本金、百五拾余万円」であり、ここから一〇〇万円を三年間に分けて下付してもらうという計画であった。

内務省が開かれて一躍一等寮となった勧業寮ではあったが、その実態は大蔵省の下部組織と同様であり、予算的制約により新規事業に着手できない状況に陥っていた。河瀬等はこれを打破するために勧業資本金の獲得を望んだのである。

2　明治七年八月の仮定額金の増額申請

明治七年八月、大久保利通は「内務省仮定額金経費概表」を提出し、次のように述べた(23)。

……本年一月中、当省御設置有之、各寮司之儀ハ大蔵、工部両省より分附相成候儀ニ而、事務之費金年額之高、当省創立間合も無之確定難致者勿論ニ候得共、本省及各寮司仮定額凡積を以取調、本年三月中上申致、右仮定額之目途高、月割ヲ以御下渡之儀申上、月々大蔵省ヨリ請取事務為相運居候処、六月ニ至、定額御決定之御指図無之中、事務着手ニ付、無余儀廉多々相生シ、就而者是迄閉塞渋滞之事業等夫々引立実際相調候処、半年試検之概算ニ而者、先般上申之目途金高ニ而者、迚も引足不申儀、判然致来候……

表2-5　内務省(仮)定額金

部　局	明治7年8月仮定額金	明治8年5月定額金
本　省	208,638	249,466
勧業寮	776,150	2,008,430
警保寮	39,545	40,018
戸籍寮	19,118	25,491
駅逓寮	393,522	642,601
土木寮	91,736	213,539
地理寮	83,880	287,508
測量司	76,615	—
合　計	1,689,204	3,467,053

＊円未満切り捨て。洋銀は不掲載。
典拠：「本年仮定額費御渡伺」(『公文録』明治7年8月、内務省伺部2、国立公文書館蔵)、「本省定額金ノ儀伺」(『公文録』明治8年6月、内務省伺2)、「本省事業ノ目的ヲ定ムルノ議(「明治八年定額金見込書」)」(『公文録』明治8年10月、内務省伺2)より作成。

要するに大久保がいいたかったのは、三月に申請した仮定額金では全く足りないということであった。そこで大久保は、今回、新たな仮定額金として約一六九万円を申請したのである(表2-5の「七年八月仮定額金」の欄)。明治七年一～六月の半年間に内務省に下付された金額の合計は、洋銀を除くと約五七万円である(表2-4)。これを年額換算すると約一一四万となるので、大久保は八

表２－６　内務省勧業寮（仮）定額金

費目＼申請・決算	明治７年３月 仮定額	明治７年８月 仮定額	明治８年５月 定額金
内藤新宿出張所他	36,000	36,000	147,300
富岡製糸場	60,600	58,200	61,800
堺製糸場（紡績場）	15,300	29,400	29,400
養蚕取締・蚕種原紙売捌他	250,992	244,500	78,375
勧業資本金	—	306,500	1,000,000
月給・旅費他	不明	101,550	135,960
農事習学場（駒場農学校）	—	—	64,800
工業試験諸費	—	—	50,000
工業習学場諸費	—	—	45,000
商業試験諸費	—	—	50,000
商業習学場諸費	—	—	45,000
房総牧場諸費	—	—	795
地方官委託費	—	—	300,000
合　計	362,892	776,150	2,008,430

＊円未満切り捨て。洋銀は不掲載。
＊明治７年３月仮定額は史料に表記された月額を年額換算。
典拠：「本月分仮定額金御渡伺」（『公文録』明治７年４月、内務省伺２、国立公文書館蔵）、「本年仮定額費御渡伺」（『公文録』明治７年８月、内務省伺２）、「本省事業ノ目的ヲ定ムルノ議（「明治八年定額金見込書」）」（『公文録』明治８年10月、内務省伺２）より作成。

月仮定額金で内務省の年額経費を一・五倍に見積もったことになる。内訳で特に目立つのが勧業寮の七七万円余である。これは大久保が「勧業、地理両寮之如キハ追々事業蕃殖之見込有之候間、将来之経費ヲモ相加へ申候」と述べており、勧業寮費に「将来之経費」が組み込まれたためである。

次に勧業寮の歳額を検討するために表2-6の「七年三月仮定額金」と「七年八月仮定額金」を比較する。三月仮定額金の「月給・旅費他」の詳細は不明のため、この費目を八月仮定額金から除くと六七万四六〇〇円となり、八月仮定額金は三月仮定額金からほぼ倍増したこととなる。費目ごとに比較すると堺製糸場（紡績場）が倍増している点が目立つが、最大の増額要因はやはり「勧業資本金」約三〇万円の新設である。これが、大久保の述べた「将来之経費」で、前述した河瀬等の意見を反映させたものである。

大久保はこの上申の後、八月六日に台湾出兵後の交渉のため横浜を発した。左院財務課は本件を早速審議にかけるが、申請額を「過当」として認めず、「寧、仮ニも常額ヲ不被定シテ是迄ノ如ク月々見積ヲ以、諸費ノ金額申立次第調査ノ上、御下渡有之候ハ、却テ穏当ノ費用相立チ、事業上ニも相叶可申と被存候」と主張した。結局、八月二〇日、正式に不許可の指令が発せられたが、この時、大久保はすでに上海の人であった。

内務省は、これ以後も毎月、経費見積書を作成して申請し、許可を得てその金額を受け取るという煩雑な作業を繰り返すこととなった。河瀬が嘆いたように月ごとの申請は事務渋滞を引き起こすとともに、費金の下付が遅れて支払いが滞る可能性がある。そして何よりも大規模な計画が立てにくいというディメリットがある。しかし、これを左院財務課や大蔵省側からみれば、支出を抑制できるという大きなメリットになるのである。財務課が増額を認めなかった理由の一つは、八月一二日に太政官が院省使府県に発した節倹の達にあろう。この達は七月三一日の大隈重信の上申に応えたものである。この上申で大隈は、内乱外征(佐賀の乱や台湾出兵等)の非常事態の対処として、官省使府県の建築・営繕費(進行中も含む)、臨時費、土木費、そして「勧業資本ノ為メ新ニ人民へ貸付等」を一切廃止するといった「非常ノ節倹」を、「厳重御下命」してくれるように要請したのである(24)。大蔵卿の大隈が勧業貸付金を不急の費用と位置づけた意味は大きい。

3　大久保利通の帰国と明治八年五月の定額金の申請

明治七年一一月末、台湾出兵の事後処理を終えた大久保利通が帰国した。この後、勧業寮は大久保不在の間に棚上げにされた事業の巻き返しと、新規事業の予算獲得に邁進していくのである。七年四月、内務卿を兼務した木戸孝允が屑糸紡績所（新町紡績所）の設立を上申したが、「当分見合置可申事」との裁定となった。そこで、大久保は一二月に設立の再伺を、翌八年三月に再三伺を提出し、予算を獲得した(25)。また、七年七月に大久保が「農務ノ本宗ヲ確立」するために家畜医や農業教師等を募集する旨を上申したが、翌八年二月になっても何の指令も下りなかった。そこで河瀬秀治が「農業進歩之基礎ニシテ実際施行之順序ニ於テ一大事之儀ニ付、至急御許允相成候様致度」と催促した結果、同月に裁可された(26)。さらに、八年五月五日に大久保が上申した「牧羊開業ノ儀ニ付伺」が同八日に、一〇月一四日に上申した三万七三三三円もの牧羊地買上費を計上した伺が同一九日に許可された(27)。また、後述するように、八年五月以降、勧業寮関係者の外国派遣が活発化するのである。

そして、大久保は明治八年五月二四日に内務行政の基本目的を初めて包括的に示した「本省事業ノ目的ヲ定ムルノ議」を提出した（以下「定ムルノ議」と表記(28)）。ここでは緊要事業として、①樹芸・牧畜・農工商、②山林保存・樹木栽培、③地方取締、④海運の四点を掲げ、予算増額や新規事業等の必要性を訴えた。これに対する回答は一〇月一九日に発令され、①②④の「三件ハ此程相達候一週年間経費金ニ基キ尚事業ノ目途取調更ニ可伺出候」と、五月一八日の太政官達（一周年の収入・経費等の総額を予算雛形に沿って作成し大蔵省に送致する）に則して内務省に再考を促した。③は「行政警察ノ規則方法等ハ不日何分ノ指令可及事」と発令され、一二月に行政警察規則の改正が公布された(29)。

国立公文書館蔵『公文録』に収められた「定ムルノ議」には、「明治八年定額金見込書」（以下「見込書」と表記）が添付されており、ここには明治七年八月に認められなかった定額金を増額した勧業寮の八年度予算が示されていた（申請額は表2-6「八年五月定額金」に示した）。八年度の勧業寮以外の予算案は同二七日に「明治八年本省并各寮定額金取調牒」として提出された(30)。

さて、永井秀夫氏は、大久保が「見込書」において農工商を三部門に分けて「農ヲ基トシ工商之ニ応シ」と述べていることから、殖産興業政策における大久保の意図・構想では「農牧業・農産加工工業が中心におかれるにいたったことを知ることができる」と判断している(31)。果たしてこの指摘は正しいのであろうか。

勧業寮は、当初、勧農寮として構想されたため、工商部門の事業は遅れをとることとなった。また、工といっても大蔵省から引き継いだ富岡製糸場や堺製糸場等、農産加工業部門が中心であり、鉄道・船舶といった重工業部門は相変わらず工部省の所管であった。「商」に関する事業はとりわけ進まず、ようやく「海外直売ノ基業ヲ開クノ議」（『公文録』の「定ムルノ議」に添付）において、農工を仲介する存在として「商」の重要性が提示され、「勧商事務ノ至急最重ナル所以」が説かれる始末であった。「定ムルノ議」では「工業未タ挙ラス、商法未タ盛ナラス」と嘆きながらも、農業不振について記していない点も、大久保が工商政策の遅れを特に重視していたことを裏づけるものである。

このように工商の事業が遅れた理由は、勧業寮が勧農寮を基に構想されたことに加え、内乱外征と大久保の不在、そして厳しい予算制限が考えられる。前述したように明治七年一月から「定ムルノ議」が書かれるまでの一年半は、勧業寮は予算制限のため事業の拡張ができず、大蔵省から引き継いだ勧農業務を継続するしかなく、「農ヲ基ト」せざるをえない状況であった。そこで大久保は「農」に応じる「工商」の事業拡張を急務と考え、「工業試験諸費」「工業習学場諸費」「商業試験諸費」「商業習学場諸費」（表2-6）を新設しようとしたのである。すなわち、「見込書」により大久保の意図・構想が「農牧業・農産加工工業」中心に置かれるに至ったのではなく、勧業寮が大蔵省から勧業事業を引き継いで発足した時点から「農牧業・農産加工工業」中心にせざるをえなかったのである。それゆえ大久保は「見込書」提出により「工商」の予算を獲得して「農牧業・農産加工工業」中心の現状を打開し、七年三月の事務章程にある農工商三業の総合的な奨励をめざしたのである。そして後述するように内務省は商業政策（会社関連）において大蔵省と管轄権を争い、工部省を吸収しようとするのである。

また、「見込書」（表2-6「八年五月定額金」）では、前年度に勧業費を圧迫していた「養蚕取締関係費」が三分の一に減少した。これは、蚕種取締の変更により、養蚕取締費と掃立原紙買上代がなくなり原紙売捌諸費のみとなったためで、工商関係費の新設を可能にした要因でもあろう。「見込書」で特に主張したかったのは勧業資本金一〇〇万円の獲得である。大久保は勧業資本金を農工商の勧奨資本として、欧米動植物の購入や農具改良費等、多くの使途を掲げた。ただし詳細な費目は「実際着手ノ方法等」が決定された後に明記すると述べられており、左の付箋が貼付された。

本文御許可ノ上ハ現ニ伺済相成居候、屑糸器械諸費凡金拾八万四千円余、牧羊場開業費用ノ内凡金六万四千円、其他商業勧奨諸費凡金三拾万円、毛布器械設立諸費凡金弐拾弐万円等ノ類ハ勿論、其外民力ヲ補助スル費用等モ都而本条金額ノ内ヨリ支出可致積ニ候事

大久保はすでに裁可を得ている新町紡績場費や下総牧羊場費を勧業資本金から支出することによって、今まで勧業資本金の復活を渋ってきた左院財務課と大蔵省に圧力をかけたのである。

第八期（明治八年一～六月）と明治八年度（八年七月～九年六月）の勧業寮経費（決算額）を表2-7に記した（第八期は半年しかないので費額は年額換算（二倍）した）(32)。第八期の合計額を表2-6の七年三月仮定額と比較すると合計額は大差が

表2-7　第8期・明治8年度勧業寮経費

費　目	第8期	8年度
本寮諸経費	105,249	133,070
内藤新宿試験場他	62,531	73,968
富岡製糸場	67,601	67,151
堺製糸場(紡績場)	20,131	19,425
蚕種原紙売捌所	110,067	49,653
農事習学場	0	848
内山下町試験場	0	25,714
下総牧羊場	0	64,316
下総取香種畜場	1,553	20,324
安房嶺岡種畜場	454	436
新町紡績所	0	7,816
米国博覧会事務局	3,450	3,360
合　計	372,072	466,084

＊円未満切り捨て。
典拠：大日方純夫他編『内務省年報・報告書』2（三一書房、1983年、151～166頁）より作成。

ないが、蚕種原紙売捌所費が半減したかわりに内藤新宿試験場他の経費が倍増した。八年度をみると結果として「見込書」の申請額は大幅に削減されたことがわかるが、第八期歳出の合計三七万円余に比すれば九万円余も増額された。勧業資本金は認められなかったが、そこに組み込まれていた新町紡績場や下総牧羊場等の経費は費目が新設されて支出された。工業習学場、商業習学場は実現しなかったが、工業試験費として内山下町試験場費が獲得され、ウィーン万国博事務局の事業(陶工・染工・玉工・夜景写真術等の試験)が勧業寮に移管された。また、商業試験費として四四五三円が本寮諸経費の中に組み込まれていたが、使途の詳細は不明である。小額ながらも新規予算が認められたことは勧業寮として一歩前進したことになり、大久保が台湾出兵の事後交渉から帰国し、内務省業務に専念するようになった成果があらわれているようである。しかし、工商拡大路線は軌道に乗らず、「農ヲ基ト」せざるをえない状態には変わりはなかった。

第三節　内務省勧業寮と大蔵省の会社政策

1　左院商法課における農工商統轄機関の提示と会社法規

明治六年(一八七三)一一月二五日、左院副議長の伊地知正治が正院制度取調御用掛に任命された際、伊地知は業務繁劇を理由に左院二等議官の伊丹重賢を左院における伊地知の代理とすることを右大臣岩倉具視に届け出た(33)。この伊丹が属する左院商法課においても内務省の勧業機構に関する構想が練られており、これは「内務省中農工商総理ノ一寮ヲ置カレンコトヲ請フ為メノ議」としてまとめられた(34)。

建議の内容は商法課が作成しただけに商業に重点が置かれている。冒頭で「農工商ノ人民ニ在ル、固リ偏廃スヘカラサルノ要業ナリ」と農工商三業の重要性を述べた。ただし、その勧奨には「先後緩急」があり、「世運」が未開の時は「工商」は「未業」でも支障はないが、「世運」が開けた今こそ「工商」奨励に着手すべきであるとする。しかしながら、現況は営業開始手続に一定の規則がないうえ、会社免許を与える機関も、府県庁、開拓使、大蔵・文部の諸省、紙幣・駅逓・租税の諸寮と多数あり、手続が煩瑣であるといった「一大欠典」があると述べた。そして最後に「農工商ハ鼎足相保ツヘキノ要業ニシテ之ヲ統理スルノ官衙モ亦終ニ分離セサルヲ妙トスヘシ、伏請、内務省中、農工商ヲ統理スルノ一寮ヲ設ラレ、開成ノ事業愈ソノ実効ヲ挙ラレンコトヲ」と記した。おそらく商法課は制度取調御用掛が構想している内務省の主要部局の一つが「勧農寮」であることを知っていたのであろう。それに勧商業務も含めるため「工」も添えて、農工商三業の鼎立を求めたものと思われる。

内務省設置以前の商務は大蔵省が管掌していた。それを内務省に移管することは大蔵省の権限削減となる。左院は人民保護の観点から地方行政において「圧制」を行う大蔵省を抑制しなければならないと考え、明治五年に内務省設立運動を展開し、自らの権限拡張と大蔵省の権限削減を要求した(35)。左院商法課の農工商統轄機関の設立要請は、商法課であるがゆえに商業を重視し、農業だけではなく商工業も含めた総合的な勧奨機関設置を要求したのかもしれない。しかし、その根底には大蔵省の権限削減という目的も伏在していたとも考えられるのである。左院商法課の建議がどのように扱われたか不明であるが、左院副議長の伊地知代理をつとめた伊丹が所属する商法課が、一定の規則の欠如による営業開始手続の混乱を掲げ、農工商の総合勧奨機関設置を提言したことは、制度取調御用掛にも影響を与えたと思われる。

本章第一節で述べたように明治七年三月の勧業寮事務章程では商業関係の条目は少なく、第二条に諸会社の勧誘、第一三条に会社法則の考案、第一六条に貿易・商業が衰退した場合、その原因の調査と振起方法を考案することが記されただけであった。このうち第一三条は左院商法課が提起した問題に対応するため設定されたのかもしれない。

しかし、会社法則（法規）はすぐに作成できるものではないので、会社の設立基準を欠く現状は変わらず、「官許ヲ名トシ他業ヲ拘束シ候類」の不適切な会社が存在したままであった。これを憂慮した内務大丞の林友幸（内務卿大久保利通代理）は、明治七年五月四日、やむを得ない事情があって他の業体を拘束しない会社は許可するが、その他の申請は「人民之相対」に任せることとした[36]。翌八年五月の大久保の会社条例案上申にも「追々結社営業出願之徒モ相増候ニ随ヒ、中ニハ官許ヲ仮リテ以テ募金自救之資ト為シ、或ハ会社ノ計算分明ナラスシテ、社員徒ラニ損害ヲ蒙ル等、種々不都合之趣モ相聞へ」と記されていた。不適切な会社の存在は商業発展を阻害する深刻な問題であった。この問題への対処と、増加する営業申請に対応するためにも会社法規作成は急務であった。そこで内務省はイギリスの会社法の調査を始め、日本に適合した会社法規の起草に着手した[37]。

一方、大蔵省も明治七年五月、「会社ノ体裁、即チ有限無限ノ責任ヲ制定シ、政府ノ承認許可ヲ受ル順序等、一定ノ条例ヲ編成」する会社条例取調掛（以下、「会社掛」と表記）を設置し、佐賀藩出身でイギリス留学経験のある土山（中嶋）盛有（八等出仕）が中心となり、英国合本会社条例の翻訳に着手したのである[38]。

2　土山盛有の管商事務局構想

明治八年一月四日、大蔵卿大隈重信は「収入支出ノ源流ヲ清マシ理財会計ノ根本ヲ立ツルノ議」（以下「根本ヲ立ツルノ議」と表記）を太政大臣三条実美に提出した。この建議は五策一議に分けられ、五策は①輸入品の国内売買に重税をかける、②官庁のうち国内未生産の物以外、輸入品の使用を禁じる、③大蔵省が官庁における輸入品購入を監督する、④農工商業・鉱業を奨励し、内国債を発行して資本流動と貨財増殖をはかる、⑤官営事業では鉄道等民間経営が可能な事業は払い下げ、海運業に重点を置く、である。一議は五策実現のためにイギリスの商務省を参考に管商事務局を設置するという内容であった。この建議は、七年一二月に会社掛の土山盛有が大蔵卿名義で起草し、これを大隈が翌八年一月四日に三条実美に提出した。(39)

「根本ヲ立ツルノ議」は、先行研究では「大久保政権下の内務省を中心とした殖産興業政策に照応して、輸入品抑制と国内産業増進によって正貨の流出を防止し、財政収入の増大と支出の削減を企図した初期大隈財政の基本理念と政策を包括的・具体的に示している」と解釈されている。(40)五策のみをみる限り、これに異論はない。しかし、この五策を実現するために一議で提案された管商事務局について吟味すると、この解釈とは別の一面がみえてくるのである。

その一議では、まず①勧業寮を勧農寮に改め農事に力を注ぐ、②大蔵省に管商事務局を設置し、内務省勧業寮の会社事務・株式取引・専売免許・展覧事務・郵船運用・鉄道処分等を管理する、③管商事務局の体裁は蕃地事務局にならう、と掲げられた。①では農業の重要性を主張して「主任ノ官府」の必要性を記し「在来ノ官府ヲ分割シ、以テ別ニ一定ノ体裁名称ヲ立ツル、亦此意ニ外ナラサルナリ」と述べられた。つまり、勧業寮から農業部門を分割して勧農寮とするのは農業重視の結果であり、「此意ニ外ナラサル」というのである。なぜ土山は「此意ニ外ナラサル」とまで記さなければならなかったのだろうか。それは他意があるとは思われたくなかったからであろう。では他意とは何か、この点は後述する。

②では国家の一大要務である「商売　事」において「主掌ノ官府」がないのは「国家ノ不幸、聖代ノ闕典」であり、商売貿易の不振は内務・大蔵省等に商務が分断されて「条理」が貫かれていないからで、特に「会社一事」では事務章程が不明確なうえ、請願処理も煩雑で事務渋滞を招き「人民ノ迷惑」となっており、これらの対策として管商事務局の設置が主張された。③の蕃地事務局とは、明治七年四月五日、台湾出兵のため設置された軍事遂行機関である。(41)

さて、農と商に関する詳細な記述に対して、工業に関する記述はあっさりとしており、工業は農商と「其功用殆ント相匹敵」するが、すでに「一大主省」があるので、その工部省に任せると記された。

そして、一議の結論として「農商ハ則チ今ヨリ一転両分シ、更ニ之ヲシテ主掌専治スル所アラシメ、三局駢立、各々一意其事務ヲ維持管理」し「農商工ヲシテ、斉シク其盛大ヲ極メシムルニ過キザルノミ」と、内務省勧農寮、大蔵省管商事務局、工部省の三省による「三局駢立」構想が提示されたのである。

同月一八日、土山は管商事務局を管商局と改称し、その設置条款・職制・章程案を提出した。本案で管商局は大蔵省の「一等寮ノ列ニ加ハリ租税寮ノ亜タルヘシ」と省内の上位に位置づけられた。事務章程の第一条では「一切商売貿易ノ事ヲ掌管」すると局の目的が記され、第二条では業務区分、第三条では事務分掌が記された(42)。第二条・三条をみると管商局が会社業務に重点を置いていることがわかる。ここで掲げられた業務は諸商社創立の許可、保険商社その他合本商社の処分整頓、株式取引所の管理・設立、国立銀行の創立・准允、為替座の設立、技術会社の奨励・管理、在来鉄道の処分、鉄道・乗合馬車の開業・運用の監察、水道・ガス灯の開業の管理、出版免許の付与等、多数あるが、それらは会社に関連していた。つまり、土山が構想した管商事務局→管商局は会社業務を中心に商業政策を展開する機関であった。そのためには内務省の会社業務の大蔵省移管が必要であったが、これこそ土山のねらいであった。もちろん会社業務が内務省と大蔵省に跨り事務渋滞を招いて「人民ノ迷惑」となっているという大義名分もある。しかし、会社法規の作成は土山の会社掛と内務省で同時進行しており、内務省案が先に裁可されると土山会社掛の案が無駄になり、掛も存続の危機に瀕することになる。これは是が非でも避けたかったに違いない。

この視点から「根本ヲ立ツルノ議」を見直してみると、土山会社掛の事情が大きく関わっていることがわかる。すなわち会社掛と関係の薄い工業についての記述は浅く、大蔵・内務省における事務重複の弊害として真っ先に会社業務を掲げたのである。そして、勧業寮から勧農業務を独立させ、残った商務は大蔵省の管商局が、工務は工部省が管轄することを力説したのである。土山が勧業寮分割を勧農重視のためであり「此意ニ外ナラサルナリ」と記したのは、真意が会社掛存続にあると悟られたくなかったからであろう。「大隈財政の基本理念と政策を包括的・具体的に示している」と評価されている「根本ヲ立ツルノ議」は、会社掛存続のための建議という一面も持っていたのであった。

管商事務局には大隈の海運政策を引き継ぎ、大蔵省の権限を拡大する重要な役割が課せられていたが、会社政策の主導権を内務省から奪回することも大きな目的であった。会社政策は海運や貿易に密接に関係し、将来的には企業勃興を経て商業政策の中心となり、国内経済を活性化するための鍵となる可能性があり、その主導権を握っておくことは非常に重要であった。しかしながら、この後、「管商事務局」の名は明治八年九月に大隈が三条に提出した「天下ノ経済ヲ謀リ国家ノ会計ヲ立ツルノ議」にあらわれるが、設置される省を大蔵省にこだわっていない等、「根本ヲ立ツルノ議」からトーンダウンしている(43)。これは次項で述べるように同年五月に内務省が大蔵省の先を越して会社条例案を上申してしまったことが関係していると思われる。結局、会社掛は一〇月に解散されるのである(44)。

3　内務省の会社政策と海外出商構想

明治八年五月、大久保利通は大蔵省に先駆けて会社条例草案を太政大臣三条実美に提出し、この条例により、人民が会社の体裁・効用・便宜・設立方法等を知ることができ、産業・貿易の振興につながると主張した(45)。翌月、大久保は、会社管掌が内務・大蔵両省に跨ると事務混乱等の弊害があるので、国立銀行のような金券発行会社以外の会社は内務省の管轄にすべきであると上申し、裁可を得た。この結果、七月には株式取引・米穀相場取引の管掌が大蔵省から内務省に変更されたのである(46)。国内会社の主導権を握るため大蔵省に圧力をかけた内務省は、同時に直輸出会社の設立に向けて動きだす。

前述したように、内務省勧業寮は内乱外征や予算制限等により事業拡大を阻まれており、明治七年六月、河瀬秀治等は大久保に「勧業意見」を提出し、勧業事業推進とその資金獲得について訴えた。「勧業意見」の中で勧商政策については海外への出商における資本援助について掲げていた(47)。この構想はニューヨーク領事の富田鉄之助の意見を参考にして具体化され、一〇月にアメリカ商業調査のために「現業熟練之者」が派遣されることとなり、これに勧業寮の神鞭知常(八等出仕)が任命された(48)。

富田の意見とは、外国商人に商権を握られている現状下では、貿易・商業振興のためには直輸出が有効であり、その準備として勧業寮から現業熟練者をアメリカに調査派遣するというものであった。その後、富田・神鞭からの報告は、明治八年五月二四日に大久保が提出した「本省事業ノ目的ヲ定ムルノ議」に添付された「海外直売ノ基業ヲ開クノ議」(以下、「海外直売ノ議」)に活かされた(49)。大久保は「海外直売ノ議」で勧商の重要性をアピールするとともに、日本の商人が未熟であり外国商人に対抗できないこと、小野組破産により国内の生糸業者が大混乱に陥っていること等、国内商業の危機的状況を掲げた。そして打開策として政府出資による直輸出会社の設立を主張し、会社の資本金を五〇万円とし、このうち三〇万円を勧業資本金から貸与することとした。

「本省事業ノ目的ヲ定ムルノ議」と「海外直売ノ議」等について意見を求められた大蔵卿大隈重信は「何れも巨額ノ費途ニ渉リ、実以不容易義、……此際一切御猶予有之候趣致度」と応えた。結局、この意見が参考にされ、一〇月一九日、「尚事業ノ目途取調、更ニ可伺出候事」と指令され、建議の採用は先延ばしにされたのである。

大隈が難色を示したのは巨額の資金が必要であったからで、輸出振興策に反対したわけではない。大隈は明治三年にイギリスで募集した外債を償却するためにも輸出振興(＝外貨獲得)は重要事と捉えていた。そこで大隈は勧業資本金ではなく、大蔵省国債寮の準備金を融通することを大久保に提案したようである。そして「海外直売ノ議」等に先延ばしの裁定が出る前の明治八年一〇月一〇日、大隈は大久保と連名で準備金を利用して内務省勧業寮が国産品を集めてイギリスで売却し、この代金を外債償却にあてる旨を上申した(50)。裁可を得た後、内務・大蔵省は官員をイギリスに派遣し、国産品販売の適否、イギリス商社への販売委託、国産品売却代金による外債償却等の調査にあたらせた。そして、翌九年四月には内務省勧業権頭河瀬秀治、大蔵省国債頭郷純造、三井組の三者間で輸出販売委託に関する契約が結ばれた(51)。同月、さらに大久保と大隈は連名で「清国通商拡張ノ儀伺」を提出し、正金の国外流出や外債償却の対策として清国貿易を拡張する旨を上申して裁可を得た(52)。そして六月、内務省勧商局は笠野熊吉を用達に任命して、清国との直輸出を行う広業商会を設立させたのである。

広業商会設立には開拓使が深く関係していた。開拓使は明治八年五月から北海道海産物の市場拡大、清国商人からの商権奪回を目的として、中判官の西村貞陽と開拓使用達商人の笠野熊吉を清国に派遣して市場調査を行っていたのである。翌九年三月、帰国した笠野は、政府の保護下、上海に国産売捌所を設けて昆布等を売却し、居留地貿易によって奪われている貿易利益を回復する旨を上申した。翌四月には西村が笠野の上申を具体化した「清国商況視察報告書」を開拓長官黒田清隆に復命した。これが同月の「清国通商拡張ノ儀伺」につながったのである。広業会社設立後の一〇月、河瀬・郷・西村の間で「北海道産物売買約定」が結ばれ、大蔵省準備金から創設資本金四〇万円が無利息で貸与されることとなった(53)。九年四月の西村報告には清国貿易の利益を外債償却にあてるという記述はない。西村の意見を取り入れた大久保・大隈のいずれかが、外債償却に結びつけたのであろう。

大久保の勧業資本金を使用して商権回復のため海外直売会社を設立させる構想は、大隈により、大蔵省国債寮準備金を利用して国債償却のために海外販売を会社に委託する方式にすり替えられた。大隈は大蔵省が加わることを条件として内務省の海外出商政策に協力したのである。内務省は国内会社については主導権を握ったが、海外出商については資金の融通元である大蔵省の意向を無視できなくなったのである。

第四節　政府機構改革案と勧商局設置

1 千坂高雅と松田道之の政府機構改革案

国立国会図書館憲政資料室蔵の「大久保利通文書」には、明治八年(一八七五)九月に内務省の千坂高雅(七等出仕)が記した「管見」がおさめられている(54)。「管見」は「全国経済論」と「政府経済論」の二部構成で、前者では条約改正、法律改正、裁判所の全国設置、外国人の雑居許可、海関税の加重の五ヶ条が記されている。後者も五ヶ条掲げられ、第一条「用度ヲ節シ非常ノ倹ヲ行フ事」では、院省使の体裁が過大で官員も過多であること、貿易不均衡、国内外の負債、不換紙幣増大、正金欠乏、民産衰微を救うには「用度節倹」あるのみであるが、「他日収穫ノ期スヘキ所ハ財ヲ惜ム可ラス」と述べられている。

第二条「省寮ヲ改置スル事」では、省寮局における事務重複等を指摘し、冗費削減のための改編案を提示した。これを表2‒8にまとめた。要点は以下の五点となる。①内務省の戸籍寮と地理寮は課に縮小、②同省の駅逓寮と勧業寮は事業盛大のため資本を倍増する、③文部省は廃止して内務省の一寮とする、④工部省は廃止し、鉱山・製作寮は内務省勧業寮、鉄道・電信寮は内務省駅逓寮と合併し、工学寮・燈明台(燈台寮)は内務省の一寮一課とする、⑤教部省の廃止はキリスト教の可否に関わるが、社寺事務は内務省に社寺寮を新設する。このように千坂の改革案は文部・工部・教部省を廃止して内務省の寮課とする大胆な案であった。そもそも勧業寮発足時から工業部門は大蔵省から引き継いだ富岡製糸場・堺紡績場等、農産加工部門に偏っており、農工商の総合的勧奨をめざすのならば不体裁である。明治八年五月には直輸出会社設立の計画が示され、七月には会社管轄を拡大させ、商務を充実させてきた勧業寮が、工部省を吸収すれば冗費削減と農工商の総合勧奨体制が実現する。

第三条「太政官ヘ一寮一局ヲ置ク并ニ職制権限ヲ定ムル事」は、「国ノ根本」である大蔵省を正院の一寮とする（省内の寮は課として人員を削減）という画期的な案である。第四条「衣服ノ制度ヲ立ル事」では衣食・日用品は国産品を使用すること、第五条「紙幣ヲ消却スル事」では前条の改革により国費が半減されて年に数百万円の余剰が出るので、これを不換紙幣消却と勧業・駅逓寮経費にあてる計画を記した。

表2－8　千坂高雅の政府改編案

現行		千坂案
内務省	戸籍寮	戸籍課
	地理寮	地理課
文部省		文部寮
工部省	鉱山寮	勧業寮
	製作寮	
	鉄道寮	駅逓寮
	電信寮	
	工学寮	工学寮
	燈台寮	燈台課
教部省		社寺寮

＊現行欄は改置対象の寮のみ記した。
典拠：千坂高雅「管見」（「大久保利通文書」310、国立国会図書館憲政資料室蔵）より作成。

千坂案が提出された明治八年九月は、昨七年の内乱外征に翻弄された内務卿大久保利通が、ようやく落ち着いて省務に就くことができ、内務省事業が大きく動きだした時期である。すなわち、同年三月に新町紡績所の予算を獲得し、五月に下総牧羊場の開業が許可され、同月に「本省事業ノ目的ヲ定ムルノ議」が提出されて内務省の事業目的と指針が明確に示された。さらに七月には大蔵省所属船舶が内務省に移管されることとなった（後述）。まさに内務省勧業寮と駅逓寮が大きく前進しようとしていた時期なのである。千坂案にはこの状況が色濃く出ており、政府機構を廃省合併してスリム化する一方、内務省内では勧業・駅逓寮経費を増額するとともに、工部省を飲み込んで巨大化することが構想されていた。千坂案はすぐに採用されなかったが、大久保に改革の必要を迫る効果はあったと思われる。

　明治九年三月二二日、内務大丞の松田道之は大久保の命により、経費削減・事務簡明のため内務省を二寮九局四課に改編する案を作成した（図書寮については未掲載）(55)。表2−9の通り、松田案は勧業・駅逓のみを寮として残し、その他は局に縮小する案であった（寮は頭、局は丞を長とする）。勧業・駅逓を特別扱いするのは千坂と共通するところである。松田案は一二年五月の山林局誕生までにはほぼ実現するが、寮は残存せず、勧業寮は勧商局と勧農局に分割され、駅逓寮は局となった(56)。さて、松田はこの案について、自ら「姑息ノ方案」とし、「改革ヲ行フ以上ハ猶ホ一歩ヲ進メ非常ノ英断ヲ以テ」、①工部・文部・教部省を廃止し、②この中で廃絶しがたいものは内務省に付属させる、③海陸軍を合併して軍務省とする、④各省寮の中においても可能なものは廃止する旨を述べた。これらの構想は③を除いて千坂案を継承しており、内務省内では工部・文部・教部省を廃止し、内務省へ吸収するという案は、一定の理解が得られていたようである。

表2−9　松田の内務省改編案

現行	松田案
勧業寮	勧業寮
駅逓寮	駅逓寮
戸籍寮	戸籍局
警保寮	警保局
土木寮	土木局
地理寮	→ 地理局
	→ 山林局
図書寮	—
衛生局	衛生局
上局	上局
博物館	博物局
庶務課	庶務局
翻訳課	翻訳課
用度課	職務課
主計課	会計課
往復掛	往復課

典拠：松田道之「内務省各寮局課改革方案」（「大久保利通文書」287、国立国会図書館憲政資料室蔵）より作成。

2　勧商局設立と松方正義の勧業頭就任

　大久保利通は、明治九年五月一日、内務省寮局の新置改廃（戸籍・警保・図書寮を局へ縮小等）、一三日には勧商局設置を太政大臣三条実美に届け出た(57)。勧商局新設は商業重視を具現化したものであろうが、前述した千坂、松田の両案にも存在しておらず、新設経緯は不明である。また農工商三業のうち勧商のみに独立局を新設したことにも疑問が残るところである。そこで、駅逓頭の前島密の回顧録から設置経緯を探ることにしよう[58]。駅逓寮の海運政策は会社政策同様、内務省と大蔵省に跨っていた。そこで内務省は八年六月一五日、大隈重信の海運政策を内務省事業への干渉であるとして、大蔵省所属船舶の内務省移管を求める伺いを提出し、七月九日、移管が決定された。そして一一月二五日には駅逓寮を一等寮に昇格させ、海運行政に本格的に乗り出すのである[59]。

前島が回顧した大久保との会話は、この時期以後だと思われる。大久保が前島に対し、商船事務について「大に此の事務を挙げんには、省中新に一寮を建て又は一局を置き専ら之に当らしめんと欲する乎」と聞くと、前島は商船事務は商務全般中の要部をしめるので、勧業寮を農務、商務寮に分割し、商務寮に商船事項を管掌させると応えた。その後、大久保は「意を決し、勧業寮の処務を割き勧農勧商」としようとしたが、前島は、農商は民の「自奮自興」が大事なので、そこに「勧誘」の字面をあてずに「農務商務」とするべきと述べた。さらに「機会あらば、英断して工部を廃し工務寮と為し、内務に隷属せられ」、「他日商農工の鼎立を見んことを欲す」と、内務省内における農務・商務・工務寮による三業の鼎立体制を示したのである。前島の回顧録からは商船事務重視の結果、勧商局が誕生したことがうかがわれる。しかし、実際に設立されたのは前島が反対した「勧商」局で、商船ではなく貿易関係業務を中心としていた。

勧商局の事務章程には「全国ノ商業ヲ勧奨シテ盛大ナラシムル」ため、通商の利害・得失を開示、貿易保護、物貨流通の便否をはかる、商業会議所・市場の規則を制定・改定、商標保護、商業習学場の設立、海外出商の保護・監督、海陸運輸の振興、資本貸与、商況の報知等、広範囲にわたる勧商事項が記されていた[60]。しかし、『内務省第一回年報』（明治八年七月～九年六月）と『内務省第二回年報』（九年七月～一〇年六月）をみると、どの事業に重点が置かれたか判明する。それは、①アメリカにおける商業調査と茶・生糸等の試売、②イギリスにおける商業調査、その他ヨーロッパ・セイロン・清国への茶・生糸・粟稗等の試売、③起立工商会社（貿易商社）、広業商会、新燧社（マッチ製造・輸出）、朝陽館（製藍・輸出）、開通社（輸出入の委託業務）、米商会社の保護監督の三点であった[61]。

以上のように、勧商局は海外における商業調査と国産品の試売、そして貿易関係会社保護を重視していた。このうち②は大蔵省との協同事業であり、③の起立工商会社・広業商会・新燧社・朝陽館の資金は大蔵省の準備金から支出されていた[62]。例えば起立工商会社の輸出品仕入の運転資金は、三〇万円を上限として大蔵省国債寮準備金から貸与されることとなっており、大隈が同社の「物品売払代受収之節ニ相当ノ利子ヲ附シ、各地於テ直ニ領事館ヘ為換ノ名義ヲ以還納為致候ハヽ、該社ノ信用ヲ賛ケ、漸次輸出品モ増進致、且外国公債消却ノ都合ニモ相成」と記したように、貿易会社保護は外債償却と絡めて計画されていた[63]。

勧商局は前島密が主張した商船事務中心の機関とも、土山盛有が構想した会社重視の管商局とも異なり、大久保の「海外直売ノ基業ヲ開クノ議」を大蔵省国債寮と協力して実践する機関であった。勧業寮から勧商局を分離させたのは、大蔵省との連携をスムーズに運ぶことが意図されていたのかもしれない。設立当初の勧業寮において実質的な大蔵省支配に苦しんだ勧業権頭河瀬秀治は、新設の勧商局の長官に就任し、再び大蔵省の強い影響を受けることになった。また、河瀬が抜けた勧業寮の長官には、大蔵大輔の松方正義が勧業頭として兼務することとなった[64]。これを大蔵省色が濃くなったとみるか、大久保色が濃くなったとみるか、現段階では明確な答えを用意することはできないが、たとえ後者であったとしても、松方が大久保の方針を無批判に受け入れたわけではなかった。

松方は明治九年五月に勧業頭を兼務すると、一〇月三日に再製茶事業を民間に委託する旨の伺いを提出したが、その際に次のように勧業寮における産業奨励の基本方針を示した[65]。

於当寮、各現業ヲ挙行スル所以ノモノハ、人民ノ知見未タ開ケス、該業ノ何物タルヲ覚ラス、良産薬品アルモ之レカ製成法ヲ知ラサルモノ、如キ、官暫ク之レヲ挙業シテ其便利浩益タルヲ実地ニ開示シ、漸次人民ヲ誘導セントスルニ在リ、故ニ人民稍々其業ノ利アルヲ覚リ、競奔之レニ従事スルノ気勢ヲ来セハ、則官行ヲ廃止シ、人民ノ営業ニ委シテ之カ保護ノ方法ヲ施シ、益其業ヲ隆盛ナラシムヘキナリ

そして、松方は勧業寮が進めてきた輸出用の再製茶事業が民間に芽生え始めたので、勧業寮における「製造ヲ停メ、人民ノ手ニ移シ、追々一方面ツ、結社セシメ、其法方ニ因テ多少ノ資本貸与セラレ販売ノ道ヲ開キ益々勧奨」すると記したのである。実は同年四月に大久保利通が勧業寮の製茶場を築地に建設する旨を上申し、翌五月に認められていたが(66)、同月に勧業頭となった松方は、早速これを見直す方針を示したのである。ただし、大久保利通も同年二月に、千住製絨所の設立伺に「官先ツ之レヲ創立シ、以テ衆ノ耳目ヲ開キ提携誘導、他日有志ノ営業ニ付スル」と、将来的な民間移行を記していた(67)。積極的に事業を推進してきた勧業寮は、明治九年にその民間移行を明示するようになったのである。

また、松方は右の製茶に関する伺において、「官行ノ実業」では「原茶」の買入価格が高いうえ経費も嵩むので就業者はわずかであるが、「民間ニ此業ヲ起セハ之レニ従事シテ産ヲ為スモノ許多ナリ」と記し、実例として五代友厚が彦根に設置した製藍所を挙げ、「該地士族ノ空手輩多ク之レニ従事シ就業活計ノ助ケヲ得ルモノ多シ」と記した。明治九年時点で、すでに官業の非効率性を掲げている点は注目されるが、主張の重点は士族授産にあろう。松方が伺いを提出した直後に神風連の乱、秋月の乱、そして萩の乱が勃発したのである。明治六年政変以降の不平士族の問題に対処するためにも「士族ノ空手輩」に生業を与えることは喫緊の課題であった。結局、右の勧業寮の再製茶事業は、九年末に高知県士族岡本健三郎に委託されたのである(68)。

さて、前述したように、大久保は前島に対して勧業寮を農と商に分割すると話したが、明治九年五月の勧商局設立の際、勧業寮は勧農寮とは改称されずに存置された。全く推測の域を出ないが、これは、大久保が将来的に内務省に工部省を吸収し、その業務と勧業寮の工業部門を合併して勧工局を新設し、残された勧業寮を勧農局に改称する構想を持っていたからではないだろうか（勧業寮の工業部門には農産加工業とその他の工務（工業試験業務等）が存在していた）[69]。つまり、大久保は勧業寮内の農工商三業勧奨をあきらめ、前島の内務省内における農務・商務・工務寮の三業鼎立構想を参考にして、勧農・勧商・勧工三局による勧奨体制を築こうとしたのではないだろうか。

第五節　内務・工部省合併の挫折

1 内務・工部省合併に関する先行研究

明治九年（一八七六）の後半に勃発した士族反乱と農民一揆に対し、政府は地租軽減で対処するとともに政府機構改革を実行する。同年一二月二八日、内務卿大久保利通は「行政改革建言書」を提出し、大綱として「政体ノ組立ヲ簡ニスルコト」「外国人ヲ払フコト」「輔丞ヲ書記官トナスコト」等、一四項目の改革案を示した[70]。この項目には内務・工部省合併や教部省廃止も含まれており、千坂や松田案を継承していることがわかる。特に大久保は内務・工部省合併を重要視していた。それは工部卿伊藤博文に宛てた一二月二六日の書翰で「内務省工部省合併之事、御内話申上候通、是非共相行申度、人配之事、別事ニ相成候得共、到底此点ニおひて六か舗、是か究らされハ法も難致と申場合も事実上ニおひて起り可申と存候、因て小子至願之通、御決心被下候様、千祈仕候」と記している通りである[71]。しかし、二七日、伊藤は「合併等ハ勿論御同意ニ御座候へ共、御盛意之在ル所ニ至テハ必竟成否如何ニ可有之ト頻リニ煩念罷在候、且将来ノ成蹟ハ予図セサルヲ得サル事ニ付キ、反覆熟考仕候処、一利一害容易ニ判定モ難仕候」と返信した。(72)結局、大久保の政治力をもってしても両省合併は実現せず、翌一〇年一月一一日に勧業寮は廃止され勧農局となり、勧業寮の工務は工部省に移管されたのである。(73)

内務・工部省の合併については、安藤哲・勝田政治・山崎有恒の三氏の研究がある。(74)まずは安藤氏の見解を示そう。大久保は、お雇い外国人を多く雇用している工部省勧業に異議を唱え、これを合併して財政縮小下での大久保勧業の順調な遂行を企図した。そして大久保は伊藤に両省合併について同意を求め、合併新省の長官就任を要請したが、伊藤は必ずしも賛成ではない旨を密呈した。この伊藤の逡巡により合併が頓挫した。伊藤の逡巡とは大久保の減租案（地価百分の三から百分の二＝地租約一五〇〇万円削減）ではなく、大隈重信の減租案（地価百分の三から百分の二・五＝地租約七五〇万円削減）が採用されれば相対的に財政に余裕ができ、工部省の単独存続に希望を与えるところからくる。

次に勝田氏は、前島密・松田道之等内務省首脳部が勧業行政を内務省によって一本化することを意図しており、大久保も政府の病根＝会計不足の原因であるお雇い外国人を多く抱える工部省を吸収して内務省主導の勧業政策に統一する意図があり、ここから合併を主張するに至ったと述べた。この点で勝田氏は安藤説を継承しているが、伊藤が「逡巡」した点については疑義を呈している。それは大久保が大隈減租案への同意を伊藤に示したうえで合併論を強調しており、大隈減租案と大久保のそれとが対立していたとみなすのは無理があるからである。さらに安藤氏が、大久保の明治九年一二月三一日付松田道之書翰から、この日の会議で両省合併が達成されなかったと解釈したことについても、そこまでは読み取れないと指摘している。そして合併が実現しなかった一要因を伊藤の消極的対応と考えるが、史料的限界から原因究明は今後の研究課題として残さざるをえないと述べている。

山崎氏は内務省と工部省の殖産興業政策を検討し、その対立点を探りながら合併問題について次の見解を示した。

まず、大久保は合併に一番障害となるのが、激しく対立する両省官僚にあると認識し、伊藤を内務大輔とすることで、ある程度抑えが効くと考えた。その伊藤はこれまでの内務省と工部省の殖産興業政策の二重構造を払拭し、統一された方針のもとに再編できるのなら問題はないと考えたのではないか。しかしながら、合併が実現しなかったのは、伊藤が要求するような殖産興業政策の再編に見通しがたたなかったこと、大久保が内務卿の座に固執して、それが木戸孝允の政府復帰を妨げたこと、伊藤が格下げ人事を予定され、これまで育成してきた工部省勧業を瓦解に追い込まれることに反発したことの三点が絡み合ったのである。

以上、細かい点も含めると、①大久保の両省合併案に伊藤は逡巡したのか、あるいは問題ないと考えたのか、②合併挫折はいつ決定したのか、③伊藤は合併新省の長官に想定されたのか、あるいは次官（大輔）だったのか、④結局、合併挫折の要因は何だったのか、という点について考察しなければならないであろう。

2　内務・工部省合併挫折の経緯

明治九年三月に参議を辞め内閣顧問となっていた木戸孝允ではあったが、依然として政府に対して大きな影響力を有していた。同年一一月末、その木戸が伊藤博文に内閣顧問を辞めたいと伝えてきたのである。この話を聞いた大久保利通は、木戸が辞めては「甚込り候次第ニ付、是非尽力有之度」と伊藤に伝えた(75)。士族反乱、農民一揆の対応に苦慮してきた政府は、木戸を取り込んで政府の体制を盤石にしたかったのであろう。このため三条実美・岩倉具視・伊藤は木戸を参議に復帰させようと躍起になるのである。

一二月、木戸は三条と岩倉に対して地租軽減に関して建言するが、この中で「政府の施行各県の強弱に因て異ある可からす」とも述べている(76)。強い県とは鹿児島県を指しており、八月五日に金禄公債詔書発行条例が公布され、これに付随して一二月一一日、鹿児島県士族が利息において優遇される追加措置が設定されたことに由来する。この措置に木戸は憤慨しており(77)、大久保に対する不信感をますます募らせていく。木戸は一二月後半になると、毎日のように伊藤と連絡をとり、地租軽減や政府改革を要求したが、自らの参議復帰は拒絶し続けるのである。

さて、一二月二六日には前述したように大久保が伊藤に対して内務・工部省合併の了解を要請しており、二八日に「行政改革建言書」を提出した。同日、岩倉が西京から帰着したので、木戸は早速、「余の憂慮の件々を切諭し、只管政府の方向を一変し人民の苦情顧省せんことを希望」した(78)。二九日、三条は岩倉に対して「内務卿にも余程憤発致申出候ことに付、此際、何分之御処置無之而は如何と存候、木戸にも此節議論有之、尊公御帰京を相待居候」と書き送った。大久保と木戸との意見調整に苦心している様子がうかがわれる(79)。そして三一日、閣議が開かれ地租軽減が決定した。閣議後、三条は伊藤に対し「前時決定相成候件々、尤重大事件に付、木戸にも顧問無之而は如何と存候。猶亦異議にても有之而は甚不可然、尚改めては下官より可申聞候得共、内々足下より話置、異議無之丈、周旋有之度」と木戸の承認を必要と考え、伊藤に周旋を求めた(80)。一方、大久保は内務大丞松田道之に対し、地租軽減(大隈案)と政府改革等が決定された旨を伝え、「兎角改革は実際に懸り候と十分の事は難相行遺憾に候得共、此節は十分か八分位にて相行候事に相成、先はよしと致し不申候ては致方無之」と述べ、要求の一部が通らず残念そうである(81)。

翌一〇年一月一日、木戸は岩倉に対し「強県弱県之区別御座候ハヽ、公平政府之尤可歎次第、従而、強省弱省之区別も御座候事不少候間、是等ハ人心之甚不安事ニ而、必竟姑息之至ニ御座候間、為天下万生、御尽力万禱之至ニ奉存候」と書き送っている。ここで前述した「強県弱県」問題に「強省弱省」が加わった(82)。三日、木戸は伊藤に対しても「定而内務は十分御取ひしき有之候事と奉存候、……強県弱県之区別、自ら有之候如く、強省弱省之区別有之候様之義、万々一御坐候事は自然不安ものも御坐候而、節角御改革之主意も徹底仕間敷歟と奉存候」と書き送った。伊藤は返信で「内務定額減省之事も充分大久保へ談し置申候。三百六十有余万之内、二百五十万と相成候筈に御坐候処、其上尚亦減却する之見込に有之」と木戸を宥めている。[83]おそらく一二月末に内務・工部省合併案を知った木戸が内務省の強大化を危惧し、「御取ひしき」を要望したのであろう。一方、一月三日、大久保は前島密、松方正義、松田道之と「省中廃寮定額ノコト」について夜一一時まで相談している。[84]

一月四日、地租軽減の勅書が発せられ、これに満足したはずの木戸を参議に復帰させようと、三条、岩倉、伊藤等は躍起となる。しかし木戸は「是非々々参議再任の事を切迫に議論」されても、伊藤から「再勤の事を切迫に促」されても「サンギのサ之字、断然御断」というスタンスを貫いた。[85]同九日、木戸は日記に「余建言せし処は大久保内務卿を辞せしめ、内閣に入、大臣を輔け、天下の大綱も注目し尽力するものあらは、又今日に益なしとせず、然るに大久保内務卿を辞する甚難し故に博文の俄然と過日も反躬の議論を主張せしものなり」と記す通り、大久保の内務卿解任を要求していた。[86]それは大久保の勧業政策について「真に民力の復する根本に注意するもの甚稀なり、故に不知如何其結果、只恐椽木如求魚」と強い不満を抱いていたからである。また、木戸はこの日も伊藤を訪い、「従前之議論と内務省云々之事、是非被行度」と迫っている。[87]

一方、最終的な判断を迫られる三条は、この日、岩倉に対して次の提案をした。[88]

木戸一条昨日之都合ニてハ再勤之義ハ所詮六ケ敷事と存候、然ル上ハ大久保ニも断然一身担当、木戸之進退ニハ不関様決心有之度、就而者内務卿之処ハ其侭ニテ、伊藤ヲ以テ大輔兼勤工部合併可然候半歟、今般減税之御仁政も出候上ハ、其実功ヲ見ルハ将来内務地方之政事ニ有之、此際内務省ニハ伊藤被仰付候事甚可然存候

三条は木戸の参議復帰を困難と判断し、大久保には木戸の進退に関わらず「一身担当」させ、内務卿は大久保のままにして工部卿の伊藤を内務大輔兼任とすれば、内務・工部省合併と相応の意味があるのではないかと考えた。木戸

の進退を気にしていた大久保は政府内の役職就任を保留し、内務卿にも固執していなかったようである。つまり、木戸が参議に復帰すれば内務卿は「其侭」（＝大久保）ではなかったケースが考えられるのである。では次期内務卿に想定されていた人物は誰であろうか。大久保は伊藤を推したのかもしれないが、三条は伊藤に内務大輔を兼任させ、内務卿には大久保に匹敵する大物を想定していた可能性がある。しかし、現時点では史料的限界からこの人物の特定はできない。

　また、木戸が明治一〇年一月以降、強県弱県解消の要求に強省弱省を重ね、内務省の「御取ひしき」に熱心となったこと、一月三日に伊藤が内務省予算については「尚亦減却する之見込」と記したこと、同日、大久保が松方等と内務省内の廃寮について相談したこと、九日に三条が「工部合併」を記していることから、明治九年一二月三一日の会議では、地租軽減率とともに政府改革の方針＝政費節減等は決定したが、削減費目や内務・工部省の合併等の詳細については確定していなかったと考えられる。

　木戸は参議復帰を拒みながらも執拗に三条・岩倉・伊藤等に政府改革を説いてまわった。その際、大久保の内務卿解任要求とともに強県弱県の公平化、強省＝内務省を取りつぶそうとする強い意志を示したであろう。何とか木戸を取り込もうとしていた三条・岩倉・伊藤は木戸の要求を無視できず、大久保の示す内務省強大化を招く内務・工部省の合併には、到底、賛成できなかったはずである。特に木戸の執拗な要求を頻繁かつ直接に浴びる伊藤が、明治九年一二月二六日の大久保の両省合併要求に首肯できるはずがなかったのである。さりとて合併に強く意気込む大久保に対し、明確に拒絶の意志を表明することができず、「合併等ハ勿論御同意ニ御座候へ共、……反覆熟考仕候処、一利一害容易ニ判定モ難仕候」と曖昧な表現を使って婉曲に拒絶したのである。

　さて、行政改革の実行に際し、内務省では大規模な人員整理が断行された。勧業寮の吉田健作（一四等出仕）の日記

表2-10　内務省主要寮局員の増減

1回→2回	1回(a)	2回(b)	b/a
勧業寮→勧農局	204	89	0.43
駅逓寮→駅逓局	324	197	0.60
土木寮→土木局	51	46	0.90
地理寮→地理局	156	115	0.73
勧商局	24	25	1.04

＊b/a欄は少数第3位切り捨て。
典拠：大日方純夫他編『内務省年報・報告書』1（三一書房、1982年、17～22頁）、同4（472～475頁）より作成。

をみると、明治一〇年一月一二日には「廃官ノ令アルノミニシテ再任ノ人名不分ヨリ実ニ人心洶々タリ」、一三日には「勧業寮官員従来百五六十名モアリシニ、今新任ヲ受ルモノハ僅ニ四五十名ノミ、凡ソ百名ハ強廃官、実ニ此度ノ改正ハ未曾有ノ変革ナルヨシ」と記され、リストラの嵐が吹き荒れた様子がわかる(「廃官」の数は判任官のみを指していると思われる)[89]。表2–10に『内務省第一回年報』(明治八年七月~九年六月)、『内務省第二回年報』(九年七月~一〇年六月)から内務省の主要寮局の官員数(勅任・奏任・判任・等外官)を示した。内務省の看板である一等寮の勧業、駅逓寮は大削減を受けた。特に勧業寮のリストラはすさまじく、二〇四名から八九名へと約六割も削減された。政府改革の意図がどこにあったのかを物語る数値である[90]。

『歳計決算報告書』によれば、明治九年度内務省の歳出予算約三七〇万円に対して決算は約二九八万円で七二万円も減少した。これは社寺寮新設、西南戦争通信費等に約三万円の増加をみたが、行政改革により約三二万円、新町紡績所の起業を遅らせるとともに勧業事業の緩急をはかって約二六万円、営繕費その他の節約等で約一四万円、山下町試験所の工部省移管で約三万円を削減して実現した。当初予算の二割を削減したことになる[91]。

大久保は農工商三業の総合的勧奨を目標に勧業政策を進め、政府機構の改革とともに大内務省を構築しようとした。しかし、この計画は政府上層部の同意を得られずに崩れ去り、さらに内務省勧業寮は経費・人員の大幅削減という大きな痛手を被ったのである。

3 勧業寮改革構想──農務と工務──

明治日本の基幹産業は農業であり、政府の主要財源は地租であったため、勧農事業は諸政策の中でも最も重要視された。明治六年、大蔵省租税権頭の松方正義が、生活の根本は衣食であり、衣食の根本は勧農より生じると考えていた通りである[92]。このように勧農を重視するがために勧業寮設置後も勧農専任機関の設置を要求する意見として、明治七年一二月に大久保利通に提出されたと思われる作者不明の「上書勧農寮設置」がある(次章で詳述)。また、勧業寮は勧農に専念し、その工務は工部省に任せるべきであると述べた「百工試験創業ノ愚存」(作者不明)という意見書もある[93]。この意見は開拓使の便箋に次のように記されていた。

勧業寮ニテ農工商ノ三事ヲ統轄スルコト章程中ニ記載スル所ナリ、今予ガ管見ヲ以テ考フルニ、此大事業三件ヲ一寮ニテ斡旋スルコト頗ル難シ、其故他ナシ、其之ヲ主任スル人ニ乏シキヲ以テナリ、若シ其人ヲ得ズシテ其事ヲ行ハントスルヤ、啻其事挙ラザルノミナラズ、徒ニ無用ノ費ヲ生シ終ニ後害ヲ招ク恐アレバナリ

勧業寮は「人ニ乏シキ」ために農工商三業を統轄することは困難であり、経費の無駄であるという。そしてこの後に、勧業寮は農務に専念し「工事ハ之ヲ工部省」、「商事ハ之ヲ大蔵省ニ任スルヲ以テ上策トス」と述べている。また、勧業寮が工務を担当して試験場を設立することは「同類ノ事業ヲ営ムニ両店ヲ設クル道理」となり、この無駄な政費を省くことは政府の責任であるとも述べている。さらに、文末には内務省勧業寮と工部省製作寮が分担すべき業務を各四〇種(勧業寮は農務、糸、茶、毛、穀物分析、織物、諸飲料、樹膠、蠟類等。制作寮は諸酸類の製法、銑鉄鋼、緑礬、黄銅、鉄板の錫着、活字製法、鍍金、ポットアス等)ずつ細記しているところから、この作者は勧業寮・製作寮の業務内容を細部まで知る開拓使関係者と思われる。そしてこの開拓使関係者は、勧業寮に工務を置くことは経費の無駄であり、それを工部省に移管することが良策と捉えていたのである。

内務卿大久保利通をはじめ内務省上層部は多大な経費を要するお雇い外国人を抱える工部省を吸収し、勧業政策を内務省に一本化しようとした。しかし、内務省外からみれば内務省に工務を置くことこそ非効率的に映ったのである。明治八年、土山盛有が管商事務局を構想して勧農寮設置と勧業寮商務の大蔵省移管を力説した際、工業は工部省に任せることとした。工業を工部省に任せるということは至極常識的な考え方だったのかもしれない。

大久保の内務・工部省合併は、大久保利通の勧業政策に強い不信感を持つ木戸孝允の存在により遮られた面が大きい。しかし、勧業寮が農工商三業を統轄することには無理がある、あるいは是としない認識、さらには商務は大蔵省、工務は工部省が担当することが良策であるという認識は、政府内に一定数、存在していたと思われる。内務・工部省合併の挫折は、以上のような意見の存在も影響したのではないかと考えられるのである。

註

（1）西郷隆盛全集編集委員会編『西郷隆盛全集』三、大和書房、一九七八年、一五一～一六八頁。伊地知の勧農政策については、友田清彦「伊地知正治の勧農構想と内務省勧業寮」（『日本歴史』六五〇、二〇〇二年七月）参照。

（2）「内務省職制私考草案」（「渡辺得次郎家文書」一、憲政史編纂会収集文書、国立国会図書館憲政資料室蔵）。大霞会編『内務省史』三、原書房、一九八〇年、九六二～九六九頁。

（3）「工部省中勧工寮ヲ廃シ其事務ヲ製作寮ニ属ス」（内閣官報局編『法令全書』明治六年一一月、太政官第三九〇）。

（4）柏原宏紀『工部省の研究』慶應義塾大学出版会、二〇〇九年、二〇四、二〇七頁。

（5）「本省中各寮司被置ノ旨並各分課事務等御達」「本省職制事務章程等御達」（『公文録』明治七年一月、内務省伺、国立公文書館蔵）。「内務省関係事務並官員進退ノ儀ニ付府県へ布達及司法外三省中事務ノ内々務省へ引渡ヘキ旨布達案」

（『公文録』明治七年一月、各課局（内史本課～印書局））。
（6）「内務省章程条款中掌管ノ区分伺」（『公文録』明治七年一月、大蔵省伺二）。
（7）「株式取引所創立伺並誤字删正ノ儀上申」（『公文録』明治七年一〇月、大蔵省伺二）。「株式取引条例」（『法令全書』明治七年一〇月、太政官布告第一〇七）。
（8）「米穀相場会社創立準則」（『法令全書』明治八年五月、大蔵省布達甲第一六）。
（9）内閣記録局編『法規分類大全』官職門、内務省二、一八九一年、七三〇～七三三頁。
（10）中村政則他編『経済構想』日本近代思想大系八、岩波書店、一九八八年、一六頁（欄外註）、四二七頁。「殖産興業に関する建議書」には、その文書表題に反して勧業に関わる具体的な奨励項目等が一切記されていない。本建議書では「政府政官」という用語が多用され、「政府政官」の誘導力不足のために勧業事業が停滞している現状が強調されていることから、大久保はここで「政官」に奮起を促すとともに、「政府」が積極的に勧業事業に関わるべきであることをアピールしたのではないだろうか。
（11）小幡圭祐「明治初年大蔵省勧農政策の展開過程」（『歴史』一一五、東北史学会、二〇一〇年九月）。
（12）齋藤一暁『河瀬秀治先生伝』上宮教会、一九四一年（復刻版、大空社、一九九四年、三一～四一頁）。勧業頭は不在であるが、これは明治七年一月に伊地知正治が大久保利通に対し、勧業寮と地理寮については権頭で採用した後、実績を積んでから頭に昇進させる旨を述べているので、この意見にしたがったと思われる（明治七年一月四日付、大久保利通宛伊地知正治書翰（立教大学日本史研究室編『大久保利通関係文書』一、吉川弘文館、一九六五年、九三～九四頁））。ただし地理寮は杉浦譲が頭として就任した。
（13）友田清彦「農政実務官僚岩山敬義と下総牧羊場」一、二（『農村研究』九四、九五、東京農業大学農業経済学会、二〇

○二年三、九月）。前掲、友田「伊地知正治の勧農構想と内務省勧業寮」。
(14)　大日本山林会編『田中芳男君七六展覧会記念誌』一九一三年、一四〜一五頁。友田清彦「ウィーン万国博覧会と日本における養蚕技術教育」（『技術と文明』一三（一）、日本産業技術史学会、二〇〇二年八月）。
(15)　内藤遂『幕末ロシア留学記』雄山閣出版、一九六八年、八四〜九七頁。「故古谷勧業助祭粢料下賜方伺」（『公文録』明治八年九月、内務省伺三）。
(16)　「諸入費金御渡ノ儀申立」（『公文録』明治七年一月、内務省伺）。
(17)　「本月分仮定額金御渡伺」（『公文録』明治七年四月、内務省伺二）。この仮定額金は四月分として申請されたが、以後この金額が基本的に継続されていく。
(18)　大蔵省『歳計決算報告書』上、一八九七年、二七九〜三二六頁。第七期歳出の「勧業費」は三四万二三八五円と、第六期の四倍増となっている。これは、内務省の勧業寮諸費がここから支出されたからである。この額は前記した仮定額金（七年三月申請）の勧業寮諸費の年額換算額三六万二八九二円と約二万円の開きがあるが、これは月ごとの繰越金の調整により誤差が生じたと思われる。決算値として正しいのは「勧業費」であるが、この内訳が不明なので、本章では勧業寮諸費の数値で分析を進めた。第一期から第八期（明治元年一月〜八年六月）の歳出には「勧業貸付金」「勧業資本」「勧業費」と紛らわしい三つの費目がある。「勧業貸付金」は第一期に創設され、開拓使事業や煉瓦建築、水道事業等、多方面に貸し付けられた。「勧業資本」は第二期に創設され、士族授産や府県勧業資金（前述した「勧業授産ノ要費」）として支出された。「勧業費」は第四期に創設され、農工に必要な器械・動植物の購入や富岡製糸場建築費にあてられた。第六期「勧業費」の内訳は不明であるが、富岡製糸場費がここから支出されたと考えた方が自然であろう。ちなみに「勧業資本金」は大蔵省勧農寮（のち租税寮）にプールされた資金であるため、歳出決算表の費目にはあらわれない。

(19)「本月分仮定額金下附伺」(『公文録』明治八年八月、内務省伺一)。
(20)「会計ノ制ニ付建言」(「大久保利通文書」二八八、国立国会図書館憲政資料室蔵)。
(21)「明治六年中勧業ノ諸費出方大蔵省協議上申」(『公文録』明治七年一〇月、内務省伺六)。本史料では、大蔵省未払分について、明治七年一〇月二〇日に財務課において関係書類を回覧する記録で終わっており、どのように決着がついたのか不明である。
(22)「勧業意見」(前掲「大久保利通文書」二九六)。
(23)「本年仮定額費御渡伺」(『公文録』明治七年八月、内務省伺二)。
(24)「蕃地ノ役ニ付非常節倹御達ノ儀上申」(『公文録』明治七年八月、大蔵省伺二)。「非常ノ節倹ヲ行フニ付不急ノ費途ヲ止メ昨年常額ノ残金ヲ返納セシム」(『法令全書』明治七年八月、太政官達第一〇六)。
(25)「屑糸繭紡績機械買入設立伺」(『公文録』明治七年四月、内務省伺二)。「屑糸繭紡績器械新設ノ儀伺」(『公文録』明治八年二月、内務省伺二)。「屑糸紡績機械設立ノ儀再三伺」(『公文録』明治八年四月、内務省伺三)。
(26)「農業教師傭入伺」(『公文録』明治八年二月、内務省伺五)。
(27)「牧羊開業ノ儀伺」(『公文録』明治八年五月、内務省伺二)。「下総国印旛郡ノ内ニテ牧羊地買上伺」(『公文録』明治八年一〇月、内務省伺二)。
(28)勝田政治『内務省と明治国家形成』吉川弘文館、二〇〇二、六一頁。「本省事業ノ目的ヲ定ムルノ議」(『公文録』明治八年一〇月、内務省伺二)。
(29)「院省庁収入及経費等一周年ノ総額ヲ予算雛形ヲ定メ毎歳大蔵省へ送致セシム」(『法令全書』明治八年五月、太政官達)。「行政警察規則中改正」(『法令全書』明治八年一二月、太政官達第二〇六)。

(30)「本省定額金ノ儀伺」(『公文録』明治八年六月、内務省伺二)。この時の測量司は地理寮に含まれる。勧業寮予算のみ別に申請された理由として、小幡圭祐、松沢裕作両氏は「定額常費にも新規事業を盛り込んだという、予算編成上の問題である」と指摘している(「「本省事業ノ目的ヲ定ムルノ議」の別紙について」(『三田学会雑誌』一一〇(一)、二〇一七年四月)。

(31)永井秀夫『明治国家形成期の外政と内政』北海道大学図書刊行会、一九九〇年、二三八頁。

(32)『内務省第一回年報』(『記録材料』三五四〜三六六頁、国立公文書館蔵)。本書では基本的に内務省年報については、大日方純夫他編『内務省年報・報告書』(三一書房)を利用するが、今回は第八期と明治八年度の「出納ノ比較」の項の印刷が不鮮明のため『記録材料』を利用した。

(33)「伊地知副議長御用繁ノ節伊丹二等議官代理届」(『公文録』明治六年一〇〜一二月、左院伺)。

(34)「内務省中農工商総理ノ一寮ヲ置カレン事ヲ請フ為メノ議」(前掲『記録材料』)。商法課は明治六年七月〜七年二月の間に置かれ、「商賈相互ニ貿易、売買、諸会社規則等ノ条件ヲ議草スル」ことを業務とした(『法規分類大全』官職門、官制、左院、一一〜一七頁)。商法課のメンバーは明治六年一二月一五日時点で伊丹重賢、四等技官丸岡莞爾、同中井弘、五等技官安川繁成、同馬屋原彰、一等筆生安野宗吉である(「官版左院分科一覧表」(『職員録』明治六年一二月、国立公文書館蔵)。

(35)内務省設立と大蔵省権限の削減構想は、明治六年の左院の高崎五六意見書にもみられる(前掲、勝田『内務省と明治国家形成』二八〜三六、七一頁)。

(36)「諸会社創立ノ儀ニ付伺」(『公文録』明治七年五月、内務省伺二)。「人民相対」といっても設立許可手続を不要とするものではなく、地方官が設立を認めても良いと考える場合は、その都度内務省に伺い出るべきものであった(利谷信義、水林彪「近代日本における会社法の形成」（高柳信一他編『企業と営業の自由』資本主義法の形成と展開三、東京大学出版会、一九七三年、三六頁））。

(37)「会社条例施設之儀ニ付伺」（「会社条例並施設ニ関スル往復文書」（「大隈文書」A二六七六、早稲田大学図書館蔵））。

(38)「会社条例掛」（『大蔵卿年報書附属』下（前掲『記録材料』））。

(39)「収入支出ノ源流ヲ清マシ理財会計ノ根本ヲ立ツルノ議」（『上書・建白書』明治七～一〇年、国立公文書館蔵）。土山盛有起草「収入支出ノ源流ヲ清マシ理財会計ノ根本ヲ立ツルノ議」（「大隈文書」A一四〇〇）には「明治七年十二月廿九日　六等出仕土山盛有謹艸㊞」と記されている。大隈の建議文と土山の起草文とは表記に若干の相違があるが主旨は変わらない。ただし従来の研究で多用された「大隈文書」（A七）の「根本ヲ立ツルノ議」は、一議の重要部分である「管商事務局ヲ設ケ、之ヲシテ勧農寮従来履行ノ事務、即チ諸会社其他ノ若干事務ヨリ、株式取引……主掌管理セシメ」の傍線箇所（勧農寮）を誤写している。正しくは「勧業寮」である。

(40)前掲、中村『経済構想』一九頁。

(41)小風秀雅氏は、大隈が蕃地事務局において軍事輸送の目的で購入された汽船を利用した海運構想を具体化しようとし、この構想を管商事務局に継承しようとしていたという興味深い事実を提示している（『帝国主義下の日本海運』山川出版社、一九九五年、一一八頁）。

(42)「管商局設置条款並職制・事務章程案」（「大隈文書」A四八四）。管商局内の掛として度量衡改正掛や条約改正掛等も記されたが、事務分掌の筆頭に掲げられたのは会社掛であり、局の中心も会社関係業務であった。

(43)「天下ノ経済ヲ謀リ国家ノ会計ヲ立ツルノ議」（「大隈文書」A九）。

(44)大蔵省記録局編『類纂大蔵省沿革略志』一八八九年、一二二頁。

(45)　前掲「会社条例施設之儀ニ付伺」。『内務省年報・報告書』二、三一書房、一九八三年、一〇〇～一〇一頁。この草案は司法省と法制局の反対にあい、太政官に温存されたまま、うやむやになってしまったようである(向井健「明治八年・内務省「会社条例」草案」(『法学研究』四四(九)、慶応義塾大学法学部・法学研究会、一九七一年九月))。

(46)　「諸会社掌管並公布ノ儀伺二通」(『公文録』明治八年七月、内務省伺二)。「株式取引及米穀売買相場取引共内務省へ願出サシム」(『法令全書』明治八年七月、太政官布告第一一六号)。

(47)　前掲「勧業意見」。

(48)　伊藤博文「勧業事務ニ付官員一名米国派出伺」(『公文録』明治七年一一月、内務省伺一)。農林省農務局編『明治前期勧農事蹟輯録』上、大日本農会、一九三九年、五三八頁。

(49)　前掲「本省事業ノ目的ヲ定ムルノ議」。

(50)　「輸出物品ヲ以外債償却ノ方法施設ノ為前御傭米人ウイルアム渡英ノ節官員同行伺」(『公文録』明治八年一〇月、大蔵省伺五)。

(51)　明治八年一一月、大隈重信、大久保利通「我物産売捌トシテ英国へ派出ノ官員并米人「ウイルヤムス」等へ相達候儀上申」(『公文録』明治八年一一月、大蔵省伺二)。三井文庫編『三井事業史』本篇二、三井文庫、一九八〇年、二三七～二四一頁。

(52)　「清国通商拡張ノ儀伺」(『公文録』明治九年四月、内務省伺四)。

(53)　『函館市史』通史編二、一九九〇年、七三九～七四四頁。

(54)　千坂高雅「管見」(前掲「大久保利通文書」三一〇)。

(55)　松田道之「内務省各寮局課改革方案」(同右「大久保利通文書」二八七)。

(56)　機構改革の詳細については前掲、勝田『内務省と明治国家形成』二一三～二一八頁を参照。
(57)　「本省中局課改正并勧商局設置届」（『公文録』明治九年五月、内務省伺二）。
(58)　前島密『鴻爪痕　前島密伝』前島会、一九五五年、四四四～四四七頁。
(59)　前掲、小風『帝国主義下の日本海運』一三〇～一三一頁。
(60)　『法規分類大全』官職門、官制　、内務省二、七九七～七九九頁。
(61)　『内務省年報・報告書』一、二　五～二二五頁。同三、二七六～四一四頁。開通社は横浜税関内に設置された。
(62)　「準備運転資金貸出表」（「大隈文書」A三五一〇）。吉川秀造『明治維新社会経済史研究』日本評論社、一九四三年、三九頁。
(63)　明治九年六月二二日、大隈重信「東京府下起立工商会社保護ノ儀ニ付上申」（『公文録』明治九年七月、内務省伺一）。宮地英敏「起立工商会社と政府融資」（『経済学論集』七一（四）、東京大学経済学会、二〇〇六年一月）。
(64)　安藤哲『大久保利通と民業奨励』御茶の水書房、一九九九年、二〇～二二頁。安藤氏は河瀬の勧商局長就任を大久保による一種の左遷人事と述べている。明治九年一月一五日、河瀬は勧業寮が「銃猟ノ規則及魚猟ノ件、其他株式条例、米商会所、会社条例」まで扱い、「会社ノ条例ヲ編制スルカ如キハ当寮ノ本務ニアラス」と記した（「勧業寮事務主管区分ニ付伺ノ件」（農林省編『農務顛末』六、一九五七年、五二七～五二八頁））。安藤氏はこれを大久保の海外直売会社の結社に関わる河瀬の異見の表明であり、両者の意見が微妙に対立し始めていたと捉え、左遷の原因としている。確かに河瀬は大久保の会社政策に異見を表明しているが、この史料では株式取引所等の管轄や会社条例の作成について「本務ニアラス」と記したのであり、海外直売会社にまで言及しているとは思えない。さらに大久保は重要視していた海外出商政策を河瀬勧商局長に任せたのであり、これを左遷人事とはいえないと思われる。

(65)『農務顛末』二、九四四頁。
(66)「勧業寮製茶場建設地ノ儀伺」(『公文録』明治九年五月、内務省伺五)。築地に製茶場建設が認められたものの、実際には隣接する木挽町に仮製茶場が設置された(『農務顛末』二、七二二、九二九〜九三〇頁)。
(67)「羅紗製造所開設伺」(『公文録』明治九年三月、内務省伺三)。
(68)『内務省年報・報告書』三、一一八〜一一九頁。
(69)『内務省年報・報告書』二、八一〜八九頁。
(70)日本史籍協会編『大久保利通文書』七、一九二八年、四四五〜四四九頁。提出日は前掲、勝田『内務省と明治国家形成』二四二頁、註二二。
(71)明治九年一二月二六日付、伊藤博文宛大久保利通書翰(同右『大久保利通文書』七、四三四〜四三五頁)。
(72)明治九年一二月二七日付、大久保利通宛伊藤博文書翰(立教大学日本史研究室編『大久保利通関係文書』一、一九六五年、一四六頁)。
(73)『法規分類大全』官職門、内務省二、七三八頁。三条実美「内務省掌管事務ノ内工事ニ係ル事件ハ総テ工部省へ被付儀両省へ御達伺」(『公文録』明治一〇年一月、寮局伺)。
(74)前掲、安藤『大久保利通と民業奨励』二九〜三六頁。前掲、勝田『内務省と明治国家形成』二一三〜二一八頁。山崎有恒「日本近代化手法をめぐる相克」(鈴木淳編『工部省とその時代』山川出版社、二〇〇二年)。
(75)明治九年一一月二七日付、岩倉具視宛大久保利通書翰(前掲『大久保利通文書』七、三七六〜三七九頁)。後年、河瀬秀治は、木戸公は「憂国病であつて、国家将来のことをのみ、日夜苦心憂慮」していたが「公は利通と疎遠になつては、国家が憂慮され、利通もまた公に離背されては、国家の危殆と思念されてゐた」と二人の微妙な関係について回顧して

いる（妻木忠太『木戸松菊公逸話』有朋堂書店、一九三五年、二八六～二八七頁）。
(76) 明治九年一二月、木戸孝允「内政充実・地租軽減に関する建議書」（日本史籍協会編『木戸孝允文書』八、一九三一年、一七七～一八六頁）。
(77) 落合弘樹『明治国家と士族』吉川弘文館、二〇〇一年、六五～六六頁。
(78) 明治一〇年一二月二八日条（日本史籍協会編『木戸孝允日記』三、一九三三年、四七一～四七二頁）。
(79) 明治九年一二月二九日付、岩倉具視宛三条実美書翰（前掲『大久保利通文書』七、四四二～四四三頁）。
(80) 明治九年一二月三一日付、伊藤博文宛三条実美書翰（伊藤博文関係文書研究会編『伊藤博文関係文書』五、塙書房、一九七七年、一一九頁）。
(81) 明治一〇年一月三一日付、松田道之宛大久保利通書翰（前掲『大久保利通文書』七、四五八～四六〇頁）。
(82) 明治一〇年一月一日付、岩倉具視宛木戸孝允書翰（広瀬順晧他編『岩倉具視関係文書』北泉社、マイクロフィルム版、一九九三年）。
(83) 木戸は同様の書翰を品川弥二郎にも送っている。明治一〇年一月三日付、伊藤博文宛木戸孝允書翰、同日付、品川弥二郎宛木戸孝允書翰（前掲『木戸孝允文書』七、二三七～二三九頁）。同年一月三日、木戸孝允宛伊藤博文書翰（木戸孝允関係文書研究会編『木戸孝允関係文書』一、東京大学出版会、二〇〇五年、三〇五頁）。
(84) 明治一〇年一月三日条（日本史籍協会編『大久保利通日記』二、一九六九年、五三五頁）。
(85) 明治一〇年一月五、同六日条（前掲『木戸孝允日記』三、四七七～四七八頁）。明治一〇年一月六日付、伊藤博文宛木戸孝允書翰（前掲『伊藤博文関係文書』四、二九八頁）。
(86) 明治一〇年一月九日条（同右『木戸孝允日記』三、四八〇頁）。

(87) 明治一〇年一月九日付、品川弥二郎宛伊藤博文書翰（尚友倶楽部品川弥二郎関係文書編纂委員会編『品川弥二郎関係文書』一、山川出版社、一九九三年、三八〇頁）。伊藤は同書翰で「前途を想像し遺憾無窮、仰願くは盟兄の明識何とか御良考も有之候へは御教示を蒙り度」と途方に暮れて品川に良策の教示を請うたのである。

(88) 明治一〇年一月九日付、岩倉具視宛三条実美書翰（佐々木克他編『岩倉具視関係史料』下、思文閣出版、二〇一二年、二六〇頁）。

(89) 明治一〇年一月一二日、同一三日条（吉田健作『覇旅日誌』三（「吉田健作関係文書」国立国会図書館憲政資料室蔵））。吉田健作については（小幡圭祐「明治初年内務省の農政末端官僚」（『国史談話会雑誌』五二、東北大学文学部国史研究室国史談話会、二〇一二年）参照。

(90) 『内務省年報・報告書』一、一四～二二頁。同四、四七〇～四七五頁。一方、諸雇（日給・月給・外国人）の数は勧業寮一六七名→勧農局一一六名で約三割の削減となり、勅任～等外官の削減率より低い。また、内務省全体（諸雇も含む）の官員数は第一回報告の六七八七人から第二回の一万二一六〇人に増加した。これは教部省合併と警視庁廃止に伴い内務省に警視官を置き東京府下の巡査を算入したことと、西南戦争により召募した巡査を算入したためである。『内務省年報』（第一～二回）によれば判任官は一五九人から八三人に半減した。

(91) 前掲『歳計決算報告書』下、六四六～六五〇、六六六～六七二頁。

(92) 松方正義「国家富強ノ根本ヲ奨励シ不急ノ費ヲ省クベキ意見書」（「大隈文書」A九六八）。

(93) 年月欠、作者不明「百工試験創業ノ愚存」（「大久保利通文書」三四二）。

第二章　勧業寮期の西洋農業制度の導入構想と国内外農業の調査

第一節　西洋農業制度の導入構想

1　欧米視察と農業報告

明治維新後、民部省、大蔵省により遂行された勧農政策の重点は開墾事業、士族授産に置かれたが、担当局課が短期間で変わるとともに政策も一定せず、十分な成果をあげたとはいえない。また、明治初年より政府高官が農業の重要性を認識していたことは確かであるが、その勧奨方法について具体的かつ体系的なモデルを提示するには至らなかった。例えば、明治六年（一八七三）、大蔵省租税権頭であった松方正義が、大蔵省事務総裁兼参議の大隈重信に対し、不要不急の費用を省き農業を第一に奨励すべき旨を献言しているが、具体的方法については記していない(1)。それは維新変革（廃藩置県等）後まだ間もなく、政策モデルを構築する時間的余裕がなかったことや、政策の参考となる農業制度の情報が不足していたからであろう。

政府高官にとって農業制度を立案する参考となったのが、自らの海外視察により得られた知識もあるが、岩倉使節団や、万国博覧会、留学生、お雇い外国人等を通して日本に紹介された欧米の農業情報であった。大蔵省期に提出された報告書として、明治四～六年に欧米を視察した岩倉使節団の一員である大蔵省の阿部潜（七等出仕）の報告「勧農見込書」(明治六年二月提出)がある。(2) 阿部はここで、欧米の「民ハ教育ニ富ミ人智ノ聞[開カ]達セルニヨリ、農事経済ニ敏ク、且器械等ニ巧ミナルワ遠ク我民ノ上ニ有リ」と述べるとともに、西洋各国の政府による農業重視の事例を掲げながら、日本における農学校設置を主張した。さらに日本農業に必要なものとして、①農事に関する民勢取調、②欧米農業調査のための官員派遣、③農業博覧会・農業博物館、④農事を注意する官員、⑤家畜医校、⑥書物展覧場、⑦農事布告、⑧運輸交通網整備の八策を提示した。農学校は農事修学場(後の駒場農学校)として実現し、(3) ①は勧業寮の物産取調、②は勧業寮官員の欧米派遣、③は共進会・農業博物館、④は農区視察委員・農事通信員、⑤は農事修学場(獣医学科)、⑦は勧業報告・農事月報と、⑥を除き、若干性格が異なるものもあるが内務省が勧業政策を担当した明治一三年までにほぼ実現している(⑧は農政のみに関係することではないのでここでは除外した)。ただし、これらが実現したのは阿部の提言が活かされたというよりも、次に述べるように欧米の農業事情を知る者たちが阿部と同様の見解を持ち、提言したからであろう。

明治八年に刊行された岩倉使節団の報告書『米欧回覧実記』では、西欧で農業進歩に功績のある事業として「有地ノ農家、耕夫、相協同集会シ、耕牧ノ良法、種子ノ換接、器械ノ精良等、利益ヲ弘メ」ている勧農会社を掲げ、フランスの勧農会社では「月月二回集会シ、懇切ニ農事ヲ談シ、各自作得ノ豊歉ヲ比較シ、互ニ相勉励シ」国益に貢献した者に褒賞する場合があると記した。また、「農業ノ進歩ヲ、鼓舞誘導スルニハ、農業博覧会ノ設ケ甚タ実効アリ、仏国ニテ之ヲ「コンクール」ト名」づけ、農区内(約五州が一農区)で州の輪番により開催するとともに、老農が農地を巡回し、彼等の推挙により優秀者が表彰されることが紹介されている。(4) 友田清彦氏は『米欧回覧実記』において勧農関係で注目されているのは農政担当機関よりは、むしろ「勧農会社」と表現されている農会(農業団体)や農学校(農業教育機関)等であると述べ、「勧農会社」の項では「独逸ハ、勧農ノコトニ就テ、最モ欧洲中ニ超越ス」とドイツが高評価され、農業教育機関に関してはドイツとフランスの事例について比較的多くの紙幅がさかれていることを明らかにしている(5)。

明治八年に提出されたウィーン万国博(明治六年開催)の報告書で、お雇い外国人ゴットフリード・ワグネルは、「農業ノ進歩ヲ鼓舞発動セシムル」方法として、①地方博覧会を開催して「殊勝ナルモノ」への褒賞金授与、②農業事業への補助金貸付、③農業会議の開催を掲げ、①の事例としてフランスの農区ごとに開催される農業博覧会を提示した。また、ウィーン万国博副総裁であった佐野常民も「農業振起ノ条件報告書」を提出し、日本において農学校や農業試験所を設置することや、「時々各地ニ於テ農業博覧会ヲ行ヒ、出品優等ノ者ニハ賞牌ヲ与へ、人民ヲ鼓舞」すること、勧農会社を設立すること等の重要性を説いた(6)。このウィーン万国博報告書の農業部には「農業振起ノ条件報告書」とともに、四冊の翻訳書「仏国農業記事」「仏国農業事務省農務局長チスラン氏勧農之説」「ホーイブレンク氏阿利襪樹説・同氏ニ質問スル所ナリ」「セット・カスツ氏牧畜論」が収められている。佐野は「農業振起ノ条件報告書」において特定の農業模範国を掲げていないが、四冊の翻訳書のうち二冊がフランス農業の書であることから、フランスに着目していることは明らかである。

岩倉使節団、お雇い外国人、万国博副総裁といった海外事情を視察した者たちは、農業発展に効果のある政策として、農区制度を基礎とした農業博覧会や勧農会社、農業研究・教育機関、農業資金貸与等を重要な勧農政策として掲げた。そして、これらは明治一〇年代に実現されていくのである。しかしながら、右の海外視察報告が内務省においてどのように咀嚼され、立案の参考にされたのか、その詳細は不明である。明治八年に内務卿大久保利通が博物館設立を準備している際に、ウィーン万国博における佐野の博物館に関する報告書を「彼是照合審案」していることから(7)も、農業制度の構築にあたり、大久保はじめ内務省の官員が、これら報告書を参考にした可能性は高いと思われる。

2　西洋農業制度の導入構想

国立国会図書館憲政資料室蔵の「大久保利通文書」には「上書勧農寮設置」（明治七年一二月作成、作者不明。以下「上書」と表記）という史料があり、右の海外視察報告書と共通する事項が記されている。(8)「上書」は、その内容から西洋農業制度を国内事情に合致するためにアレンジされ、詳細に具体化されたものと思われ、明治一〇年代に実現されていく項目が列挙されている。

「上書」冒頭では「農ハ民ノ本、民ハ邦ノ本ト、実ニ国家ノ盛衰、農政ノ得失ニ胚胎スルコトハ今亦贅言スルニ不及」と農政の重要性を強調するが、「然ルニ中世以降式微ノ国運ニ際シ、群雄割拠、互ニ勇武ヲ競ヘ収歛以テ兵備ヲ主トスルヨリ、農政殆ト跡ヲ絶ツニ至ル」と中世より農政が軽視されたため、「農夫陜眼、微力、僅ニ伝来一家ノ産ヲ孤守シ、亦他ニ良法美産アルヲ不知、遂ニ農家赤貧常ニ人ノ蔑視スル所」となり、現今の国力不足を招いたと記している。この対策として、まず、皇国の大産である農業の事務を扱う専任の寮として勧農寮を置くべきであると訴えた（明治一〇年一月、勧農局として実現）。そして資金貸与、積金制度や勧農会社の設立を主張し、施行すべき政策として、第一章施設の条目を説く（全八条）、第二章権限を説く（全一六条）、第三章資本金概則（全二〇条）と、三章四四条にわたって列挙した。この中では特に第一章が本章との関連が深いので、左にその内容(a)と実現形態(b)を整理した。

第一～三条

(a)全国を六聯農区に区画し、各聯農区を勧農寮官員が各々担当する。一聯農区は一〇大農区で構成し、その下に中農区、小農区を設置する。農区は「協同戮力、農業ヲ勉励シ物産ヲ隆興」するために設置し、堤防修築、橋梁建設等、一村ではできないことは小農区で行い、新報・種物往復、農事の得失を講究することは中農区以上の義務であるとした。

(b)明治一二年に内務省は全国一一農区を設定した。「上書」の計画では六〇大農区が誕生することとなり、およそ一県が一大農区にあたり(「上書」作成時の七四年一二月は一使三府六〇県一藩)、中農区を郡単位、小農区を村単位と想定していたようである。新報は農事通信、種物往復は種子交換会と種子郵便物の無料制度、農事の得失を講究することは農事会(農談会)、共進会として実現した。

第四条

(a)府県に勧農課を設置して農事を勧奨する。

(b)明治八年一一月の「府県職制事務章程」に基づき府県に「勧農課」ではなく勧業事務を掌る「第二課」が設置された(9)。

第五条

(a)村落に「勧農吏」を設置し人民を誘導する。

(b)「勧農吏」という名称ではないが、「勧業世話掛」「勧業委員」等が明治一〇年代前半に各府県に設置された(10)。

第六条

(a)荒蕪地開墾の奨励。

(b)開墾事業は明治初年からの課題であり、内務省設置後、直ちに不毛地の無償下付による士族授産が計画され、西南戦争後は士族授産の緊急性が増し、士族開墾が最重要視されるに至った。

第七条

(a)各地に農事試験場を設置し、有益なものを開示して人民を誘導する。

(b)栽培試験場、植物試験場等、府県により呼称が異なるが、明治一〇年前後から各府県に農事試験場が設立されていく（第三部第三章第一節）。

第八条

(a)郡村に通信家を置き、農業の有益事項を地方庁に報告させ、地方庁はこれらの情報と農事試験等の結果を勧農寮に報告し、勧農寮はこれをまとめて各地に返報する。

(b)明治一一年一月に農事通信制度が発足した。

第一〜三、七、八条は欧米の農業制度を参考に作成されたと思われる。第五条の「勧農吏」については、名称が異なるが伊那県では明治二年八月に勧農役が設置され、貧民救助、荒地起返、戸籍の世話、農業の世話等にあたり、京都府では三年四月に各村ごとに一名の老農を公選により勧農掛とし、開墾・耕耘から、牧畜・樹芸に至るまで監督させた。このように、勧農吏は明治初年の府県において前例がみられ、「上書」はこれらを参考にした可能性がある(11)。

内務卿大久保利通は「上書」の検討を参議伊地知正治に委ねた。これに応じた伊地知は、明治八年四月、「献言ノ次第ハ実ニ方今至要ノ急務ニ御座候上ハ、大意決而御採用ノ事トハ奉信候」と、上書に列挙された事項の緊要性を認めたが、勧農の着手順序等についてはさらなる検討の余地があると述べ、国内の現状に照らし合わせて詳細な意見をつけて返信した(12)。例えば、資金貸与については農家が返済不能に陥り没落する危険性を示し、まずは農具や肥料代を積み立てさせることから始めることを提言した。その積立金についても、最初は強制せずに「便利ノ方法ヲ教示スル」のみにして、「二年ノ成功ヲ察センニ、能ク積金ヲ備シ村ハ後来決テ大業ヲ成就スベキ処ナレハ、首トシテ之ニ資本金貸附ノ着手アルベシ」と述べた。

また、「勧農寮」を設置することについては「至極ノ見込ニテ当時勢ニ適当」しており、「今ノ勧業寮ニテモ実事同様ナルモ、必ス其称ハ被取替度」と改称することに強い賛意を示した。そして、第一条の農区を全国大中小に区分することについては、「仏蘭西ニ定アル良制ト承及居候」と記し、地形、寒暑、農業の精疎によって区分する方法があるが、「我国、東西精疎ヲ異ニシ、南北寒暑ヲ同セザルカ如キ大形ニヨルモ妨ナカルベケレトモ、先ハ自然ノ郷村、素ヨリ山河ノ位置ヲ分ツモノニ従フ方」が良いのではないかと応えた。「上書」では、第二章で臨時官員による農区視察、第三章で農区ごとの資金貸与も記されており、フランスを模範とした農区制度を軸として、府県勧農課、勧農吏、農事通信等を設置し、行政と農村とが密接な関係を構築して農業を奨励していく方策を示したのである。

欧米視察報告書や「上書」が提示した農業制度は中央集権国家を基礎としており、前近代日本には存在しなかったものが多い。このため、実際にそれらの制度を視察した者以外には、その本質や機能を把握することは非常に困難であったと思われる。また「上書」作者も末尾で「実際着手ニ至リテハ猶又詳細ヲ尽スヘシ」と認めたように、その内容はさらなる検討が必要であった。大久保が伊地知に検討を委ねていることから、勧農政策の立案にあたって「上書」が参考にされた可能性は高いが、実際に施行された農区制度等の立案過程については不詳である。また、「上書」と連動していると思われるが、明治九年一一月、次節で述べるように政府はフランス滞在中の前田正名を内務省勧業寮御用掛に任命し、フランス農業を調査させるのである。

第二節　勧業寮期の国内外農業の調査

1　外国農業の調査

大蔵省期に実施された欧米視察や留学生、お雇い外国人は外国の農業事情について貴重な情報をもたらした。しかしながら、内務省勧業寮が勧農政策を展開するために参考となる情報は、いまだ圧倒的に不足していたと思われる。

表２−11　勧業寮関係者の外国派遣

派遣先	年月(明治)	派遣者	業務
清	①８年５月 ②８年11月	武田昌次他 多田元吉他	農業調査・動植物購入 茶業調査
印・清	③９年４月	多田元吉他	茶業調査
米・清	④９年８月	アップジョーンズ他	牛馬羊購入
米	⑤８年２月 ⑥９年２月	神鞭知常 西郷従道他	勧業事務調査他 フィラデルフィア万国博
豪	⑦８年５月	橋本正人他	メルボルン万国博
英	⑧９年２月	富田禎次郎	農学教師招聘
伊	⑨９年５月	佐々木長淳	養蚕万国公会
仏	⑩９年11月	前田正名	農業調査

典拠：農林省農務局編『明治前期勧農事蹟輯録』上(大日本農会、1939年、538〜539頁)、「伊国ミラン養蚕会議へ官員派遣ノ儀伺」(『公文録』明治９年５月、内務省伺３、国立公文書館蔵)、「男爵前田正名特旨叙位ノ件」(『叙位裁可書』大正10年、叙位巻24、国立公文書館蔵)より作成。

このため勧業寮は積極的に外国農業の調査を開始する。表2–11に勧業寮関係者の外国派遣について記した。派遣国とその回数は、清国四、アメリカ三、インド一、オーストラリア一、英国一、イタリア一、フランス一であった。明治初期の民部・大蔵省期において、外国植物の多くはアメリカから導入されたが、勧業寮の視線はアメリカだけではなく、清国にも向けられていた事実が判明する。

表2–11の①は清国農業の調査である。清国とは明治七年(一八七四)の台湾出兵後、一〇月に互換条約を締結し、その後、一一月三日に天津で李鴻章と会談した大久保利通は、清国との貿易振興を確認した[13]。翌八年四月、大久保は清国の農業調査の必要性について上申した。その理由は、日本の動植物の多くは清国から伝わってきたものであるが、まだ伝来していない有益な動植物が少なくないこと、隣国なので日本と「風土必適」であることであった。そして、清国は広大なので、まず、天津、山東等から羊や驢馬、穀菜類、ブドウ、桃等を調査し、購入することを提言したのである。清国に派遣された武田等は動植物を購入し、これ

らは内藤新宿試験場で試験されるとともに、各府県に貸与、払い下げられた(14)。

②は清国、③は清国・インド茶業の調査である。明治八年一〇月、大久保は欧米の茶の需要に応じるため、製茶の盛んな清国に勧業寮の多田元吉(一〇等出仕)を派遣した。次にインドが中国・日本の茶を圧制するために多数の蒸気器械を設置して奮励尽力しているという情報を得たため、多田等を派遣し、製茶や器械類を調査させた。多田は帰国後、高知県に派遣され、茶葉を採取して紅茶を試製するとともに、有志の者へ伝習を行った(15)。

④は下総牧羊場に関する派遣で、お雇い外国人D・W・アップジョーンズ、勧業寮の奥青輔(一〇等出仕)等が各種の羊を一〇〇〇頭購入した。

⑤は直輸出の事前調査である。明治七年一〇月、内務卿(大久保の代理)伊藤博文は国産品輸出と海外への出店を重要と考え、まず、アメリカにおける日本茶・生糸等の評判を調査させることにした。伊藤は、調査後に「精良適宜之貨物」を輸出すれば「自カラ御国産之声価、支那国ニ優リ可申ハ必然ノ勢」であると考えたのである。当面の目標は、生糸・茶輸出のライバルである清国に勝つことであった。神鞭は九年一月に「米国輸出品商況報告書」を提出した(16)。

⑥⑦は万国博参加の一環としての農業調査である。そもそも万国博への参加は、国産品の宣伝と海外市場の調査を目的とするが、⑥で博覧会審査官として派遣された勧業寮の池田謙蔵(九等出仕)は、農具購入とともにアメリカ南部の精米や綿作の調査も行った(17)。⑦においてオーストラリアの調査が行われたのは、日本の気候と大差がなく、輸入した動植物が繁殖すると考えられたためである。特に日本において毛布使用、肉食が増加していることから牧羊調査に重点が置かれた(18)。

⑧は駒場農学校の教師を招聘するための派遣、⑨はイタリアのミラノで開催される万国養蚕公会への派遣である。

⑩はフランス農業の調査である。前出は明治二年に留学生として渡仏し、八年にフランス公使館付二等書記官、九

年に勧業寮御用掛、一〇年に内務省御用掛に任じられ、パリ万国博の事務官等を歴任した。さらに農商務省次官等をつとめた農学者ユジェーヌ・チッスランの下で行政の実際と農業経済の知識を吸収した。前田の調査はほかの調査と異なり長期にわたるもので、その成果は三田育種場の設置にも活かされた(19)。

右の外国調査の特徴は清国に重点が置かれたことである。①〜③の派遣は清国の産業調査（インドを含む）、⑤のアメリカ派遣は清国との貿易競争に勝つための調査でもある。当時の日本は欧米の文明に目を奪われていたのかもしれないが、勧業寮の視線は清国にしっかりと注がれていた。その理由の一つは欧米への輸出において清国がライバルであったこともあるが、距離的に近いということも大きい。これは欧米に比して気候風土が共通すると考えられた理由でもあるが、輸送コストも抑えられ、さらに欧米に比して物価の低い清国の場合、動植物の安価な購入が可能であるし、清国人の低賃金雇用も可能であった。植村正治氏の研究によれば、当時の平均月給は清国人三一・五円に対し、イギリス人一八二・六円、アメリカ人二〇六・五円であった(20)。実際、明治八〜九年に紅茶製造や人工孵卵の伝習のために清国人が雇用された(21)。

また、派遣目的別に分類すると、牧羊購入（④）や農学校教師招聘（⑧）のほかは、物産調査（勧業諸会参加を含む）（①⑥⑦⑨）と輸出増進（②③⑤）に分けることができよう。物産調査は外国の有益な動植物を調査するとともに、その国の市場調査も兼ねており、輸出増進は貿易戦略を練るための現地調査であった。これらと少々性質が異なるのが、⑩のフランス農業全般の調査である。前述したように岩倉使節団、ウィーン万国博の報告書ではフランス農業が着目されており、これらを日本に導入するため、前田にその調査が課せられたと推察される。

2　国内農業の調査

勧業寮は外国農業調査と並行して国内の調査も行った。それは外国の農業事情とともに国内のそれも把握していなかったからである。国内調査を大別すると、勧業寮官員を調査地に派遣する場合と、府県に調査を依頼して種苗や農具等を取り寄せ、勧業寮が試験する場合があった（農具調査については次章第二節参照）。

明治政府の農業政策に関する史料を分類して収録した農林省編『農務顚末』には、調査派遣として、①明治七年四月、武州稲毛村、日光道中草加宿の種籾調査のための勧業寮官員の派遣、②八年七月、武蔵・甲州・相模の「培養種芸、農具使用」等調査のための織田完之（中属）と町田呈蔵（権少属）の派遣、③八年一〇月、小笠原島における植物の暖地栽培等調査のための杉田晋（少属）等の派遣について記されている。また、同月には植物の暖地栽培等の調査のため琉球に派遣された勧業寮の栗田万次郎（九等出仕）から勧業権頭の河瀬秀治等宛に物産報告がなされた。(22)

②の町田の派遣は果樹調査である。町田は内藤新宿試験場で日本各地から取り寄せた果樹を試験していたが、その際、日本では植物学が未発展なために確固とした栽培方法がなく、悩んでいたようである。そこで、まずは関東地方において従来から果樹栽培で生計を立てている地域に赴き、老農から風土気候に適合する栽培方法等を学び、果樹の全国普及をはかったのである。町田は関東地方の梨・ブドウ・柿・柚子・梅・桃・蜜柑・橙等の生産地を視察地として掲げた。(23) また、織田の調査の成果は『勧農雑話』として刊行された（次章第三節）。

政府の府県物産調査は、明治三年九月に民部省が「土地物産之多寡ヲ検覈致候ハ、政典ノ急務ニシテ国力ノ厚薄貧富ヲ詳明スル処」であるので、府県に物産表の作成を命じたことに始まる。(24) これは人口調査に次いで実施されたものであり、政府が国勢を把握する意味合いが強かったと思われる。その後、この物産の全国調査がどの程度進行したか明らかではないが、内務省が設置されると勧業寮が物産取調を担当し、明治六～八年度の物産概表が作成され、全国の物産が米・陸稲・糯等に分類され、その産額が示された。(25)明治七年七月、勧業寮が全国物産調査のために府県に調書雛形を公布したが、調査過程で土地によって名称に異同がある等、問題が発生したため、「成丈ケ普通ノ名称ヲ用ヒ、品ニヨリ其別名ヲモ記載致シ候様、御取計ヒ有之度」と府県に依頼した。(26)おそらく同品種でも地域により呼び名が異なるものが続出したのであろう。国内産品といっても未知のものが多く、「普通ノ名称」ヲ記載することは品種特定のため重要であった。

次章第一節の表2-14に稲の試験がすべて内国種で行われていることが示されているように、国内農業調査でも重点が置かれたのは稲であった。明治九年一月には、優良米の生産地である白川・岡山・愛知・宮城県に対し、精良の種子を選び、品名には「其土地之方言ヲ詳記」して二升ずつ送るように達し、三月までに各府県から種子が集められた。(27)勧業寮は優良種を府県に広げるために試験しようとしたのであるが、この際に「方言ヲ詳記」するように達した。前記したように七年の全国物産調査では「普通ノ名称」を記載することとなっていたが、今回は、その土地の呼称も詳記させ、各地の品種を比定しようとしたようである。

明治七年七月、大久保利通内務卿は農業教師の調査を開始するため、次のように太政大臣三条実美に上申した。(28)

農事ヲ勧奨シ厚生ノ大本ヲ立ルハ国家富盛ヲ謀ルノ根基ニシテ安寧保護ノ大主眼ニ有之、乍去一二ノ管見拙技ヲ以テ軽々不可施行ハ勿論ノ儀ニ付、篤ク注意ヲ加、反覆試験ヲ経、漸次盛大ノ域ニ相運度、仍テ別紙ノ通府県へ相達、普ク四方ニ索、先ツ海内有名ノ諸農家ヲ湊合シ、実地ニ就テ互ニ研究講明致シ、短ヲ補、長ヲ取、衆技百説ヲ網羅シテ無遺漏、加之海外ノ学芸ヲ以テ之ヲ補綴シ、農務ノ本宗ヲ確立可致目途ニ有之候

国家を富強に導く根本的手段として農事勧奨を捉えた大久保は、それを軽率に施行するのではなく、何度も試験したうえで漸次盛大にする意向で、国内の名のある農家による実地研究により改良をはかり、さらに「海外ノ学芸」に

よりこれを補綴しようと考えていた。そこで、大久保は農業教師として家畜医、耕耘・牧畜教師、「農家化学者」とともに、耕耘・牧畜に老練の農夫を雇用することを上申したのである。さらに大久保は同月に新たな植物試験地の買収を上申し、その理由の一つとして、「各地方之農夫ヲ召集、混耕、互ニ其所長ヲ尽サシメ、実地ニ着テ其事理ヲ講習研究セシメ、練熟帰郷為仕候得者、自然各地方之耳目ヲ一新シ全国農業進歩之基、始テ爰ニ相立可申」と、農夫による講習研究を掲げた。これに加えて駒場野や内藤新宿試験場は、狭隘、地味不適当であると述べ、新試験地（後の三田育種場）の必要性をアピールした(29)。大久保は国内の農夫による研究・講習場として新試験地の設立まで考えていたのである。この上申は裁可されたが、国事多端による節倹の旨が達せられたためか、翌八月に事業は凍結されてしまった（第三部第三章第一節）。

さて、大久保が農業教師として第一に家畜医を掲げたのは、下総牧羊場等の開設準備をしていたことや、明治六年来、牛疫が流行していたことが理由として考えられる(30)。家畜医や教師等は海外から招聘することを想定したようであるが、耕耘・牧畜における老練農夫は国内から招集することとされ、八年三月七日に府県に対し「樹芸養蚕本草三科」の「現業練熟且老実ナル農学家精撰之上」、「特秀之者壱両名取調至急可申立」ように達した。その結果、三府一四県が管内特秀の者を上申し、ここに津田仙（東京）、船津伝次平（熊谷）の名があったが、政府はその後、上申書を放置して何等の処置もとらなかったという(31)。この放置の理由として、農夫たちの講習場としての新試験場事業が凍結されてしまったことも関係があると思われる。

明治の世となり、交通運輸の便が開けて国内外から有益な動植物や農具等を取り寄せることができるようになった。しかし、それらの情報は圧倒的に不足していたため、勧業寮はまずはこれらの調査を開始し、その適性を調べるため実地に赴いたり、有益と思われる植物を取り寄せて試験を行った。勧業寮は国内調査にあたり、どのような産物が存在するか、方言も詳記させて、その名称を正すことから始めた。明治初期の政府にとって外国植物に対する認識度と同様に、国内植物に対するそれも低かったのである。それゆえ次章で述べるように両者は同時並行して試験が行われていくのである。また、低い認識度は植物に限らず農具や農業者に対しても当てはまることだった。そこで大久保はまず国内農業者を招集して研究を行い、この成果を西洋農学で補綴しようとしたのである。農事改良は急務であったが、その実行は慎重に、そして漸次進展させる計画であった。

註

(1) 松方正義「国家富強ノ根本ヲ奨励シ不急ノ費ヲ省クベキ意見書」(「大隈文書」A九六八、早稲田大学図書館蔵)。

(2) 「勧農見込書」(『大蔵省理事功程』三、明治九年二月、国立公文書館蔵)。阿部潜と「勧農見込書」については、友田清彦「岩倉使節理事官『理事功程』と日本農業」二(『農村研究』八四、東京農業大学農業経済学会、一九九七年三月)参照。

(3) 「農事修学場入学規則」(内閣官報局編『法令全書』明治九年六月、内務省達乙第七八号)。

(4) 久米邦武『特命全権大使米欧回覧実記』五、岩波文庫、一九八二年、一九三～一九八頁。

(5) 友田清彦「『米欧回覧実記』と日本農業」(『農業史研究』二八、日本農業史学会、一九九五年一二月)。前掲『米欧回覧実記』五、一九四頁。

(6) 「ワクネル氏報告第二区農業及山林」(『澳国博覧会報告書』博覧会部上、四二～四三丁(『記録材料』国立公文書館蔵))、「農業振起ノ条件報告書」「仏国農業事務省農務局長チスラン氏勧農之説」「ホーイブレンク氏阿利襪樹説・同氏ニ質問スル所ナリ」「セット・カスツ氏牧畜論」(『澳国博覧会報告書』農業部)。

（7）日本史籍協会編『大久保利通文書』六、一九二八年、三九七〜四〇八頁。
（8）作者不明「上書勧農寮設置」（「大久保利通文書」二九九、国立国会図書館憲政資料室蔵）。
（9）「県治条例ヲ廃シ府県職制並事務章程ヲ定ム」（『法令全書』明治八年一一月、太政官達第二〇三）。
（10）大阪の例として、中尾敏充「内務省設置以後における地方勧業法制の展開」（『阪大法学』一〇九、一九七八年一二月）がある。
（11）山崎圭「明治二・三年勧農役の活動と地域社会」（『紀要』（史学）五四、中央大学文学部、二〇〇九年三月）。三橋時雄他著・京都府農村研究所編『京都府農業発達史』京都府農村研究所、一九六二年、八頁。
（12）「伊地知正治勧農意見」（前掲「大久保利通文書」三〇三）。
（13）日本史籍協会編『大久保利通日記』二、東京大学出版会、一九八三年、三四〇〜三四二頁。
（14）「清国へ勧業寮官員派出ノ儀伺」（『公文録』明治八年五月、内務省伺二）。大日方純夫他編『内務省年報・報告書』二、一九八三年、三一書房、三一頁。
（15）農林省編『農務顛末』二、一九五四年、九二一〜九二五、一一二一〜一一二三、一一五四〜一一七八頁。『内務省年報・報告書』三、一二〇頁。「製茶取調ノ為メ勧業寮官員東印度アサムへ派出伺」（『公文録』明治九年二月、内務省伺三）。
（16）「勧業事務ニ付官員一名米国派出伺」（『公文録』明治七年一一月、内務省伺一）。「米国輸出品商況報告書」（「大隈文書」A三一五六）。
（17）農商務省編『大日本農史』下、博文館、一九〇三年、一九一〜一九二頁。
（18）『内務省年報・報告書』二、一一三〜一一八頁。

(19)「男爵前田正名特旨叙位ノ件」(『叙位裁可書』大正一〇年、叙位巻二四、国立公文書館蔵)。祖田修『前田正名』吉川弘文館、一九七三年、第三章。
(20)植村正治「明治前期お雇い外国人の給与」(『流通科学大学論集』流通・経営編、二一(一)、二〇〇八年七月)。
(21)紅茶製造教師の当初の給料は二五円(翌年五〇円に昇給)、人工孵卵教師は一五円であった(拙稿「明治初期のお雇い清国人教師—紅茶製造業と人工孵卵事業を事例として—」(『異文化交流史の中の教育者達に見る思想・実践の変容と現代的課題に関する学際的研究』東京都立短期大学、二〇〇五年一〇月)。
(22)『農務顛末』一、一〇〜一一頁。同六、四四七〜四五二、八四九〜八五一頁。織田完之の視察記録は『武甲相州回歴日誌』として残されている(原田伴彦他編『日本庶民生活史料集成』一二、三一書房、一九七一年)。栗田の職階は西村隼太郎編『官員録』(明治八年一一月改正、西村組出版局、一八七四〜一八七七年)。
(23)『農務顛末』一、四六七〜四六八頁。
(24)「府県物産表ヲ録上セシム」(『法令全書』明治三年九月、第六二三(民部省))。
(25)山口和雄『明治前期経済の分析』増補版、東京大学出版会、一九五六年、一〜二頁。
(26)「地方物産ノ多寡元価等ヲ査点開申セシム」(『法令全書』明治七年七月、内務省布達甲第一八)。『農務顛末』六、九〇四頁。
(27)『農務顛末』五、一〇八五〜一〇九三頁。
(28)「農業教師傭入伺」(『公文録』明治八年二月、内務省伺五)。
(29)「勧業寮植物試験地買上ノ儀伺」(『公文録』明治七年八月、内務省伺一)。
(30)『大日本農史』下、一五七頁。

（31）「農学家樹芸養蚕本草三科ノ内特秀ノ者取調差出サシム」（『法令全書』明治八年三月、内務省達乙第二八）。斎藤之男『日本農学史』農業総合研究所、一九六八年、一二五〜一二六頁。

第三章　勧業寮期の勧農事業

第一節　植物試験事業

1　内藤新宿試験場と植物試験

発足当初の勧業寮は予算的制約等から、なかなか新規事業に着手することができなかったが、限られた経費で大蔵省から引き継いだ事業を着実に進めていた。これらの事業の中でも例外的に拡大されたのが、明治七年(一八七四)一月に大蔵省から内務省に移管された内藤新宿試験場における植物試験であった。

明治七年四月、佐藤温卿(少属)は表2-12に示した「有益秀効」の植物を買い上げる旨の伺いを提出した。その目的は培養方法・土質への適否を調査し、一般へ展覧・分与し、一部は輸出品として育成することであった(1)。勧業寮は、果木=食用、薬草=薬用、観花常葉樹木・美花草・水草=観賞用を栽培し、それぞれの市場に投入しようとしたのである。第八期(明治八年一～六月)から八年度(八年七月～九年六月)の間に内藤新宿試験場で試験した内国種の数は、果樹園が五八から七六種に、薬草園が一五から四四種、用材見本園(観賞用植物を含む)が九六から一一一種に増加しているので(2)、買上リストすべての植物が購入されたか定かではないが、ある程度の数の植物が購入されたと思われる。

表2-13に第八期から明治九年度(明治九年七月～一〇年六月)までの内藤新宿試験場の田園を反別に示した(「その他」

には薬草園・用材園、各見本園が含まれる）。八年度に植物園の広さが倍増しており、これは内藤新宿試験場費の増額に比例しているようである（第二部第一章、表2-6、2-7参照）。種別では何れの年度も果樹園が半数近くを占め、その試験に力が入れられていたことが判明する。

表2-14に明治八年度の各植物園の外国種比率を示した。[3] 果樹園では内国種七六、外国種三九八、合計四七四種、一万七六一五株の果樹が植えられ、外国種の割合は八四%と圧倒的であった。果樹園の株数の内訳はリンゴが七四二八株と最も多く、次がブドウ二九五四株である。一方、穀菜園では「雑菽」（穀類・豆）等が栽培され、それらの外国

表2-12　明治7年国内植物買上リスト

種　類	種数
果木類（ナシ、リンゴ、ザクロ等）	34
薬草類（人参、地黄、景天等）	27
観花常葉樹木類（椿、梅、ボケ等）	104
美花草類（スカシユリ、夏菊等）	62
水草類（カキツバタ、ハス等）	19
合　計	246

典拠：農林省編『農務顚末』5（1956年、1262〜1266頁、より作成。

表2-13　勧業寮植物園反別（単位：反）

種　別	第8期	8年度	9年度
果樹園	69	127	149
牧草園	20	44	42
穀菜園	36	46	31
稲　田	0	23	23
各用植物園	7	21	21
その他	6	18	35
合　計	138	279	301

＊反未満は切り捨て（合計値は原本と異なる）。
典拠：大日方純夫他編『内務省年報・報告書』2（三一書房、1983年、23頁）、同3（13〜23頁）より作成。

表2-14　勧業寮植物園の内外種（明治8年度）

種　別	内国種	外国種	外国種率
果樹園	76	398	84
牧草園	0	52	100
穀菜園	296	204	41
稲　田	121	0	0
各用植物園	125	23	16
合　計	618種	677種	52%

典拠：『内務省年報・報告書』2（11〜22頁）より作成。

種の割合は四一％と高くない。明治八年度の植物園では、果樹・牧草園（合計一七一反）の外国種の割合がかなり高いが、穀菜園・稲田・各用植物園（合計九〇反）の割合は低く、植物園全体の外国種の割合は五二％である。

このように果樹試験に力点が置かれた理由として考えられるのは、第一に明治四年九月に、いわゆる「田畑勝手作」が許可され、適地適作が奨励されたことである。これを契機に水稲耕作の不適合地等に適する商品作物が模索されることとなり(4)、その候補として果樹が選択された。

第二に価値の多様性である。明治九年二月、勧業寮が果樹試験を府県に依頼する際、武田昌次（七等出仕）が、「菓実ノ性質、滋味ノ適応ニ依テ或ハ之レヲ砂糖漬トシ、或ハ之レヲ酒ニ醸造シ其外種々ノ製造方、人為ノ巧妙ヲ尽シ、……将来、其輸入ノ幾分ヲ減省シ反テ彼国へ輸出スルノ一品ニ供スヘキ」と述べている通り、果実は生食のほかに、保存食や酒等にもなり、多様な価値を生み出すのである(5)。食糧の保存はその安定供給のために重要な課題であり、内藤新宿試験場では内外種の果樹をヨーロッパ製造法にならい砂糖漬にした。その結果は「欧州精製ノ品ニハ比例シ難タケレトモ、如此シテ貯蓄スレハ寒暑ヲ不論、数年間ノ久シキ腐敗靡爛ノ掛〔ママ〕念ナク」保存できることがわかった。この砂糖漬は府県に頒布されることになった(6)。勧業寮は果樹を各府県で栽培させるとともに、その保存方法を広め、将来的には輸出品として育成しようとしたのである。

第三に味の魅力である。勧業寮の田中芳男は、幕府の開成所に勤務していた慶応三年（一八六七）一〇月にアメリカからリンゴが送られたことについて、その「果実は見た所もよく味も良いので人々は驚きました、こんなものが世の中にあるかといつて珍らしがつた」と述懐している(7)。また、大久保利通は岩倉使節団の一員として渡航中、自宅で栽培するためにリンゴとブドウを送っている。どのような意図か不明であるが、内務省発足以前から大久保が果樹に興味を持っていたことがわかる(8)。

表2‐15　明治8年度　外国種苗の購求先・種数

	種類(単位等)	米	独	仏	豪	清	ジャワ
苗木	果樹　(株数)	50 (2,553)				17(1,223)	
	各用植物(株数)	3　(117)				3　(74)	
	コーヒー(株数)						9(151)
	キナ　(株数)						4 (60)
種子	用材　(袋)		13(13)		204(204)		
	牧草　(斤)	7 (2,582)	17(17)				
	麦　(合)	4(49,843)					
	甜菜　(合)			3(837)			

典拠：大日方純夫他編『内務省年報・報告書』2(三一書房、1983年、21〜23頁)より作成。

2　外国種苗の購入と頒布

明治八年度の外国種苗の購入先を表2‐15に掲げた。アメリカからの購入が多い理由として、第一部で述べたように民部・大蔵省期から開墾事業が重視されたことに加え、勧業寮農務課のリーダー岩山敬義が、アメリカで農業を学んできたことが考えられる。さらに運輸上の都合と地理的要因も大きく影響していたようである。例えば、勧業寮が明治九年二月に外国からブドウ苗木を取り寄せようとした際、岡毅(中属)は、フランスのブドウが最上ではあるが、「輸送ノ便、米国ニ不如ヵ故ニ、不得止是迄米国ヨリ取寄来候得共、可相成ハ世界有名之種類ヲ培植候ハ、一層有益ノ事ト被存候ニ付、輸送之手数ヲ不顧」、フランスから輸入しようとした。岡の意見に加え、田中芳男と武田昌次が「熱地ヲ数日航海候ハ、、悠然萌芽之上ニテ速ニ腐朽」してしまうかもしれないので、輸送ルートはインド洋経由ではなく、マルセーユからニューヨークまでは船便、ここからサンフランシスコまでは鉄道、そして再度船便で横浜に運ぶように要請した(9)。このようにヨーロッパからの種苗輸送には大きな問題が存在していたのである。また、アメリカはヨーロッパに比して距離的に近く、輸送コストが低く抑えられたことも考えられる。この輸送コストの面ではアメリカより清国の方がさらに有利である。清国からは一七種一二二三株もの果樹を購入しているが、これらは武田昌次等が清国に渡って購入してきたものである。外国から取り寄せられ、「内国栽培法」により育てられた作物は順次回覧に供された。明治七年六月に大小麦類七品、七月に穀菜類一五品、八月に蔬菜果類一四品が回覧され、その品質は本国のものと変わりないという報告であった。もちろん不作もあり、八年八月には発芽しなかったオリーブや、虫害により成熟しなかったブドウの例が報告された。(10)

勧業寮は内藤新宿試験場とともに各府県における試験栽培に力を入れていく。明治七年から一八年まで内外の果樹・穀菜等が府県に頒布された数量は三九〇石余、株数五二万七四〇〇余株に及んだ。(11) 勧業寮における頒布は、目的別に次の⑴～⑶に分けることができる。

⑴日本各地において植物の適否を判断するために頒布

明治七年一〇月、勧業寮は「其国ニ依リ風土気候ノ差異アルヨリ、自然適不適等モ有之、其良否得失ニ至テハ、一所ノ試験ヲ以テ難相定」と考え、東京以外の府県に外国種苗の試植を依頼することにした。頒布された種類は大蔵省時代より格段に多くなり、一〇月の頒布時には果樹では桃・リンゴ・チェリー・梨・ブドウ等一一種、穀菜は燕麦・トマト・玉蜀黍(トウモロコシ)・甜菜(ビート)等七種が頒布されることとなった。勧業寮の依頼に同意した府県は生育状況について、果樹は、耕耘数、肥料、季候、旱雨の適否、成長状況、損傷、果実の多寡・重量の七項目、穀菜は、土質、肥料、播種・収穫日、播種量、収穫量、温度、降雨量、損傷、成長状況等、一四項目について報告することになった。(12) 勧業寮は東京での試験を踏まえ、次の段階として各地における各植物の適性データの収集を始めたのである。

試験結果は、栃木県のようにブドウが地味に適して繁茂したので、さらに苗を四〇本、要求した県もあるが、(13) 従来から説かれているように各地に定着した外国植物は少なかったようである。

(2)従来から同種を生産していた地域に頒布

明治八年二月、勧業寮は、「適地ニ於テ試植候ハヽ、内外品位ノ良否モ瞭然」であると考え、アメリカから取り寄せた綿種（アップランドコットンとシーアイランドコットン）の試験を、従来からの綿栽培地である愛知・堺・山口・飾磨・奈良・栃木・新治・白川県に依頼した。また栽培法については調査中であるので、在来の方法で栽培し、生育の景況を報告するように伝えた。結果は愛知県の報告に「不実ニテ其侭腐敗、或ハ不苗芽分モ有之」とあるように各県でも概ね不良であった(14)。

また、明治八年二月、アメリカの煙草種は「東京近傍ノ地ハ不適合」で栽培者がいないので、「従来烟草多分ニ培植」している鹿児島・長崎・大分・宮崎・山口・茨城・栃木・豊岡県と京都府に頒布された。豊岡県の試験の結果は、初年のために十分な試験ができず、収穫の多寡や品位の優劣があったが、「何レモ適合可致ニ付、漸次産殖之見込ニ有之候」という報告であった(15)。

(3)寒地・暖地栽培を意図して頒布

近世から砂糖原料として栽培されている甘蔗は亜熱帯地方に適した作物であったので、勧業寮は寒地栽培を目的として明治九年の春にフランスから甜菜の種子を輸入し、内藤新宿試験場と陸羽地方で試験栽培を行い製糖を試みた。根に塩分が多く含まれたため良好な結果を得られなかったが、わずかに岩手県産の根には塩分が少なく甘味があったという(16)。

明治八年一〇月、勧業寮はジャワからコーヒーの苗木を取り寄せ（表2-15）、この一部を琉球に頒布した。那覇に置かれた内務省試験場の河原田盛美（中属）は、現地の人々に対してコーヒーが欧米諸国の最大の交易品であることを説諭し、数名に分与して試植させた。また、河原田は「当地ハ四時花実ヲ結ヒ候土地ニ付、十一月ヨリ二月頃迄、此地ノ菜蔬菓実類ヲ内地ニ運輸セシメハ、内地人民ノ賞味スルノミナラス外客ノ賞美スル所トナル」と考え、馬鈴薯やナス、オリーブ等、内外種の頒布を勧業寮に請願した(17)。暖地栽培の目的は暖地に適した作物を育てるだけではなく、本州との栽培・収穫期をずらし、本州等の市場に野菜や果実が枯渇した時期に、それらを投入することであった。

小笠原諸島でも「熱帯近傍ノ土地ニ相応致シ候植物試験」が実施されることとなった。明治九年にシーアイランドコットンが栽培され、地味に適応して良質な綿毛を採取したが、内地の需要が少なかったうえ、在来種より長毛であり、綿弓を用いることができない等の支障が重なり、栽培は中止された(18)。

以上、外国種苗の頒布方法を三つに大別した。明治初期、外国種苗のデータがほとんど存在しない状況では、風土に応じた植物の系統的な導入は不可能であった。そこで勧業寮は日本における同種の産地を選んだり、寒暖による適性を考慮する等、一定の方針をもって頒布を開始したのであり、決して闇雲に頒布したわけではないのである。また、政府が輸入防遏を重視していることから、綿や甜菜の試験に力が注がれた。明治四年九月の「田畑勝手作」許可布告により適地適作推進を掲げた政府は、水稲耕作不適合地等に果樹を、暖地・寒冷地には、その気候風土に適した有益な植物の導入を進めたのである。

第二節　農具導入・改良事業

1　大久保利通の農具導入・改良構想

第一部第二章第三節で述べたように、明治五年(一八七二)二月に、大蔵省は「中西国」の農具を東北開墾等に活用するため、国内農具の調査を開始したが、収集状況が思わしくないまま終了した。明治六年末、内務省が設立され、八年には勧業寮の予算案である「勧業寮定額金見込書」が提出され、定額金の総計が約二〇〇万円と見積もられ、そのうち国内外必需の農具類の購求、農具の模造・修繕費として一万五〇〇〇円が計上された[19]。さらに定額金とは別に勧業資本金一〇〇万円が設定され、「農具農機械ヲ漸次改良軽便」にして人力を省減し、荒蕪地開墾や牧場開設等のために使用することが記された。結果として勧業寮定額金は大幅に削減され、勧業資本金は実現しなかったが、前年度に比して勧業寮経費は増額されたのである。以上のような状況下、明治八年八月、勧業寮農務課は内務卿大久保の構想に沿って次のように農具掛の設置を申請した[20]。

農具ノ儀ハ民間最必用ノ物ニシテ、其便否ニヨリ至大ノ得失アルハ勿論ニ候処、従来農家狭眼他ニ便器アルヲ知ラス、旧製ヲ墨守シ徒ラニ労力ヲ費シ、其弊農家子弟ノ教育ヲ妨ケ、実ニ不軽義ニ候処、中ニハ未タ牛馬耕タモ行ハレサル地方有之、況ヤ欧米各国日新精製ノ器械ノ如キ嘗テ目撃セサルモノニ於テヲヤ、……於当支庁必需ノ器械、夫々製造実検候、……万里ノ海外ニ購求候ヨリハ、可成丈模造候方、啻ニ御入費ノ減却致候ノミナラス、以往工人モ益精巧ニ至リ、且漸次他ノ工人へ伝習ノ有益不少候、……兼テ為試用拝借出願ノ各県へ御貸与、或ハ人民ノ望願ニ任セ御払下相成候者々、人民其便利ヲ目撃致シ、遂ニ旧製墨守ノ弊ヲ一洗、知識ヲ開明シテ追々模造或ハ新器ヲ発明シ、競テ便器ニ就テ労費ヲ省キ、啻ニ農力相増候ノミナラス、父兄ノ余暇、随テ子弟ノ教育上ニモ及シ候様相成可申……

農務課は経費節減と工人伝習・育成のため、欧米の利便性の高い農具を模造し、各府県に貸与、または払い下げて旧弊を打開することをめざし、農具を専門に担当する部署の設立を求めたのである。この申請は許可されて農具掛が設置された。この伺いに付記された「農具掛条例」には、「農事ニ関スル内外諸器械ノ便否得失ヲ研究シ、至便ノ良器ハ之ヲ製造シ、漸次地方ニ伝播セシメ農事ノ鴻益ヲ謀リ」と記されており、研究対象の農機具を欧米のみに設定していない点に留意したい。国内外の農機具を研究し、利便性の高いものを地方に普及させることが農具掛の設置目的であった。

2　勧業寮における農具掛の活動

明治九年三月、農具掛は国内農具の収集を開始する。池田謙蔵（中属）は、欧米農具は精良であるが高価であるため「小農家」にとっては少々不都合であると考えた。そこで、牛馬耕が実施されていない地方に西日本の農具を頒布するので、模造の見本のために熊本・福岡・山口・堺・愛知・石川・鳥取の七県の農具収集に着手した[21]。池田は農家の現状を踏まえ、現実的な対応として簡便で低価格な在来農具を模造し農業後進地へ供与しようとしたのである。

『内務省第一回年報』（明治八年七月〜九年六月）と『内務省第二回年報』（明治九年七月〜一〇年六月）から農具掛の活動をみてみよう[22]。第一回年報には、まず、以前に大蔵省勧農寮が収集した「各地慣用ノ田器」を農業博物館に陳列したと記されている。この博物館の農具陳列数は前年の三八七点から五四八点に増加しており、すでに勧業寮が収集した農具も陳列されていたと思われる。また、外国から購入した「耕具」を内藤新宿試験場や下総牧羊場等で試用し、効用のあるものは模造し（約二〇〇〇点）、内外農具（種類は不明）を福島・千葉・岐阜の三県に四二点貸与したことがわかる。第二回年報によれば、海外の万国博参加を契機に「模形ノ器械」として購入した農具が到着し（オーストラリア製八八点、アメリカ製一五六点）、これらをもとに四五〇点の農具が内藤新宿試験場で模造された。そして、青森・秋田・岩手・山形・福島・栃木・東京・石川・山口・島根・愛媛と博物局の一一府県一局に、二三四点の農具が貸与されたことがわかる。また、内藤新宿試験場における試験により、効用のある農具として開拓用（サイズ（大鎌類）、アックス（斧類）、根抜・根切器械、ロングマトック（ツルハシ類）、運搬車、プラウ（西洋犂）、ハロウ（砕土器）等）、播種用（馬曳器械、ローラー等）、収穫用（リーパー（刈取器）、ホースレーキ（馬曳草かき）等）、その他に風車やポンプが掲げられた。農具掛は畜力を使用する開墾（開拓）農具に着目していたようである。

勧業寮の官員による農具調査も行われた。明治九年六月、京都博覧会に審査官として出張した飯田孝次（少属）に、博覧会業務終了後、京都府の農具取調が命じられた。飯田は七月から京都府官員とともに府内外を巡回し農機具製造所等を調査し、農機具の図面、使用方法、代価等を取りまとめた。そして九月に帰京し、巡回した村落、農事の景況・概略をまとめた復命書を提出した(23)。飯田は復命書で、農器具製造所を中心に牧場や各地の物産、農業の状況を調査し、山城国では「各地ノ耕耘更ニ耕馬ヲ使役スル場所等、一般ニ之レナク、各村総テ耕牛ヲ使役シ、以テ労苦ヲ省クノ用トス、然レトモ其ノ用ユル処ノ犂等、大小長短、場処ニ依テ一様ナラズ」と記した。また、京都府がお雇い外国人ジェームズ・オースティン・ウィードの指導の下に展開している丹波国蒲生野の開墾事業も見学し、「農学生徒数十名ヲ率ヒテ此ノ荒野ニ移リ方今開拓着手ノ最中トス、府庁又近来サラニ米国ヨリ開拓器械并ニ耕牛数頭ヲ購求シ益開拓ノ事務ヲ助ク」と報告した。飯田は農作業における労働節約をはかるために畜力耕に注目していたようである。

農務課は明治八年八月の農具掛設置申請において、農業後進地の事例として牛馬耕が普及していない地域を掲げたが、府県においては、次の埼玉県のようにすでに牛馬耕導入を試みているところもあった(24)。

明治六年始メテ牛馬耕ノ術ニ長セル者数名ヲ山口県ヨリ傭聘シ、一人ノ農夫ニテ能ク馬ヲ馭シツヽ、耕鋤シ得ルノ術ヲ各地ニ伝習セシメタレトモ、当時、未タ耕具ノ改良ニ留意スル者尠ク、在来ノ唐犂（俗ニ大鍬）ト称スル重キ有底犂ヲ唯一ノ耕具トナセルノミナラズ、重粘ノ土質ニ富ミタル本県ノ農地ニ於テ、農用ノ役畜ニ牛ヲ用ユルモノ殆ンド稀ニシテ、一般ニ馬匹ヲ用イタルガ故ニ自然労役ノ久シキニ堪エズ、為ニ鼻取ヲ副ヘ強ク之ヲ馭シテ馬耕ヲ行フノ習慣ハ容易ニ脱セサリシ……

埼玉県では、山口県の牛馬耕を導入しようとしたが、農具改良に留意する者が少ないうえ、牛を役畜として使用した者もなく、さらに土質の問題等もあり、導入計画は頓挫したようである（埼玉県が再び牛馬耕導入に尽力するのは明治三九年である）。池田謙蔵は農業後進地に山口県等の西日本の農具を普及させようと考えていたが、この試みは埼玉県ですでに挫折していたのである。土質といった風土の問題、熟練といった技術的な問題のほかに、農民に改良の意欲がなければ、高価で重厚な西洋農具でなくとも導入は失敗したのである。牛馬耕普及のためには、まず、農事改良に対する意欲を喚起することが重要であった。

さて、内務省は明治六年一二月より、還禄士族に対して官有地の半価払下の制度を設け、窮迫無産士族に対しては不毛地を無償下付して授産を行っていたが、士族の困窮は依然として深刻であった(25)。明治七年七月、大久保利通は、東北地方が「人口之稀疎なるより天然膏腴之地も不毛ニ属し候、……資本無之無産之士族等にて目下窮迫、別ニ産業之目途無之者ハ、就産之ため該地県官於テ其志願之次第并目的とも得と調査之上、無代価ヲ以相当地所割与へ開拓土着為致候」と、東北の荒蕪地を士族に与えて開墾を推進しようとした(26)。これは、明治四年正月に民部省開墾局により立案された方策と同じである。そして、明治九年、天皇の東北巡行を先導した大久保は該地方を視察し、東北開発の重要性を再認識した(27)。これと時を同じくして金禄公債交付による秩禄処分が決定され、西日本には士族反乱が勃発し、社会的緊張が高まった。国内安寧を管理する内務省としては士族の生業の道を開くことは最優先事項であり、士族と東北は国家主導の開墾政策の下、再び強く結びつけられたのである。

大久保は殖産興業政策の基軸に農業を据え、西洋農業を利用した在来農業の改良を唱えた。この一環として農具掛が設置され、農具の改良をめざして西洋・在来農具の収集・模造が開始された。大久保は明治八年の「勧業寮定額金見込書」では改良農具の導入先として荒蕪地を想定したが、農具掛は特に導入地を限定しなかった。しかしながら、相次ぐ士族反乱により士族授産は焦眉の急務となり、民部省期に唱えられていた士族による東北地方の開墾が実行に移されていくようになるのである。

第三節　農書編纂事業

1　勧業寮における農書編纂の開始

筑波常治氏は農書について、農業振興をめざして栽培技術を中心にした研究成果をまとめた解説書であると定義し、時期的には江戸時代初期の『清良記』（七巻）から明治中期頃までに刊行されたものとしている[28]。この近世から近代の農書の研究状況を俯瞰すると、近代農書に関する研究は圧倒的に不足している。そこで本節ではまず明治政府の農書編纂の開始から検討していくこととする。

勧業寮における農書編纂は、明治七年（一八七四）一〇月、中属の鳴門義民の「農業書編輯伺」提出から始まった[29]。ここで鳴門は従来の農書の問題点として、①農業についてすべて備わったものがないこと、②多くは陰陽干支等の説にとらわれて農家を惑わしていること、③「禽獣畜育」に関しては極めて疎略であること、④最近刊行された内外農書は射利目的で贅言が多いこと、の四点を掲げた。そしてこの対策として農家月令（農事暦）と農業集成書を編纂することを提言したのである。この二書の編纂方針は「和漢古今」と「欧米当今」の農書から良法を抄録、折衷し、干支等の「惑説」を省き、暦は太陽暦、温度は華氏を用い、刊行後も良法、発明等を内外に求めて逐次増補することとした。鳴門は農家月令と農業集成書を編纂し、農民を無益な群書を閲覧する労から解放し、その時間を有益な事業にあてようとしたのである。

「農業書編輯伺」では農業集成書で扱う植物・動物・土質・肥料等の参考書として合計七七点が掲げられた（和書五〇点、漢書八点、洋書一七点、不詳二点）。和書では佐藤信淵の著書が多く、『農政本論』『培養秘録』『草木六部耕種法』等が掲げられた。これは編纂の中心人物の権中属の織田完之が佐藤信淵に傾倒していた影響があったと思われる。(30) 佐藤の著作のほかには、和書では大蔵永常の『広益国産考』『除蝗録』等、小野蘭山の『本草綱目啓蒙』等、そして宮崎安貞『農業全書』等々、様々な農書が掲げられた。漢書は中国古代の農書を集大成した賈思勰『斉民要術』や李時珍『本草綱目』、徐光啓『農政全書』等、洋書はフレッチャル『泰西農学』、ステファン『斯氏農書』、エンクラール『牧牛説』等が掲げられた。

和書といっても宮崎『農業全書』は徐『農政全書』の影響を強く受けており、『本草綱目啓蒙』は小野が幕府医学館で教科書として使用した李『本草綱目』の講義録である。(31) また、佐藤『培養秘録』では蘭学の知見が積極的に取り入れられている。(32) 漢書といっても李『本草綱目』で採用された分類法は西洋博物学を参考にしており、『農政全書』には徐がイエズス会宣教師から理数・天文・暦法を学んだ成果が記載されている。(33) このように農書の著者の旺盛な知識欲は容易に海を越え、和書といっても中国・西洋の知識を含んでいる場合がある。先行研究は織田完之が泰西農学を排斥したというが、その織田の著書には、蘭学の知識が盛り込まれた佐藤信淵の農書に依拠している部分が多いのである。(34) ともあれ、農書編纂の大きな目標は、総合農業書である農業集成書を刊行することであり、その編纂方針は日本の農書を中心に、中国・西洋の良法を採取することであった。明治七年一一月に農業集成書（のち農業類編と改題）と農家月令の編纂が決議され、一二月には勧業寮農務課の農学掛と編修掛が事業を担当することとなった。(35)

勧業寮は『内務省第一回年報』（明治八年七月～九年六月）において、農工改良・進歩における図書の効果の大きさを記すとともに農書編纂の拡大方針を示し、刊行、脱稿した書を掲げた。それらを表2-16に記したが、刊行済みの五点はすべて洋書の翻訳で、1の『斯氏農書』はヘンリー・ステファンの *Book of the Farm* を岡田好樹が訳した書で全六四冊あり、政府が西洋農業の全貌をうかがうことができると重要視した書である(36)。大久保内務卿の序文を載せ、そこには「我神州農ヲ以テ国ヲ為ス」が、「農学一科未タ開ケス、農師其人ニ乏ク、百姓日ニ用ヰ、而シテ其然ル所以ヲ究ムル」ことができないので、勧業寮を設置して「農業ヲ講習シ、而シテ農始テ学有」こととなると記されている（原文は漢文）。大久保は在来農業における農学の欠如を痛感し、西洋農学をもってこれを補おうとしたのである。2の『斯氏農業問答』（後藤達三訳）は『斯氏農書』が大部であるので、この書を問答体で簡略に記述したものである。『斯氏農書』、『斯氏農業問答』とも刊行後、府県に頒布された(37)。

表2-16　明治8年度の勧業寮の農書編纂

	書　名	分　類
刊行	1斯氏農書	農業総合
	2斯氏農業問答	〃
	3独逸農事図解	〃
	4アレン氏牧牛法	畜産
	5外国蔬菜栽培法	蔬菜
脱稿	6馬病治療法	畜産
	7牛病通論	〃
	8米国煙草栽培法	煙草
	9印度地方農業会社造茶新論	茶
	10英倫農業会社規則	会社・免許
	11米国専売免許規則	〃
	12仏国免許法	〃
	13米国華盛噸府農事年報	農事報告
	14英国農学校大意	農学校
	15独ハーベルランド氏養蚕書	養蚕
	16諸糞分析表	肥料
	17米人ケプロン氏日本農業弁	その他
	18牧牛手引草	畜産
	19牧羊手引草	〃
	20牧畜試験録	〃
	21勧業寮月報	農事報告
	22廻議簿冊	その他
	23農政垂統紀	〃

典拠：大日方純夫他編『内務省年報・報告書』2、（三一書房、1983年、122～123頁）より作成。

3『独逸農事図解』は、明治六年のウィーン万国博に参加した文部省の田中芳男が持ち帰り、お雇い外国人のオランダ人ファン・カステールが訳出した、耕種・牧畜から農産製造にわたる解説図である(38)。4『アレン氏牧牛法』は、「米国牧牛家ノ実境」を伝えるため鳴門義民が訳出し、明治九年六月発行の勧業寮編『勧業報告』九号に『米国リューヰス、エフ、アレン氏牧牛書』として収録された(39)。『勧業報告』とは勧業寮が諸業の重要な事柄を収録して刊行したもので、第一号は明治七年一二月に刊行され、製茶・製糸に関する記事が掲載された(40)。5『外国蔬菜栽培法』（鳴門義民訳）は明治九年七月に『勧業報告』一一号として頒布された『外国蔬菜類栽培並調味法』と同じ書と思われ、「英国ジヨンソン氏ノ農書並ニヒル氏ノ調味書等ヨリ抄訳」したものである(41)。

表2-16の脱稿6～17も翻訳書であるが、現在、確認できない書が多く、『勧業報告』の中に収録されたものもあるのかもしれない(42)。18～23は勧業寮等が編纂した書である。

以上、明治八年度に刊行・脱稿された書の中で最も多いのが牧畜関係書（4・6・7・18・19・20）である。鳴門の「農業書編輯伺」に「禽獣畜育」に関する農書は極めて疎略であると記されたように、前近代日本において牧畜業は欧米に比して低調で、これに関する書籍は乏しく、洋書に頼らざるを得なかったのである。勧業寮は牛馬羊を畜養し府県に貸与して蕃殖を促すとともに、明治八年には下総牧羊場と取香種畜所を開設した（両所はのち合併して下総種畜場と改称(43)）。18はこれらの勧業寮支庁の生徒牧夫のために、勧業権助の岩山敬義が自らの欧米における牧場での体験を記したもので、19は牧畜業を始める者のために、下総種畜場がその経験を摘記し、「四時の飼養より通常の治療を併せ」て記したものである(44)。このように勧業寮が牧畜業に力を注いだことも牧畜関係書の発行を促した要因であろう。さらに明治六年から牛の疫病が流行したため、政府は九年二月に疫牛処分仮条例を発布し、ニューマン『牛病新書』等を頒布した(45)。疫病流行が家畜医療書の刊行を急がせたのである。

牧畜関係書の次に商品作物（蔬菜、煙草、茶等）に関する書が多く編集された。『外国蔬菜類栽培並調味法』は、日本に伝来した外国蔬菜類が普及しない状況を打開するため、イギリス農書から甜菜・ハボタン・ニラ・芥子等の栽培法と調理法を掲載し、農家の参考に供した書である(46)。明治四年の「田畑勝手作」許可以来、適地適作を主旨とした商品作物栽培が奨励されており、『外国蔬菜類栽培並調味法』の刊行もこの流れの一つであると思われる。

以上のように勧業寮は農業集成書編纂と並行し、農牧業の参考として個別に農書を刊行した。この中で洋書の翻訳書が多い理由は、勧業寮が農書編纂開始当初から日本になじみの薄い欧米の知識・技術を紹介するため、それらの書籍の翻訳・刊行を優先したからであろう。一方、和農書は刊行することよりも、農業集成書の材料として既刊書を収集することに重点が置かれたようである。

さて、表2-16には、23『農政垂統紀』（明治一〇年刊行）という農政史を記した書が一点あり、牧畜や植物栽培法等を記した農書が多い中、異彩を放っている。この書を編纂したのは織田完之と高畠千畝（勧業寮一一等出仕、のち勧農局三等属）である。『農政垂統紀』の発行意図を明らかにすることは、明治期の農書編纂事業の全体像を追究するうえで重要であると思われる。そこで次項では『農政垂統紀』を分析する前段階として、織田が明治九年に著した『勧農雑話』の内容を探り、織田の農業観と勧農構想を明らかにする。

2　織田完之と『勧農雑話』の刊行

筑波常治氏が「農書の歴史における最大の功労者ではあるまいか」と述べるように[47]、近代日本において近世農書の発掘、刊行に貢献したのは織田完之である。また、小野武夫氏は、明治初期の農学界には一団の尚古派が存在し、そのうち、明治初期から中葉に至る間にみられた皇室中心の農政史派の一人として織田を挙げている[48]。

天保一三年（一八四二）、三河に生まれた織田は、後に松本奎堂（天誅組を組織した人物）に師事し、勤王を説き国事に奔走した。維新後は明治二年六月に弾正少巡察、一〇月に若松県権少属、四年一一月に大蔵省記録寮一三等出仕、七年三月に内務省勧業権中属に任じられ農務課勤務となり農政に携わった。一〇年一月に内務省五等属となり勧農局勤務、一四年四月には農商務省四等属となった(49)。また、明治八年に農家における備荒貯蓄法を説いた『農家永続救助講法』、九年に『勧農雑話』、一〇年に『農政垂統紀』、一三年に『農家矩』等を著すとともに佐藤信淵の著作を刊行し、農商務省では『大日本農史』『大日本農政類篇』等を編纂した。

『勧農雑話』は、第二章第二節で触れたように織田が明治八年八月から三ヶ月間、「植物調査」のため武甲相州に出張し、「三国歴覧中、感触」したところを記した書である(50)。三章構成で第一章では農業の現場を理解せずに農家を批判する官員を非難するとともに、農家に対し、作物に重要な土質・肥料等を説き、農書の必要性を主張した。第二章では非常時に備えた積み立て（積金法）の重要性を説き、第三章では農家の心得を記した。

織田は『勧農雑話』の序で、「余到ル所、眼ヲ田家ノ実況ニ注キ、……頗ル農家ノ疾苦ト其営為ノ情実トヲ審ニスルコトヲ得タリ」と記し、次のように述べた（傍線筆者）。

> 余ガ感慨何ゾ已ムベケンヤ、蓋シ此間、都華ニアリテ士君子ノ思フ所、①几上ノ理論トハ自ラ同ジカラザル者アリ、春ハ扶食ノ足ラザルニ苦ミ、夏ハ蚊帳ナクシテ蚊遣ノ為ニ深夜ヲ過ギ、精神恍惚トシテ翌日ハ耕作ノ気力ニ乏ク、秋冬ハ防寒ノ手当モナク、僅ナル収穫ハ皆豪富ニ呑嚙セラレテ流離顚沛セントスルノ情況ヲ察スルニ、之ヲ知識ノ開ケザルト云ンカ、将貧スレハ鈍スルト云ンカ、果シテ斯ノ如キ艱困ノ極ルニ至テハ、智アルモ愚ナラザルヲ得ズ、仮令愚ナルモ衣食足ラバ、誰カ智ノ磨クベク愚ノ耻ヅベキヲ知ラザランヤ、……到ル所農談ヲナスノ間、農事ヲ勧励スルハ、何レヲ先トシ何レヲ後トシ然ルベキヤヲ熟察スルニ、先其好ム所ニ従フヨリ早キハナシ、其好ム所ニ反スレハ民従ハザルノ理ナリ、②西洋諸国ニ於テモ民ノ性ニ従テ敢テ権利ヲ妨ゲザル法ヲ設ケ、民益ヲ勧ト云リ、今夫高尚ノ論ト珍奇ノ説トハ都人ノ口ニハ膾炙スルモ、僻郷農家ノ意ニ反戻スレハ物産蕃殖ノ媒介ヲナスニ足ラズ、却テ農家ヲ懲シムルニ過ズ、コレ今日ノ通患ナリ、

織田は三ヶ月間の実地調査において農家の困窮を肌で感じ取り、衣食が不足している状況で、農民を「知識ノ開ケザル」、「貧スレハ鈍スル」等と評することは不当であると訴えるとともに、自分の主張は「几上ノ理論」(傍線①)と異なることを強調したのである。

『勧農雑話』について、斎藤之男氏は実地調査において学術と実際の遊離を痛感した織田が「几上ノ理論」である泰西農学の排斥と在来農書の実益を語ったと述べ、三好信浩氏は、右の傍線②の部分を掲げ、「西洋農学批判の言辞があらわれる」と述べている(51)。後に尚古派農政官僚と評された織田が、視察の結果、西洋農学を机上の理論と認識し、これを排斥、または批判したとの見解は大変わかりやすい。

しかし、傍線②の前半は、農業奨励の近道は農民の意思を尊重することであるという織田の主張を援用するため、西洋の事例を掲げたところである。一方、後半の「今夫」以下は、農家の意に反すれば「高尚ノ論ト珍奇ノ説」は物産繁殖の手段とはならず、農家を懲らしめてしまうとの主張である。織田はこの「高尚ノ論ト珍奇ノ説」と傍線①の「几上ノ理論」とを同じ意味で使用していると思われるが、これらは西洋農学を指すのであろうか。実は『勧農雑話』の中に織田が直接的に西洋農学を否定する文言はみられない。織田が「高尚ノ論ト珍奇ノ説」により「農家ヲ懲ラシムル」実例として挙げたのは、当時、政府が力を入れていた桑茶育成策なのである。織田はある官員の言葉を次のように記した。

ア、今ノ農家ハ実ニ開ケス、只管旧慣ニ拘泥シテ迂闊ナリ、新利ノ植物ヲ喜バス、晏然トシテ蘿蔔ヲ植、米麦ヲ作リ綿麻ヲトリ自ラ以テ足レリトシ、更ニ国益大利ノモノヲ作ルノ気力ナシ、頑固トヤイハン、蒙昧トヤイハン、既ニ桑茶ヲ植ナガラ、ヤガテ之ヲ抜去ノ類、段々相見ユ、実ニ嘆息ニ堪ヘズト

これに対し、織田は農家が頑固蒙昧なのではなく、この官員こそ迂闊であり農家の実際を知らないと非難する。そ

して農家が桑茶栽培をやめてしまうのは、利益があがるようになるまで時間がかかり、この間、家族を養うことができないからであると主張する。そこで打開策として政府による資金貸与や収穫物の買い上げを提案した。

織田は、農家の心得を述べた第三章で、「軽躁ニ目ガクラミ失敗シテ後悔先ニ立ザル」例として掲げたのは次のような桑茶栽培の話であった。

「桑茶ガ一番ノ国益ジヤ」「夫桑ヲ栽ヨ、ヤレ茶ヲ蒔ケヨ」と、大金となる桑茶のために「上田上畠」での米作等をやめ、「桑ノ性ハ砂ヲ好ム由ト、借金ヲ質ニ置キ、「エイサ」「モッサ」ト砂ヲ」田畑に入れ込み、「滅多ヤタラニ桑茶ヲ」植えた。その結果、茶には毛虫がついてしまったが桑はよく育ち、十分に蚕種紙を仕込むことができた。ところが、蚕種紙の時価が下落してしまって狼狽転倒。破産した後、せっかくの良田畑は砂利を入れたために買い手もつかず、茶畑は枯れ、毛虫を除去する方法も知らず、どうすることもできなかった。

以上の桑茶栽培の話は特殊な事例ではなかった。第一部第二章で述べたように、勧業寮のトップである勧業権頭の河瀬秀治も熊谷県令時代（明治六～七年）に桑の植え付けを奨励していた（第一部第二章第一節）。国益増進のため推奨された桑茶栽培は、実際には農家を苦しめる場合もあり、これを織田は「几上ノ理論」の一つとして批判したのである。すなわち、織田がいう「几上ノ理論」とは西洋農学を指すのではなく、現場の状況を無視した理論のことであり、桑茶栽培による輸出増進策も現場の事情を無視して農家を苦しめれば「几上ノ理論」なのである。

3　織田完之と『農政垂統紀』の刊行

『農政垂統紀』は神代から後一条天皇の時代までの農政史を記した書で、農業史ではなく農政史であるところに織田の真意が込められている。小野武夫氏は『旧典類纂田制篇』を編纂した横山由清とともに、織田の『農政垂統紀』

『大日本農史』『大日本農功伝』『大日本農政類篇』について、「明治維新の革命源流たりし王政復古思想の余沫を汲む尚古農学派を形成するもので」、「封建制度を打倒し新政を建てたる維新後には当然出現すべく必要なるものであった」と記し、『農政垂統紀』が『神皇正統記』とよく似ており、『大日本農史』が水戸学の『大日本史』を大いに偲ばせると述べている[52]。本項では小野氏の指摘を踏まえ、『農政垂統紀』と王政復古思想の関連について留意し、編纂の背景や意図について掘り下げていくこととする。

『農政垂統紀』が刊行されたのは明治一〇年であるが、まだ草稿の時に右大臣岩倉具視の目にとまり、宮内卿徳大寺実則に渡って明治天皇の「叡覧ニ供シタリシニ、叡感アリトテ宮内卿ヨリ岩倉右大臣へ回答」があった[53]。その後、九年六月に織田による跋文が記され、七月に勧業権助岩山敬義が内務卿大久保利通に進呈、一〇月に大久保の序文を載せ、一〇年一二月に刊行され、太政官にも提出された[54]。このように『農政垂統紀』は、天皇に閲覧されるとともに内務卿の序文を載せ、太政官に進呈されるという、特別扱いを受けた農書であった。

明治九年七月に岩山は『農政垂統紀』を大久保に進呈する際に記した「進農政垂統紀議」で「垂統之名。万意有リ」と述べている[55]。織田が影響を受けた佐藤信淵は「垂統とは、其創めたる事業を子孫世々衰ずして永続させるを云ふ」と記している[56]。つまり、『農政垂統紀』は天皇・皇族による農政が神代より後一条天皇まで代々継承されてきたことを記した書であり、第一巻は「天祖天照太神」が「国ヲ立テ千五百秋瑞穂ノ国ト曰フ」から始まり、最終の第四巻は後一条天皇が民を労い、役夫を休ませた安寧の時代を描いて結んでいるのである。後一条天皇で終わるのは、織田が凡例で述べるように「此ヨリ以還。驕奢流弊。皇道陵替。遂ニ天下人心ヲシテ。悉ク朝廷ヲ離レ武門ニ帰セ使ルヲ。故ニ天祖以来農政之美ノ如キ。其史策ニ徴スベキ者。殆ト希レ」であったからである。

明治一〇年に織田が著した『農業沿革録』には「嚮ニ農政垂統紀ヲ編シ、天祖ノ農政ヨリ筆ヲ起シ、後一条帝ノ崩スルニ至テ筆ヲ閣スルモノハ、竊ニ寓意ノアルアリテ然ル也、茲編（『農業沿革録』のこと―筆者註）ハ農政已矣ト雖トモ、農業ハ時勢ニ随テ沿革ナキ能ハス、是ヲ以テ更ニ天祖時代ノ農業ヨリ筆ヲ起シ光明帝（孝明天皇のこと―筆者註）嘉永二年ニ筆ヲ止ム」と記している(57)。つまり、織田は「農業」は天祖より続くが、「農政」は後一条以降に衰退したと考えた。それが『農政垂統紀』に込めた織田の「寓意」なのである。

この考え方は佐藤信淵から影響を受けたと思われる。佐藤は「日本は皇大神天降て君臨し給たる皇葉なれども、此荘園を賜りたるが衰微の基原と為て、国土も人民も皆皇家を離去りて、永く覇者の有と為れり、北畠親房云く、中古荘園を多く立られて、不輸の地出来たるより乱世とは成りたると、信に然り」と述べた。さらに佐藤は、陽成天皇の時代に「荘園を賜事始りて、大に国家の禍根と成れり」と、荘園の発生・発展により君臣は華美となり、財用不足は悪政を招き、民衆は皇家を嫌って武家に帰すこととなり、後朱雀天皇（後一条の次代）の「寛徳元年の暮に、荘園停廃の宣下」があったが、「間も無く、翌正月天皇俄に崩じ、其事遂に止に至れり」と述べた(58)。織田も荘園制を悪政の源とみなし、後朱雀天皇による「荘園停廃」の試みが無効となったことを一つの指標とし、これより前代の後一条天皇までを善政＝農政が続いた時代と捉えたのであろう。

織田が農政の中古衰微という考え方を強調した第一の意図は、明治政府において農政の正統性と重要性を強調しようとしたからである。織田は、明治維新は王政復古であるが、「今ハ人情新奇ヲ好ムヲ以テ、軽薄人ハ復古ノ字ガキラヒテ、只日新日新ト有頂天ニナリテ復古ノ意味ヲ解スル人殆ド稀也」と嘆き、「復古トハ天祖以来四海一家、専ラ農政ヲ主要トセラレ、衣食済生万物以テ亨リ、人類益蕃息、慈雨ノ下ルガ如ク、覆載ノ恩、何ヲ以テカ報酬スルコトヲ得ン」と主張し、中古以降に衰微した農政を維新の王政復古により挽回しようとしたのである(59)。織田が『農政垂統紀』の執筆構想を練っていたと思われる明治七年は、誕生したばかりの内務省の中で、勧業寮は少額予算に縛られ事業拡張を阻まれていた。織田は『農政垂統紀』を執筆し、農政の正統性と重要性を強調することにより、勧農事業の充実と拡大をはかったのかもしれない。そのためには明治天皇の「叡感」を得て、その書を太政官に提出するということは有効な手段であったろう。

農政が中古(中世)以降に衰微したという考え方は、第二章第一節でも述べたように「上書勧農寮設置」にも記されていた。また、明治四年に伊地知正治は「我が朝、神代以来、世々農政の大事は征戦と共に人に抱ね給わず、御実行これあるは、古史に日月の如くなり。然る処、中葉以来右の御美政相廃れ、就中覇政に至りては、租税定則なく、勧農其の法を得ず。……幸い、列神の冥鑑を以て、王政復古の御盛時、……第一万民をして真に王民の域に至らしめ給うこと、至極の急務と存じ奉り候間、十分農政御振興の議に御座候わば……」と、衰微した農政を王政復古を機に振興しようと主張していた(60)。すなわち、政府内には中古以降に衰微した農政を王政復古とともに挽回するという考え方が存在しており、これを織田が詳細な事例をもとに『農政垂統紀』として、より説得力のあるものにまとめ上げたのである。

織田が農政の中古衰微という考え方を強調した第二の意図は農政官の教化の必要性を訴えた点にある。織田が『勧農雑話』において講読を勧めた佐藤の『草木六部耕種法』では、「農政の衰微せしより、貴人に耕作の学を講じて百姓を教へ、稼穡を勉強せしめて国家を富実せんことを欲するもの無く、士民百姓等も亦国政の緩怠るを幸として、大抵皆な安佚を楽み遊惰に耽り……、何れの国も貧乏百姓のみ極て多くして、富饒なる村里あること鮮し」と述べられている。織田は佐藤の著書から中古以降の農政衰微と貴人(役人)の農政不勉強の部分を抽出し、維新後(王政復古後)の農政官の教化に活用しようとしたのである(61)。織田は『勧農雑話』において、農業の実際を知らない迂闊な官員を非難しているが、これらの官員をそのままにしておくわけにはいかなかった。このため『農政垂統紀』において上代における理想の農政時代を描いて、迂闊な官員に対して農政の模範を提示するとともに、『勧農雑話』において農業の現場を理解することの重要性を説いたのである。

第三の意図は農民の地位回復と農民の勉励にある。明治初年における農民蔑視の記述は政府関連の文書にも散見される。例えば明治五年、大蔵省勧農寮の廃止に反対した左院は、明治初年の農民を「頑固愚蒙ノ民」と記し、政府が教導する必要性を説いた(62)。また、「上書勧農寮設置」には、中世以降、「農政ニ至リテハ之ヲ講究スルモノ少ナク、挙テ之ヲ農夫ノ自然ニ任セ農夫狭眼微力、僅ニ伝来一家ノ産ヲ孤守シ、亦他ニ良法美産アルヲ不知、遂ニ農家赤貧、常ニ人ノ蔑視スル所トナル」と述べられていた(63)。さらに『勧農雑話』には、「朝廷ニ於テ農政ノ世話衰テヨリ千有余年、武家ノ世トナリテ以来ハ只百姓ハ犬猫ノ如クニ見下タサレ卑屈風ヲナシ」と記された(64)。

織田は武家の世となり犬猫のように見下された農民の地位を、王政復古における農政復活とともに挽回しようと考えた。そして、明治一一年に『勧農捷径』を著し、「宝トハ田ノ力ニシテ生ルノ義ニテ稲ヲ指テ宝ト云フ、依テ其稲ヲ作レル百姓ヲ呼デ、オホンタカラト云フ」と、百姓は古代では御宝であったと説いた(65)。織田は農民の地位を向上させて、農政官たちの認識を改めさせるとともに、農民にも発憤を促したのである。このためにも『農政垂統紀』を著し農民が御宝として大切にされた理想の農政時代を描くことが必要であった。織田は、中世以降に衰微した農政を復活させることが、近代日本における政府の役割であると主張したのである。

内務省勧業寮は農業総合書を編纂しようとしたが、参考とされたのは和・漢・洋の書物であり、ここに西洋を偏重する姿勢はみられない。また、従来より西洋農業を否定したといわれていた織田は、農業の現場を無視した農法を否定したのであり、西洋農業を否定したわけではない。そして、織田は『勧農雑話』において農事勧奨の際には民意にしたがうことが重要であると説き、この考えを援用するために西洋においても民意を尊重している事例を述べた。この民意重視の考えは勧農局期において西洋の農業制度を施行していく際にも留意されていくのである。

註

(1) 農林省編『農務顚末』五、一九五六年、一二六二〜一二六六頁。
(2) 大日方純夫他編『内務省年報・報告書』二、三一書房、一九八三年、一一〜二〇頁。
(3) 明治八年度データを採用したのは、各種別とも九年度と大差がないこと、九年度には勧農局(明治一〇年一月設立)の数値が含まれてしまうためである。
(4) 岩間泉「明治前期における勧農政策と果樹作」(『中国農業試験場報告』C、農業経営部(通号二三)、一九七八年三月)。
(5) 『農務顚末』五、一〇七二〜一〇七三頁。
(6) 『農務顚末』五、一〇七二〜一〇七三頁。同所では果実のほかにも、蔬菜や筍、鳥獣魚肉の貯蔵試験が行われるとともに、ジャムが製造された(『内務省年報・報告書』三、三四〜三五頁)。
(7) 大日本山林会編『田中芳男君七六展覧会記念誌』大日本山林会、一九一三年、一八頁。
(8) 日本史籍協会編『大久保利通文書』四、一九二八年、四五六、四七五頁。
(9) 『農務顚末』一、三三七〜三三九頁。
(10) 『農務顚末』五、一〇七一〜一〇七二、一〇八〇〜一〇八二頁。
(11) 『農務顚末』三、二二九頁。
(12) 『農務顚末』一、三八八〜三八九頁。同五、一〇八二〜一〇八四頁。

(13)『農務顚末』一、三三六頁。
(14)『農務顚末』一、五〇三〜五一三頁。
(15)『農務顚末』三、五〜九頁。
(16)『内務省年報・報告書』三、二九〜三一頁。
(17)『農務顚末』六、四五五〜四五六、八五二頁。
(18)『農務顚末』六、四五六〜四五九頁。小笠原島庁編『小笠原島誌纂』一八八八年、三三四頁。
(19)「本省事業ノ目的ヲ定ムルノ議」(『公文録』明治八年一〇月、内務省伺二、国立公文書館蔵)。
(20)『農務顚末』六、一一〇〜一一一頁。
(21)『農務顚末』五、六〇〇〜六〇三頁。『農務顚末』収録史料が全勧農局員の調査を網羅しているわけではないが、本史料を概観することにより、国内農業調査についての傾向を見出すことは可能と思われる。
(22)『内務省年報・報告書』二、三五〜三六頁。同三、四二〜四五頁。
(23)『農務顚末』五、六六〇〜六六二頁。
(24)「普通農事誌」(「埼玉県誌資料」埼玉県、一九一二年(埼玉県教育委員会編『埼玉県史料叢書』八、明治期産業土木史料、一九九六年、八一頁))。
(25)吉川秀造『士族授産の研究』有斐閣、一九四二年、一二二頁。
(26)「奥羽地方等ノ荒蕪地ヲ士族へ無代価割与伺」(『公文録』明治七年八月、内務省伺一)。
(27)大久保の東北開発意見書には、明治九年六月一三日「岩倉公への上申書」(前掲『大久保利通文書』七、一五三〜一五四頁)や、同月二四日「岩倉公への上申書」(『大久保利通文書』七、一六五〜一六七頁)がある。

(28)　筑波常治『日本の農書』中央公論社、一九八七年、Ⅰ章。
(29)　『農務顚末』六、六七七〜六八〇頁。ヘンリー・ステファン『斯氏農書』は「「ヘンリースチーフェン」ノ農業全書」と記されている。
(30)　「農商務省・農商務属織田完之外二名新叙ノ件」(『明治二十五年官吏進退』二二、叙位一三、文部省、農商務省、国立公文書館蔵)。織田は明治四年に『農政本論』、六年に『培養秘録』等を校閲して刊行している。
(31)　遠藤正治『本草学と洋学』思文閣出版、二〇〇三年、一一四頁。
(32)　佐藤、大蔵とも「農業の成り立つ原理を水・土・油・塩の四元素で説くこと」で一致していたが、この知識源も蘭学であった(徳永光俊「近世農書における学芸」、同、解題(『農稼肥培論・培養秘録』日本農書全集六九、農山漁村文化協会、一九九六年、一七、三九八〜四〇一頁))。
(33)　天野元之助『中国古農書考』龍渓書舎、一九七五年、二一三、二八三〜二八五頁。
(34)　本節における佐藤信淵の農書の扱いについて一言断っておこう。子安宣邦氏は佐藤を「剽窃した素材をまとめて一個の議論に仕立てる天才」と述べているが、「多岐にわたる著述を変動しつつある時代の要求に応えて生産しえた信淵は、やはり一個の偉才というべきであろう」とも評価した(「平田篤胤の世界」(相良亨編『平田篤胤』日本の名著二四、中央公論社、一九七二年、六九、七一頁))。また、羽仁五郎氏は佐藤の農書の大部分が中国の農書の翻案より成っている点を指摘し、『草木六部耕種法』巻一六は『農政全書』と全く同趣であると指摘した。これに加え『農政本論』は同時代の日本の農政書等を書き改めた編纂物であり、佐藤の『天柱記』等における宇宙体系論の歴史記述は、オランダ訳官の吉雄俊蔵がオランダ天文書を訳した『遠西観象図説』の引き写しであることも明らかにした。従来、信淵の著書には佐藤家が代々継承したものを信淵が大成したものもあると述べられているが、これに対して羽仁氏は「少くともその一部分または半ばは信淵の観念的製作である」と結論した（『佐藤信淵に関する基礎的研究』岩波書店、一九二九年、九三、一〇五〜一一六頁）。本節では佐藤の著書について和漢洋書から知識を摂取して自著のごとく仕立てたことについては問題視せず、同時代の知見を佐藤なりに集大成した一作品としてみなすこととする。また、佐藤家学の一つとして信淵の実父名等で著された書についても、羽仁氏の指摘を踏まえ、信淵の書として取り扱う。また、佐藤の歴史記述と現代史学が明らかにした事実とは齟齬があるが、これに関しては問わないこととした。

(35)『農務顚末』六、六八〇〜六八一頁。農商務省編『大日本農史』下、博文館、一九〇三年、一五四頁。

(36)ヘンリー・ステファン『斯氏農書』一〜六四、勧業寮、一八七五〜一八八四年。斎藤之男『日本農学史』農業総合研究所、一九六八年、五三〜五七頁。斎藤氏は『斯氏農書』から農業集成書作成が着想されたのかもしれないと述べている。

(37)『大日本農史』下、一九五、二〇一頁。

(38)『大日本農史』下、一七七頁。

(39)リューイス・エフ・アレン『米国リューキス、エフ、アレン氏牧牛書』（勧業寮編『勧業報告』九、上・下、穴山篤太郎、一八七六年）。

(40)同右『勧業報告』一、一八七四年一二月。

(41)同右『勧業報告』一一、一八七六年七月、一一頁（『外国蔬菜類栽培並調味法』は農林水産省農林水産技術会議事務局蔵本を確認した。この書は滋賀県に頒布されたものである）。

(42)このうち7『牛病通論』は明治一一年に刊行された。10、14については『岩山敬義報告理事功程』中に、「英国サレンシストル農学校大意」「英倫農業会社」が含まれており、これらが刊行されたのかもしれない（『岩山敬義報告理事功程』明治八年四月、国立公文書館蔵）。
(43)『内務省年報・報告書』一一、三〇〜三五、一一六頁。
(44) 加藤懋他編『重修牧牛手引草』農商務省農務局、一八八四年。後藤達三編『牧羊手引草』内務省勧農局、一八八一年。
(45)「疫牛処分仮条例」（『法令全書』明治九年二月、内務省達乙第二〇）。『牛病新書』は勧業寮が刊行した書ではなく、柏原学而が訳し、明治七年に英蘭堂より刊行されたものである。
(46) 前掲『外国蔬菜類栽培並調味法』。
(47) 前掲、筑波『日本の農書』二一二頁。
(48) 小野武夫「日本農業史序説」（高橋亀吉他編『日本経済史』経済学全集三一、改造社、一九三〇年、三一二頁）。
(49) 織田雄次編『鷹洲織田完之翁小伝』一九二九年（農林省編『大日本農政史・大日本農政類編』文藝春秋、一九三二年）。前掲「農商務省・農商務属織田完之外二名新叙ノ件」。松尾正人氏は、織田が若松県権少属の頃に県内を巡察し、農村の窮状を直視した結果、農政へ傾倒していくと述べている（松尾正人「農政史家織田完之と若松県政」（『福島史学研究』復刊二七・二八、福島県史学会、一九七九年一一月）。
(50) 織田完之『勧農雑話』一八七六年、序、一丁。
(51) 農業発達史調査会編『日本農業発達史』九、中央公論社、一九五六年、五二頁。三好信浩『日本農業教育成立史の研究』風間書房、一九八二年、二五五〜二五六頁。
(52) 前掲、小野「日本農業史序説」三一二頁。『農政垂統紀』では、記事の典拠として『日本書紀』『古事記』『続日本紀』『古語拾遺』『日本後紀』『文徳実録』『類聚国史』『三代実録』『大日本史』（文中表記は『日本史』）『農政本論』『成形図説』等が掲げられているが、『大日本史』からの引用が多い。

(53)『大日本農史』下、一二三七頁。
(54)勧農局編『農政垂統紀』一、四、有隣堂、一八七八年。『農政垂統紀』が刊行されたのは明治一〇年であるが、本節では国立国会図書館蔵の有隣堂版(明治一一年刊)を使用した。前掲、織田『鷹洲織田完之翁小伝』一六頁。「農政垂統紀上呈」(『公文録』明治一〇年一二月、内務省伺一)。
(55)同右『農政垂統紀』一、進議。
(56)佐藤信淵『経済要略』(滝本誠一編『佐藤信淵家学全集』中、岩波書店、一九二六年、二七八頁)。
(57)織田完之『農業沿革録』一八七七年、凡例(「祭魚洞文庫」流通経済大学図書館蔵)。
(58)佐藤信淵『農政本論』初編上、同「済四海困窮建白」(前掲『佐藤信淵家学全集』中、四一、四三、六一七頁)。
(59)前掲『勧農雑話』第一章一〇〜一一丁。
(60)「勧農建言書」(西郷隆盛全集編集委員会編『西郷隆盛全集』三、大和書房、一九七八年、一六〇〜一六一頁)。この建言書の署名は伊地知であるが、筆跡は西郷隆盛とされている。
(61)佐藤信淵『草木六部耕種法』(前掲『佐藤信淵家学全集』下、三三二頁)。
(62)「勧農寮正算司廃止ノ儀伺」(『公文録』明治五年一〇月、大蔵省伺一)。
(63)前掲「上書勧農寮設置」。
(64)前掲『勧農雑話』第一章一〇丁
(65)織田完之『勧農捷径』一、一八七八年、第一章(前掲「祭魚洞文庫」)。佐藤の『培養秘録』にも、古来、百姓を「国の御宝と称して、世々の明君及び賢能なる忠臣は、懇到至誠を尽して愛養撫育すること、子の如くに心得て治ること国家の大法なり」と記されている(佐藤信淵『培養秘録』一(前掲『佐藤信淵家学全集』上、三三八頁))。

おわりに

第一章では内務省勧業寮について、明治六年(一八七三)末の構想段階から一〇年一月に勧農局に縮小されるまでの期間を、勧業経費の問題、内務卿大久保利通の農工商勧奨構想、会社政策と勧商局の設置、内務・工部省合併問題等を検討しながら分析した。

勧業寮は一等寮として華々しくスタートしたかのようにみえたが、発足から一年半の間は基本的に大蔵省の勧業政策を継承し、これを進めるだけで、新規事業には着手できずにいた。その原因は佐賀の乱や台湾出兵等の内乱外征と、これに関わる大久保の不在(強い政治力の不在)と臨時出費、節倹の達等による予算制限である。これらに加えて勧業寮が設立当初から抱えていた問題もある。まず第一に勧業資本金である。勧業寮は基本的には大蔵省勧農寮(のち租税寮勧業課)が勧業資本金を中心に運営していた業務を継承した。ところが大隈重信が内務省設立に際して勧業資本金を一般歳入に組み入れてしまったため、内務省勧業寮は省務を開始するにあたり、財源確保から始めなければならなかった。一躍一等寮となった勧業寮であったが、勧業諸費の経費額が前年度並みに抑えられたため、大蔵省租税寮の一課にすぎなかった勧業課の業務を拡大することができなかったのである。第二に勧業寮は設立直前まで勧農寮として計画されていたため、工商政策の構想は貧弱であり、また工部、大蔵省との業務移管の調整も十分ではなく、この結果、農に比して工商の事業が遅れる結果となったのである。

さて、明治六年末に正院制度御用掛で内務省の一寮として勧農寮の設置が構想されている時に、左院商法課でも会社業務に関する規則不備を解消し、商業を振興するため、内務省に農工商の統轄機関を設置することが考えられていた。これが大久保内務卿にも影響を与えたのか不明であるが、内務省に設置されたのは農工商三業を総合的に勧奨することを目的とした勧業寮であった。また、七年三月に制定された勧業寮事務章程に記された具体的商務は、左院商法課が問題とした会社法規を考案することであった。一方、内務省設置以前に会社業務を担当していた大蔵省も引き続き会社政策を進め、会社法規の調査にも取り組んでいた。結局、内務省が会社政策の主導権を握り、海外直輸出会社の設立にも動きだしたが、資金面で難航し、大蔵省の準備金を融通して政策を進めることとなった。内務省では機構改革が検討され、九年五月に勧商局が新設されたが、この経緯については不明瞭な点が多い。実際にスタートした勧商局の業務は貿易関連に重点が置かれており、それらの事業資金の多くは大蔵省準備金から融通されることとなっていた。つまり、勧商局は内務省の海外出商政策を大蔵省と協同で遂行するために勧業寮から分離独立されたと考えられるのである。

大久保利通は内務省設置当初、勧業寮における農工商三業の総合的勧奨をめざしていたが、勧業寮が所管する工業部門は農産加工業に偏り、鉄道・鉱山等の主要工業は工部省に残存したままであった。その後、大久保が勧業寮一寮における三業勧奨を困難と判断し、従来の考えを改め、勧業寮を勧農・勧商・勧工局に三分割し、内務省内における三局による三業勧奨体制を構築することを想定したとすれば、勧商局設置は、その構想の第一歩と考えることができる。そして、第二歩として勧工局設置のために、内務省と工部省の合併（実質的に内務省による工部省の吸収）が企図されたのかもしれない。しかし、内務省強大化を危惧する木戸の存在等が障害となり合併は実現せず、反対に内務省の工務が工部省に移管され、この結果、勧工局は誕生せず、勧業寮は勧農局に縮小されたのである。勧業寮の設立当初からの目標であった農工商の総合的勧奨体制の構築はついに実現しなかった。

大久保内務省は、会社政策については大蔵省とのせめぎ合いの結果、国内の一般会社の管轄を勝ち取ることができたが、海外出商政策を進めるための貿易関係会社については、資金面で大蔵省の影響を受けることとなった。また、政府機構の改革に際しては冗費削減を理由に工部省を吸収しようとしたが、政府首脳の了解を得られずに挫折した。当然のことではあるが、大久保内務省の政策は他省（特に大蔵省）や閣僚とのバランスの上に成立しており、大久保が権力を行使して独裁的に政策を遂行したわけではないのである。

第二章では西洋農業制度の導入と国内外農業調査を扱った。大蔵省期の岩倉使節団派遣や万国博参加の成果は報書というかたちで残され、農業の重要政策として、農区、農業博覧会、勧農会社、農学校等が紹介された。これらの制度は、農作物や農具のように、すぐに植えたり、使用できるものではなく、導入前に制度の内容を理解し、国内への適否を判断する必要があり、制度の立案にある程度の時間が必要であった。したがって、勧業寮期は、これらの農業制度の実現に向けた準備期間であったといえよう。また、明治七年からスタートした勧業寮は政策を遂行するにあたり、国内外の農業事情を調査するために官員を派遣したり、府県に調査を依頼した。外国の調査先は清国が多く、文明開化期の西洋賞賛の風潮と、勧業寮の政策を同一視することはできない。さらに国内農業調査では、内藤新宿試験場で果樹栽培に従事していた町田呈蔵が、その栽培方法を老農から学ぼうとし、大久保利通が老農を農業教師として招聘しようとする等、勧業寮が在来農業も重要視していたことが判明する。

第三章では、勧業寮が実施した植物試験、農具導入・改良、農書編纂の三事業について分析した。大蔵省から植物試験を引き継いだ勧業寮は、外国種苗を府県に試験的に頒布したが、これらの研究史上の評価は極めて低く、無系統な導入、闇雲な頒布等と評されている。しかし、明治初年の植物に関する参考データがない状況では、その系統的な導入は不可能である。系統的＝順序だった計画的導入とは、参考データが存在するからこそ可能なのである。勧業寮の外国種苗頒布は、まず、全国各地のデータを収集することから始まった。その政策の第一段階が東京の内藤新宿試験場での試験、第二段階が日本各地での適性試験であり、各地域の寒暖乾湿等を考慮して試験が行われた。つまり、勧業寮の植物試験・府県頒布は、国内の気候風土を考慮する等、一定の方向性を持って実施されたのであり、無系統、ましては闇雲と評されるものではなかった。

農具導入・改良事業については、勧業寮農務課内に農具掛が設置され、西洋農具が輸入されるとともに簡便な国内農具が収集され、これら内外農具が模造された。事業を指導した大久保利通や池田謙蔵は西洋農業を在来農業改良の一手段と考えており、これを偏重するという姿勢はなかった。また、農具改良の目的の一つは各地に牛馬耕を普及させることであり、在来農業の現状を踏まえた池田は、高価で重厚な西洋農具に代わり、安価な西日本の農具を活用しようと考えた。池田の視線は西洋と在来の両農具に注がれていたのである。また導入地としては開墾地と一般の農地が想定されていたが、第三部で明らかにするように士族授産の緊要性が増すとともに前者に比重が置かれるようになるのである。

農書編纂事業の主要な目的は総合農業書を編纂することであり、この事業に伴い西洋農法を参考にするため翻訳農書が多く刊行された。この中では牧畜業と商品作物に関する書が多いが、それは、勧業寮が推進していた牧畜業が前近代日本において低調であり、欧米にその範をとるしかなかったこと、牛の疫病が流行し、その予防法が記された書が求められたこと、明治初年以来、適地適作が奨励され、その対象として外国植物が想定されたこと、輸出促進と輸入防遏のために製茶・製糖業が推進されたことに理由がある。また、勧業寮において農書編纂等を担当した織田完之は農政推進の理念を追究し、古代天皇の農政にたどり着いた。織田は、明治新政府が天皇を統治のシンボルとした以上、中古以前の天皇が実施した農政重視策を復活させ、中古以降衰微した農政を挽回すべきであると考えたのである。

そこで『勧農雑話』を著し、農政に携わる官員の教化の必要性、農民の地位回復等を説くとともに、佐藤信淵等の農書購読を推奨し、『農政垂統紀』を編んで天皇権威を利用して農政の正統性と重要性を歴史的に証明しようとしたのである。この農政の中古衰微という考え方は、すでに明治四年の伊地知正治の建言書でも表明されており、序論で記したように明治二三年に松方正義が明治政府の正統性を主張する際にも利用された。

勧業寮期の勧農政策の特徴を摘記すると、①欧米から農業制度を導入しようとしたが、まだ構想段階にあること、②農業調査は、設立されたばかりで未熟な勧業寮が国内外の農業情勢を把握するために行ったこと、③植物試験・頒布は、適地適作を実践するため各地の気候風土が考慮されて実施されたこと、④農具導入・改良は、在来農具を改良するため国内外を問わずに農具が収集され、畜力開墾の普及がめざされたこと、⑤農書編纂は、和・漢・洋書を参考に総合農業書編纂が進められるとともに翻訳洋書が刊行され、さらに『農政垂統紀』により天皇権威を利用して勧農の精神を強固にしようとしたこと、である。そしてこれらの政策に共通するのは、政策遂行にあたって西洋偏重がみられず、いずれも、国内農業が重要視されていたことである。

第三部　内務省勧農局期の勧農政策（明治一〇〜一四年）

はじめに

第三部では、明治一〇年(一八七七)一月に内務省勧農局が業務を開始し、一四年四月に農商務省農務局に、その業務が引き継がれるまでの勧農政策について分析する。各章では第二部を踏襲して、第一章では政治・経済的側面からみた勧農(勧業)政策の動向を分析し、第二章では農業制度の実施過程と国内外農業の調査について、第三章では植物試験、農具導入・改良、農書編纂事業について検討する。

まず、第一章では政府高官が抱く勧業(勧農)構想を中心に分析しながら、農商務省設立に至った経緯を分析する。明治六年末に内務省が設立され、内務卿大久保利通の下、同省勧業寮を中心に殖産興業政策が展開されたが、財政難に苦しむ政府は一〇年一月の地租軽減に伴う行政改革に際し、多数の官員を抱える勧業寮を縮小して勧農局とした。また、同年の西南戦争における不換紙幣発行を契機としたインフレーションにより財政難はさらに深刻化し、参議大隈重信が外債による不換紙幣償却を唱えたが、一三年六月に外債は不可とし、勤倹主義による財政改革を行うとの勅諭が下された[1]。こうした状況下に構想、設立されたのが農商務省であり、永井秀夫氏は農商務省の設立を「財行政整理の要請に基く殖産事業縮小の表現」と指摘した[2]。また、上山和雄氏は、明治一二〜一三年に政府の事業興起・資金貸与といった直接的勧業は、松方正義が著した「勧農要旨」を契機として、郡村段階までの勧業機構が一体となって農事会・農談会・共進会を奨励し、それを柱として「人民ノ自為独立」「競進ノ気勢」を創出する間接的勧業に転換しつつあったと述べ、この延長線上に農商務省設立を捉えた[3]。

これに対して安藤哲氏は、松方正義は大久保「民業」奨励の本流を継承したのであり、政策の転換ではなく、農商務省の設置は、これらの動きとは異質の政治的事情で設置されたと主張した(4)。また、勝田政治氏は、安藤氏の「継承」「発展」との評価も可能であるが、「勧農要旨」は大久保勧業論から明らかに後退しており、松方は大久保の民力要請論を継承しつつも、直接的勧業論から間接的勧業論への修正をはかったと述べた(5)。

最近では神山恒雄氏が、殖産興業政策を財政・金融政策面から検討し、大隈財政末期には資金を産業に直接供給して育成する方針(直接的勧業政策)から、資金を供給せずに民業を奨励する一方、民間への資金供給は金融機関整備で対応する方針(間接的勧業政策)に転換し、この契機となったのが「勧農要旨」であると述べ、工場払下概則制定とともに農商務省設置を勧業政策の転換とみている(6)。

このように「勧農要旨」以降にみられる勧業政策については、転換か継承か見解が分かれている。この点は農商務省設立を説明する際に重要なので、第三部の各章において考察する。その農商務省設立については「財行政整理の要請に基く殖産事業縮小の表現」という見方が定着しているようである。しかし、財政難が深刻化し、冗費冗官節減が求められる状況下、なぜ省局の吸収合併ではなく、一省卿の新設という結果となったのであろうか。また、農業を積極的に奨励しているフランスを模範とした農商務省を設置したこと、明治一四年四月の農商務省設立と同時に公布された事務章程に「殖産興業縮小」をあらわす文言が存在しないことからも、永井氏の見解には疑問が残る。

第一章では、右の問題意識をもって明治一〇年一月に勧農局が誕生してから、一四年四月に農商務省が設置されるまでの政府の勧業(勧農)構想を検討し、この特色を明らかにして、最終的には農商務省の設立理由を提示する。その際、内務卿大久保利通、内務省勧商局長河瀬秀治、大蔵大輔兼内務省勧農局長松方正義、参議兼開拓使長官黒田清隆、内務省勧農局五等属織田完之、そして地方官の勧業等に対する見解と、政府首脳が注視していた民権派の新聞・雑誌が主張する勧業論を比較検討しながら、参議の大隈重信、伊藤博文により農商務省設立に至った経緯を検討する。

続く第二、三章では農業制度と個別の勧農事業を分析する。高橋是清が「新たに出来た農商務省の官制を見ると、多分フランス官制の翻訳であったと思うが、その所管事務として発明専売、商標登録保護のことが規定されている」と語るように[(7)]、明治政府は西洋からモノや技術とともに、諸制度の導入も積極的に行った。そこで第二章第一節では、大蔵省期から内務省勧業寮期にかけて海外視察報告書や万国博報告書によって紹介され、内務卿大久保利通や伊地知正治等が検討した農区等の農業制度が、実際に施行されていく過程について分析する。この時期の農政について、荒幡克己氏が内務省期を大久保農政と松方農政の二期に分け、前者で勧業報告、農事通信制度等を、後者で農談会、農区制度等を分析しているが[(8)]、刊行史料を中心に実証しているところに限界があり、事業間の連関や制度の意味について深く追究されていない。本章では勧農政策における勧業諸会、農区、農事通信制度が互いに有機的に機能するように構想されていたことを明らかにする。

序論二で記したように、内務省の勧農政策の多くは西洋農業中心の無差別的直輸入政策であったと否定的評価を受けているが、それらの政策の中でも勧業諸会は例外である。清川雪彦氏は、共進会が技術普及等の点で多大な効果をもたらしたことを明らかにし、伴野泰弘氏は明治一〇年代の愛知県の農談会が、政策諮問、政策推進、改良技術発掘の三機能を持つこと、郡レベルの農談会が農民的・生産者的側面と行政的・統制的側面の矛盾を抱えていたこと等、重要な事実を提示した[(9)]。これらの指摘を踏まえ、第一節では勧業諸会や農区・農事通信等の設置経緯や、その連関について着目しながら、共進会・農事会(農談会)等の勧業諸会について検討し、それらの立案、施行過程を分析する。そして地域の一モデルとして、史料の残存状況が比較的良好である岐阜県の農事会を検討し、明治初期の政府の課題である、産業不振の打開、国民への勧業精神の扶植を実現するために、どのような役割を果したのか明らかにする。

第二章第二節では勧農局における国内外の農業調査を取り上げ、外国調査ではフランスを中心としたヨーロッパ農業の導入に力が入れられるとともに、輸入防遏を推進するため甜菜栽培や製糖業の調査が行われたこと等を明らかにする。また国内調査では農事通信開設前の農業篤志者の調査や、外国調査で得られた知識・技術を国内調査(技術指導も含む)に活用した事例を掲げるとともに、政府や県が着手した新事業の調査と、事業着手後の進行状況の調査等を分析する。

第三章では、第一節で植物試験事業、第二節で農具導入・改良事業、第三節で農書編纂事業について検討する。まず第一節では内藤新宿試験場と三田育種場の活動に着目し、勧農局の重要政策として展開された植物試験を中心に分析する。明治国家における財政の給源である農業を安定・発展させるため、政府は明治四年に、いわゆる「田畑勝手作」を許可し、近世における米穀栽培を重視した旧習を否定して適地適作を奨励した。この適地適作を推進するため、勧農局は日本各地の気候風土に適合する農作物を模索するとともに、稲作不適合地や未耕作地(荒地、傾斜地、農耕困難地等)に適する植物を移植し、地域産業を振興して国力を増進しようとした。これら植物試験の中心機関が内藤新宿試験場(以下、「新宿試験場」と表記)と三田育種場であった。本節では両場における植物試験の実態を明らかにするとともに、明治一二年に新宿試験場が廃止された理由を考察する。また、序論で述べたように、これらの事業は西洋植物の無差別または無系統な導入と評価されているが、この説についても再考し、修正を加えたい。

第三章第二節では勧農局における農具製造、府県等への貸与・払下事業、府県における西洋農具の使用状況について検討する。勧農局において農具製造を担当した勧植課農具掛は新宿試験場で西洋農具を試験するとともに各府県にも頒布し、その適否を確かめようとした。また、各府県から西洋農具の貸与申請が増加すると、これに応えるために内務省は東京府の三田に農具製作所を設立した。明治一二年三月にフランスから帰国した松方正義は、一般の農地と士族開墾地に西洋農具の導入を構想していたが、前者は漸次に施行、後者は急務と考えていった。この西洋農具の導入政策についても、先行研究は無差別な直輸入政策で失敗したと位置づけている。そこで本節では農具貸与・払下の動向や、松方等の構想を分析することにより、従来の説を再検討する。

第三章第三節では、勧農局期に農書編纂事業が停滞する理由と、編纂事業の中心人物であった織田完之の勧農構想について考察する。勧業寮が勧農局に縮小された後、同局は牧畜関係の翻訳書等は刊行するが、勧業寮期から続けてきた農業集成書の編纂事業はなかなか進展しなかった。本節ではその原因について、まず、織田完之の活動に焦点をあて、岐阜県農事講習場を視察した織田の復命書等から在来農業と西洋農業に対する見解を示すとともに、同場における農書の活用構想について検討する。その後、明治一二年にフランスから帰国した松方正義が農書編纂について提言するが、ここで松方が農書に何を期待していたのか明らかにする。そして、松方と織田の見解の相違等から農業集成書編纂の停滞要因を探るとともに、農政に携わった官僚たちが西洋農業のみに傾倒していたのか検証する。

最後に第一〜三章で提示した史実をまとめ、その時期的特徴等を提示するとともに、従来の研究史について次の三点について検討する。第一に上山和雄氏が提示した、松方正義の「勧農要旨」を契機として直接的勧業が間接的勧業に転換しつつあるとする点、第二に松方は大久保勧業を継承したのかという点、第三に勧農局期の政策は西洋農業中心の無差別的直輸入政策であったのかという点である。

註

（1）御厨貴「大久保没後体制」（近代日本研究会編『幕末・維新の日本』山川出版社、一九八一年）。

（2）永井秀夫『明治国家形成期の外政と内政』北海道大学図書刊行会、一九九〇年、二五九頁。初出は「殖産興業政策論」（『北海道大学文学部紀要』一〇、一九六一年一一月）。

（3）上山和雄「農商務省の設立とその政策展開」（『社会経済史学』四一（三）、一九七五年一〇月）。

（4）安藤哲『大久保利通と民業奨励』御茶の水書房、一九九九年、八八頁。

（5）勝田政治『内務省と明治国家形成』吉川弘文館、二〇〇二年、二五九頁。

（6）神山恒雄「殖産興業政策の展開」（大津透他編『岩波講座日本歴史』一五近現代一、岩波書店、二〇一四年）。

（7）高橋是清『高橋是清自伝』上、中公文庫、一九七六年、一八四頁。

（8）荒幡克己『明治農政と経営方式の形成過程』農林統計協会、一九九六年、第二章。博覧会、共進会、農談会、農事会、勧業会等を区別すると、博覧会は物産総合展示会、共進会は物産限定展示会または地域限定展示会で、専業者会議が併設される場合がある。農談会と農事会は同義で農業改良会議である（臨時的な会議が組織化され勧農会社や農会となる場合、これらが当初から常置組織として設置される場合もある）。第三部では史料に則して農談会と農事会を併用したが、これらの用語は地域、時期によって混用される場合が多く、厳密な区別は不可能である。

（9）清川雪彦『日本の経済発展と技術普及』東洋経済新報社、一九九五年、第七章。伴野泰弘「明治一〇～二〇年代の愛知県における勧業諸会と勧農政策の展開」（『経済科学』三三（三・四）、名古屋大学経済学部、一九八六年三月）、同「明治一〇年代の愛知県における『農事改良運動』の展開」一～四（『経済科学』三四（四）、一九八七年三月。同三五（三）、一九八八年一月。同三六（二）、一九八八年一二月。同三六（三）、一九八九年二月）。

第一章　勧農局期の政治・経済的側面からみた勧農（勧業）政策の動向

第一節　明治一〇年代初頭の勧業構想

1　勧農局の官員構成

本項では勧農局の組織について概観する。内務卿大久保利通は、明治九年（一八七六）一二月に政治改革を進言して内務・工部省の合併を主張したが、内閣顧問木戸孝允が内務省強大化を危惧したこと等から実現せず、逆に翌一〇年一月、内務省勧業寮は人員を大幅に削減され勧農局に縮小された。表3-1に明治九年九月時点の勧業寮と、一〇年三月、一三年三月時点の勧農局の各課と担当（代表）者を記した（内藤新宿試験場等の試験場、富岡製糸場等の官営工場等は除いた。一一年三月、一三年一二月にも局内が改正されたが、課の変更はなかったため表記しなかった）。勧農局設立（明治一〇年三月の欄）にあたり、勧業寮農務課は動植課に、同編纂課は報告課と改称され、同主計課は庶務課に吸収され、同農務課の養蚕、製糸部門に機織事業が加わり製造課が新設された。また、勧業寮工務課は工部省に移管されたため、その業務は勧農局内に存在しなかった。

人事面では、勧農局長に大蔵大輔兼勧業頭であった松方正義が就任したが（兼務のまま）、勧業寮で農務課と農学課を担当していた田中芳男が勧農局業務から外れた。後述するように、松方は植物試験事業において田中の方針を認め

表３－１　勧業寮と勧農局の各課比較

勧業寮		勧　農　局			
明治９年９月		明治10年３月		明治13年３月	
課	担当	課	担当	課	担当
農務	田中芳男、岩山敬義他	動植	岩山敬義他	本務	奥　青輔
工務	大鳥圭介	製造	橋本正人	報告	田中芳男
農学	田中芳男	農学	富田禎次郎	陸産	岩山敬義
庶務	橋本正人、田中芳男他	報告	橋本正人	水産	関澤明清
編纂	橋本正人	庶務	橋本正人	製造	橋本正人
主計	青山　純			地質	和田維四郎
				算査	柾野愛政
				農学校	関澤明清

典拠：農務省農務局編『勧農局沿革録』（1881年、10～19頁）より作成。

ていなかったようであり、この人事には松方の意向があらわれたのかもしれない。動植課は岩山敬義が留任し、農学課には明治九年に駒場農学校の教師招聘のため、渡英した経験を持つ富田禎次郎（長州藩出身）が就任した[1]。製造・報告・庶務を兼ねた橋本正人（彦根藩出身）は、明治二年に民部省に出仕して陸羽巡察使に随行、廃藩置県後は大蔵省七等出仕、八年五月に勧業寮八等出仕となり、メルボルンで開催された博覧会に派遣され、翌九年五月に勧業権頭、一〇年からは勧農局の業務に従事し、農商務省では少書記官に任命された[2]。

明治一三年三月、勧農局は改編され、本務課と水産課が新設、地質課が同省地理局より移管、動植課が陸産課と改称、庶務課が庶務係に降格されたが、会計業務が独立して算査課となった。今回初めて設置され、筆頭の課となった本務課の業務は、①農政施設の緩急・得失、農事振興の方策の討議・立案、②農区視察委員の管理、農事通信を採輯して全国一般の農況を詳悉にすることであった。本務課は勧農局期に創設された農業制度（農区・農事通信等）を統轄し、農業の状況を把握して政策を立案する勧農局の中枢機関として設置されたのである[3]。水産課はサケ・マス等の養殖を行っていた動植課の一部が独立したもので、水産行政が重要視された証である。人事面では松方正義が内務卿に就任したため、品川弥二郎が勧農局長となり、このためか田中芳男が勧農局に復帰した。奥青輔（薩摩藩出身）は明治九年に羊購入のためアメリカと清国に出張した経験があり、[4] 関澤明清（加賀藩出身）は九年のフィラデルフィア万国博参加のため渡米した経験がある。この後、関澤の大久保への働きかけがあり、一一年に勧農局に水産係が設置された。一八年に農商務省に水産局が設置されると、奥は局長に、関澤は少書記官となった。[5] 和田維四郎（小浜藩出身）は開成学校で鉱物学を学び、明治一〇年に東京大学が設置されると理学部助手となり、一一年五月に内務省地理局地質課御用掛、一三年三月に地質課長心得となった。[6] 柘野愛政は不明な点が多く、一三年四月の『職員録』（内務省）には「大坂府平民」と記されており、農商務省設立後も内務省に残り会計畑を歩んだようである。[7]

勧農局の特徴を第一に人事面からみると、各課長は藩閥出身者で独占されず、海外経験者や専門家が配置されていることである（明治一〇年三月の課長出身藩は薩摩、長州、彦根の三藩であるが、一三年三月改編時は薩摩二名、幕府、加賀、小浜、彦根が一名、不明一名である）。勧農局の業務が欧米の文物や技術の導入に密接に関わるため、課長にも実務能力が求められた結果であろう。第二に組織改編の点からみると、明治一〇年の勧業寮が勧農局に縮小された際は工務課が工部省に移管され、主計課が削減されたが、一三年三月の改編は、本務・水産・地質課が新設・独立され、組織が拡大した。後述するが、一〇年一月に大幅な人員削減（三〇五→二〇九名）を受けてスタートした勧農局であったが、その後は増員を続け、一三年には急増して削減前の人員を大幅に超過する三九〇名となったのである。

勧農局拡大の過程で勧業政策は地方にも浸透し、各府県では勧業が重要事業となっていった。一方、政府、府県には勧業政策の効果に対して疑問視する意見も多く、民権派新聞は勧業関係の浪費や民業妨害と思われる事業については、容赦なく攻撃を加えるようになるのである。

2 大久保利通、地方官会議、元老院会議にみる勧業構想

内務卿大久保利通は、明治一〇年一月の勧業寮廃止により農工商三業の総合的勧奨構想が挫折した後、次の手を打つ間もなく、同年二月に勃発した西南戦争の対処に忙殺されることとなった。それでも大久保は政府の威信を示すため、国家的行事として同年八月に国内産業を総合的に奨励する内国勧業博覧会(以下、「内国博」と表記)を挙行した。同年一一月に内国博が閉会すると、翌月、大久保は博覧会政策を拡充するため、今後は内国博とともに新たに地方勧業博覧会を開催することを提唱し、地方官に意見を求めた。地方勧業博覧会は地勢によって全国を五区分し、各区ごとに使府県藩の輪番により隔年開催する構想であったが、滋賀県権令籠手田安定の有害無益との反対意見等もあり、実現しなかった(第二章第一節)。このように地方官は時として政府の積極的な地方勧業構想に異議を唱え、政策の修正を迫った。また、政府も地方官の意向を無視することができなかったのである。

その地方官による会議が明治一一年四月に開催され、各官の勧業に対する考え方が明らかになる。今回の会議では地方三新法について議論され、地方税規則案では従来の府県税と民費を地方税と改め、地租五分の一以内、営業税、雑種税、戸数割より徴収することとされ、支出項目として府県会議諸費・警察費等、一二項目が掲げられたが、そこには勧業費が含まれていなかったのである(8)。この理由として政府委員の松田道之は「勧業ノ事ハ全ク地方税ヲ以テ支給スル限ニ在ラストシテ之ヲ除キタルナリ」と説明し、例として製茶勧奨への勧業資金投入を挙げ、これは製茶人のためとなるが府県内一般の事には関係しないと述べた。しかし、従来より府県税から勧業費を支出していた地方官は反発し、地方勧業の重要性を訴える等、意見が噴出した。藤村紫朗(山梨)は、地方においても、また輸出入の不平均を防ぐためにも勧業は緊要であると述べ、野村維章(茨城)も、「物産ヲ興隆シ輸入ヲ防キ輸出ヲ増スニハ、勧業事務ヲ捨テ他ニ求ムヘキ事業アランヤ、実ニ一大要用ノコトナラスヤ」と訴えた。また、安場保和(愛知)は全国経済に関

係する勧業は政府が担当し、「僅少ノ勧業ハ府県ノ尤モ緊要事務」であると主張した。

一方、地方勧業に対して否定的な意見も存在した。北垣国道（熊本）は「勧業々々ト名ヲ付テハ学問モ無イ癖ニ、ヤタラノ事ヲオツパジメテ、……妄ニ織物ニ手ヲ出シ、或ハ茶碗焼ナドヲハジメ、到底類物ノ多キニヨリ一向ニ売レスシテ、可哀ヤ共倒レトナルガ、……現ニ諸県ノ仕事ニテ類例ヲ求メナハ数多アルヘシ」と述べた。北垣は勧業をすべて否定したのではなく、府県では経費のかからない固有物産の保護事業を行うべきであり、「新規ノ事ヲ始メ奇花珍草、或ハ新器械ヲ人民ニ示スヲ以テ勧業ノ実トハ謂ヒ難カルヘシ」と述べた。また、小崎利準（岐阜）も「地方ニ於テ物ズキノ人々ガ、府県税ヲ以テ殖産トカ興業トカ勧工トカ唱エテ、慰ミ半分ニ種々ノ事業ニ着手」していると批判的発言を行った(9)。しかしながら、多数の地方官は地域の振興策、輸出入不均衡の打開策として勧業事業を重要視しており、結局、地方税規則の支出費目に勧業費が追加されることとなった。

明治一一年五月一六日、地方官会議で練られた地方税規則案が元老院会議に付議され、第一読会が開かれたが、修正意見が多く、委員を設け本案を修正することとなった(10)。五月二八日、第二読会が開かれ、修正案が提出されたが、地方官会議で議論を経て加えられた勧業費が削除されていたのである。そこで前島密は勧業費を勧業試験費として復活するように求め、修正委員の佐野常民も欧米諸国が勧業を重要視している事例を掲げて前島に賛成した。しかし、陸奥宗光は府県勧業に利益はみえず、「一地方ノ微資ヲ以テ僅々ノ牛馬ヲ孳尾セシメ、草木ヲ植試ル等、何ソ国益ヲ起スノ点ニ至ランヤ、徒ニ貲財ヲ費スノミ」と述べ、内務省勧農局経費で有益な事業に投資するべきであると主張した。これに対して佐野は反論を試みたが賛同者は少なく、「勧業試験費」案は取り消された。元老院議官は一部を除き地方税費目からの勧業事業への支出に否定的であったのである。

同年六月一二日、太政官法制局大書記官の井上毅は同長官の伊藤博文に対し、勧業費が元老院で削除された件につき意見を述べた[11]。井上は、今まで内務省の誘導により勧業政策を推進してきた地方官が人民に対して面目を失うと述べるとともに、元老院議官が地方勧業の流弊を過大視し、これを廃絶した日の景況を想像できておらず、これを例えれば「宿酲の日に酒を禁ぜんと思ふが如し」であると主張した。そして、地方官会議の成果を元老院で削除したならば「多数之地方官之遺憾は如何ぞや」と訴えたのである。また、この意見の中で井上が地方勧業を肯定するため、欧州の事例として、各県で勧業会を開催し、県令が議長となって発明者に授賞することを述べている点は興味深い。

井上の意見が聞き入れられたのか、元老院の上奏案は内閣で修正され、勧業費が追加されて元老院に差し戻され、七月四日より審議が開始された[12]。元老院幹事・法制局副長官の河野敏鎌は、勧業の弊害のみを挙げて廃止するのは「羹ニ懲リテ韲ヲ吹クニ異ナラズ」、勧業費削除はこれまでの事業に投じた資本を無駄にしてしまい、さらに人民が勧業の弊害を察知し非難するに至れば、地方官は勧業に容易に着手することができなくなると述べた。この日の会議では、勧業試験費に反対した陸奥が議官を辞任して出席していなかったこともあり、修正案は了承された。結果として地方税からの勧業費支出は認められたが、政府や地方官の中には賛否が混在していた。また、河野の意見は楽観的に聞こえるが、この後、実際に県会で民意が反映され、農業試験場が予算削減の標的となって廃止されたところもあった（第三章第一節）。

3　民権派新聞・雑誌における勧業関連の報道

政府・地方官庁の勧業政策は一般の人々に密接に関わることが多く、民権派新聞・雑誌にとって政府批判の格好の材料となった。明治九年一二月一六日の『近事評論』は、政府が造船所のような多額の資金を要する事業を起業することはやむを得ないが、「人民ノ私力」でなし得るものは、漸次、手を引き、または廃止し、人民が競争する道を開いて振興すべきであると主張した。同紙は一二年四月一八日にも「有司ノ干渉ヲ防遏シ、民間ノ事業ヲ興起スルハ実ニ今日ノ急務」であると主張し、人民の「独立ノ気象」の養成を阻害する政府の民業干渉を戒めた(13)。このような見解は多く、『朝野新聞』(一二年一二月一二日)も「政府ノ関渉ハ民智民業ヲ妨害スル」と述べた。それゆえ、一三年一一月に「工場払下概則」が公布されると、『東京曙新聞』(同年一一月二〇日)は、政府が「干渉主義ヲ避ケテ任地主義ニ就カントスル、……極メテ輿論ノ帰嚮ニ適フノ処置」と歓迎した(14)。

次に地方勧業に関する新聞記事をみてみよう。箕浦勝人は『郵便報知新聞』で明治一一年の地方官会議における北垣国道の「勧業ハ物好キナル県令ノ道楽ニ過キス」との発言を「時弊ニ適スルノ警語」として引用した(15)。箕浦は、本来、勧業は府県政の重要部門であると記しながらも、「橘樹」の寒冷地移植、木綿製造所を綿作不適合地に設置する等、地域に適さない導入事例を掲げて資本の浪費を指摘し、また、地方に適応した物産増殖もあるが、結局、その地域の民業妨害となっていると主張した。

一方、民権派新聞・雑誌に好意的に受け入れられた勧業政策が共進会である。共進会は明治一二年九月に横浜で開催された製茶共進会を嚆矢とする。この共進会の褒賞授与式に臨んだ朝野新聞主筆の末広鉄腸は「同種ノ物品ヲ蒐列シテ其ノ優劣ヲ照合スルハ、以テ製産人ノ競争ヲ開キ、製産品ノ改良ヲ促ガス所以ナリ、……此会ノ利益ヲ製茶ノ進歩ニ与フル決シテ鮮少ニ非ザルヲ信ズルナリ」と述べた(16)。また、一三年二月に大阪で開かれる綿糖共進会を前に『郵便報知新聞』は、共進会について経費が「甚タ少フシテ而シテ其効ヲ収ムル所、甚タ多キ」と報じた(17)。民権派新聞は共進会について、生産者に競争意識を植え付け、低コストで高い効果をえる政策と捉えて歓迎したのである。

第二節　農商関連の新省模索

1　河瀬秀治の勧業構想

明治一〇年(一八七七)一月の行政改革により勧業寮は勧農局に縮小された。またこの時期の政府高官や地方官には勧業政策に批判的な者もおり、民権派新聞・雑誌も批判を繰り返し、勧業政策への逆風は増す一方であった。このような状況下、一一年五月に勧業政策を積極的に推進してきた内務卿大久保利通が暗殺され、伊藤博文が内務卿に就任した。同年七月、強力な後ろ楯を失った勧商局長河瀬秀治は勧商局の大蔵省移管を構想し、大蔵卿大隈重信に相談した[18]。この時の大隈は「聊、面倒も無之、伊藤氏へ相談いたし候得ば、手軽く相整ひ可申」と楽観的であった。しかし、河瀬は伊藤について、「将来、同人の手ニて着業の義ハ、多少、考案の異ナル事も、可有之かの内情ニ被察候」と、伊藤の考えに多少のズレを感じていた。

その後、伊藤は河瀬に対して産業資金貸与法の立案を指令し、従来の資金貸与の問題点として、①公平性の欠如、②民業妨害、③一定の規則がなく錯雑・紛擾の弊害があると指摘した[19]。伊藤は民権派新聞・雑誌の批判への対応も含めた法整備を行おうとしたようである。しかし、河瀬は「仮令幾百条ノ規則ヲ制スルモ」、貸与を廃止しなければ「偏厚偏薄ノ外観ヲ」免れないので、従来通り内務省と大蔵省が協議して貸与するべきであると述べ、立案を拒否したのである(明治一一年一一月)。

勧商局を牽引する河瀬の念頭には常に外国商人の存在があり、「数千百万ノ資金ヲ集合シ、実験ニ富優ナル外商ト競争頡頏スル」ためには、政府が特定事業に資金を投入し、その業者を育成しなければならないと考えていた。河瀬が掲げた業者は、新燧社（マッチ製造）、五代友厚の製藍事業、貿易会社の起立工商会社と広業商会（北海道産物の輸出）であった。公平な産業資金貸与法が施行されれば、特定事業への資金貸与が阻害される可能性が高く、これが立案を拒否した一因となったと思われる[20]。

さらに河瀬は明治一一年一二月に「勧業論」を著し、外国商人に対抗して勧業の目途を定め、「脆弱柔順」な民を保護し、資金を融通することを主張した[21]。しかし、勧業政策の弊害も認めざるをえず、その例として、純益をあげる「兵庫製鉄所」は「官民利ヲ争フ者ニシテ、将来民業ヲ圧倒スルノ恐ナシトセサルナリ」と記した。河瀬は勧業の目的は「政府ノ金庫ヲ富マスニ在ラスシテ、専ラ民業上ノ収益ヲ図ルニ在リ」と考えていた。

また、河瀬は「勧業論」で外資導入を主張する新聞各紙に反論した。明治一一年一〇月一日から二日にわたり『朝野新聞』の高橋基一は「物産繁殖、道路修造、荒原開拓、牧畜、鉱山等」の政府の奨励事業が資金不足のため、「輸出入ノ不平均」の挽回策となっていないと指摘し、外資導入を唱えたのである。これ以後、各紙が外資導入に賛否を唱えて「種々ノ妖言ヲ放チ一世ヲ瞞着セントスル」状況となった[22]。これに対して河瀬は、外国商人は日本の利益を吸収することをねらっており、「外国ノ資本、一タヒ入ルノ時ハ、外人ノ素願、始メテ達スルノ秋」であると反論した。河瀬は新聞が主導する世論に危機感を抱きながら、従来通りの勧業政策を遂行しようとしていたのである。

河瀬は明治七年から内務省勧業寮のトップとして大蔵省に抗して勧業政策を進め、九年五月に勧商局が設置されてからは局長として大蔵省と協力して勧商業務を推進してきた。しかし、一一年五月に大久保に代わり伊藤博文が内務卿に就任すると、勧業方針の違いから勧商局の大蔵省移管を構想するようになったのである。そして、同年一二月、内務省勧商局は大蔵省に移管され、商務局と改称した。御厨貴氏は、この移管について薩派の五代友厚が河瀬を大隈に結びつけ、伊藤の勧業政策に対する影響力の行使をできるだけ制限しようとはかったと指摘している[23]。五代は製藍事業とともに広業商会にも関係し、勧商局の資金貸与事業に深く関わっており、明治一一年(月日不明)、大隈に対し「勧商局之儀、内務省中之一局に有之候得共、其実大蔵に属するの御用向而已に有之、且向来を想像仕候処、大蔵江相付候方、大に都合宜候半と見込申候」と極密に伝え、勧商局の大蔵省移管を求めていた(24)。このように、五代の意向が移管の要因として考えられるが、勧商局は設置以来、大蔵省とともに事業を展開しており、その移管は実質的に大蔵省支配下にあった事業を効率的に進めるねらいもあったと思われる。

さて、明治一二年一月の五代宛の河瀬書翰には、大隈の考えとしてイギリス商務省を模範として「大ニ商務局の体載(裁)を変じ」ることが記された(25)。大隈が商務の独立省設立を考えていたか不明であるが、この時期に前後して河瀬はヨーロッパの農商務関係機関を調査していた。早稲田大学図書館蔵「大隈文書」に「仏国農商務省及工部省並英国商務院職制章程」が収められており、表紙題名の右上に小字で「勧商局事務章程取調子ニ付訳書ノ内」と記されている(26)。また、後述するが明治一一年にパリ万国博に派遣された勧商局の石原豊貫は、フランス農商務省農務局で調査にあたっていた。

河瀬の調査と関連するか不明であるが、「大隈文書」には「仏国農産競争会規則」(明治一二年にパリで開催された共進会規則)が収められている(27)。共進会は松方正義の働きで実現したと捉えられているが、大隈が、その存在を把握していたからこそ、早期実現が可能であったのかもしれない。さらに「大隈文書」にはヘンリー・シーボルトが一二年一月に作成した「墺国商務省機構」「ハンガリー農商務省機構」が収められている(28)。前者ではオーストリア商務省の管轄範囲や会議等について記され、後者ではハンガリー農商務省が山林、鉱山、統計事務を統轄すること等が記されていた。これらが農商務省設立の基礎資料となったことは、後述する一三年一一月の大隈・伊藤「農商務省創設ノ議」にヨーロッパの農商務省の事例が掲げられていることから明らかである。ただし、同時期に松方正義もヨーロッパで農商務の調査にあたっていた。

2　松方正義のヨーロッパ巡回

明治一一年二月、大蔵大輔兼内務省勧農局長松方正義はパリ万国博副総裁として渡仏した。博覧会業務が一段落した松方はヨーロッパを視察し、同年九月、大隈重信に対し、ベルギー・オランダ・ドイツ・スイス等を巡回したが、「此度は各国共勉めて田舎を巡廻仕候。就中独乙国にては重に田舎のみ経歴致し、頗る有益の事聞見し愉快相覚申候」と伝え、巡回を終えた一一月一一日には、右大臣岩倉具視に次のように伝えた(29)。

当夏ハ局中事務見計ヒ、凡ソ一ヶ月余欧州各地へ巡回仕候、巡回中各処にて諸製造処及ヒ農事之有様等、実際ニ目撃仕、多年狐疑致居候事も頗ル氷釈シ、卑官一身ニ取リ得ル所、決シテ少ナカラス、無此上至幸ト奉存候、就テハ帰朝之上、益奮励従事仕
皇国ノ万一ニ報シ奉ラント熱中罷在候、兼テ大久保利通在世中、見込ミ候政略も有之候得共、奉て同人カ宿志ヲ継キ益々奮起仕度微意ニ罷在候

諸製造所と農事の有様を実見することにより「多年狐疑」していた事柄が氷釈した松方は、大久保利通の宿志を継ぐことを意欲的に伝えたのである。それでは、「狐疑」していたこととは何だったのだろうか。

明治六年、大蔵省租税寮権頭であった松方正義は、国家を富強に導くには、「地勢ノ便宜ヲ詳ニシ、民心ノ帰向ヲ察シ、以テ農ト工商トヲ講習奨励」することが必要であると記したが、この時、その具体的方策については提示しなかった(30)。九年五月に勧業頭となり、翌年一月の勧農局発足から局長をつとめてきた松方は、勧農事業を統轄する際に、様々な問題点に直面し、多くの疑問を抱いていたであろう。おそらくこれらが「多年狐疑」していた事柄に含まれる

であろう。「田舎」の巡回によりこれらの点が「氷釈」した松方は、どのような解決策をみつけたのであろうか。それは帰国後の松方が実施していく政策をみれば明らかになる。

松方は明治一二年三月に帰国すると、早速、太政大臣三条実美に『仏国巴里万国大博覧会報告』を提出した。この報告書は本篇（全三篇）と附録からなり、第一篇は博覧会総論、第二篇は日本部、第三篇は外国部の報告であった(31)。農業報告を摘記すると、第二篇ではフランスとベルギーに着目され、その殷富の原因が政府による農事勧奨に求められ、さらに「人民亦皆奮励シ、政府ノ精神ヲ以テ自己ノ精神トナシ、上下一心、国ヲ愛スルノ情、藹然掬ス可シ、故ニ工事商法又駸々トシテ農事ト相並馳セリ」と記された。松方は人民に対して政府の精神をあたかも自己の精神のように植え付け、愛国心を育成することを農事勧奨の重要点として理解したのである。第三編の農業の部ではベルギー農業に重点が置かれ、農務管理法、農学校、勧農制度について報告された。農務管理法の内容は上等農業委員と地方農務委員の制度について記され、前者の職務は政府諮問への答申、地方農務委員の情願調査、上等農業委員・地方農務委員の建議の討論等で、後者の職務は農業改良に関する建議、政府の下問事項の調査、勧農政令の実行、農業状況報告書の進呈等であった。勧農制度は牧畜業振興、競争会（共進会）、農業試験場、褒賞制度、農書刊行等について記された。

フランス農業については、すでに明治八年に提出されたウィーン万国博報告書で、その景況、農学校・共進会等について詳述されていたため、今回は附録として「仏蘭西農商務省職制一班費用決算表」（以下、「職制・決算表」と表記）を提出するのみに止められた。しかし、その附録は全一四九頁にわたる大部なものであった（『仏国巴里万国大博覧会報告』の第一篇・全七五頁、二篇・全七七頁、三篇・全一六一頁）。これは松方がパリ万国博事務官の石原豊貫（勧商局一等属）と成島謙吉（勧農局六等属）をフランス農商務省に派遣して調査させたもので、「博覧会ノ事務ト稍相離ル、モノ」であるが、「為政ノ参考タルモノ蓋シ甚タ尠ナカラス」とのことで報告書に付されたのである。[32]「職制・決算書」の内容はフランス農商務省職制と、明治五年度の同省決算である。松方がパリ万国博と直接関係のない書類を附録に収めた目的は「為政ノ参考」としか記されていない。しかしながら、帰国後、次々とフランスを中心としたヨーロッパ農業制度を取り入れていく松方は、これらを統轄する機関としてフランスを模倣した農商務省を想定したのであろう。

松方は、帰国後、勧農局の改革に乗り出し、議案掛と視察掛設置の検討を始めた。これに対して岩山敬義（勧農局少書記官）と奥青輔（同三等属）は人事上の問題点（人材不足等）を掲げながらも、視察掛が機能すれば「大ニ民心ヲ興起セシメ、従テ良産美品ヲ増殖シ、自然、輸出入物品不平均ヲ補フヘキノ点ニ至ル」と意見を述べた。[33]帰国後の松方の政策は、何よりも「民心」を重視して展開していくのである。

明治一三年三月、勧農局改革が実行され、局内に筆頭の課として議案・視察の二掛を持つ本務課が置かれた。議案掛は地方状況等を察し農政の得失を審議し、視察掛は農区の視察等を職務とした。[34]この視察掛はフランスの農業見聞派遣官（内外農事研究のため各地方派遣）等を参考に設置されたと思われる。[35]また、改革に伴い勧農局処務条例、全三九条が定められ、[36]その第一条に「各地方ノ民情、風俗、水土、気候、其他農事ニ関スル諸般ノ状況ヲ審カニシテ、民心ノ向背及農産ノ盛衰スル所以ノ原因ヲ考究シ、農政施設ノ緩急得失ヲ熟案シテ、匡救振興ノ方策ヲ施行スルヲ以テ局務ノ主眼トス」と記された。冒頭に「地方ノ民情」が掲げられ、「民心ノ向背」の考究が示されたように、明治一三年三月改正の主眼は、民心を察知し、そこに政府の精神を注入し、上下の心を一つにすることに置かれたのである。このため西洋農業を模範とした機構改革を実施し、これに合わせて共進会・農区制度が導入されるが、これらについては後述する。

3 民権派新聞・雑誌における官庁改革と農商務省関連の報道

明治一三年二月、参議と省卿長官の兼務が解かれる参議省卿分離が行われた。『東京曙新聞』（五月二五日）は「其改革ト共ニ現時ノ官員三分ノ一ヲ減ズルノ断行アルベシトハ専ラ道路ノ喋々セシ所」と官員削減の噂も広がっていると伝えた[37]。一方、『扶桑新誌』（八月二一日）は「省局廃合、官吏沙汰ノ世評」が「頻リニ道路ニ流伝シ」ているという報じ、この噂は「陽ニ用度ノ節省ヲ名トシテ、陰ニ民人ノ信憑ヲ買ハントスルノ術数ニ出ヅルニ非ズ、実ニ亦タ実際上国帑ノ欠乏ヲ告グルヨリ其費途ヲ減少セシガ為メ」であると述べた[38]。「道路」に流れる省局・官吏整理の噂は、民権派新聞・雑誌の要望が記事にあらわれたものもあろう。しかし、あまりに頻繁に流れるので『扶桑新誌』は、政府の「民人ノ信憑ヲ買ハントスルノ術数」という見方を表面上は否定しながらも、政府関係者が情報を意図的に漏洩して民意を探っていると疑っているようである。

明治一二年末から一三年にかけ、官庁改革の噂とともに農商に関する新省設置について報じられた。『扶桑新誌』（一二年一二月一六日）は、勧農、勧商の二省が設置され、勧農省の卿には松方大蔵大輔が任じられる風説を伝え、経費節減の折りに新たに二省を置くのは、現在の勧農局・商務局では事務が捗らないのか、または政府には「人ノ為メニ官ヲ置クノ弊習」があるので、大隈と相容れない松方のために新省を置くのではないかと推測した[39]。また、『東京曙新聞』（一三年一月一六日）は、大隈大蔵卿が商部卿に、松方大蔵大輔が農部卿に転任すると伝えた[40]。勧農、勧商省の名称が農部、商部省となっているが、この時期に内務省の織田完之が同名の二省の設置意見書を作成しているので、これが漏れたのかもしれない。この噂に対して『近事評論』（一月二三日）は、用度節約、冗員淘汰、事務簡略が急務であるのに、「之ニ反シ将ニ増省ノ挙アラントスル報アリ、嗚呼是レ果シテ何等ノ為メナルゾ」と批判した[41]。

明治一四年になると、流れる噂は省名を「農商務省」とし、内容も具体的となっていく。『近事評論』（一月八日）

は、農商務省がフランスを模範としていることに対し、「仏国ノ制度、宇内ニ冠タルニモセヨ、彼国人民ノ進度ト我国人民ノ進度トヲ計較スルニ、其懸隔更ニ如何ゾヤ」と批判した(42)。また、『朝野新聞』(二月五日)は、政府が民業干渉の弊害を認知して官営工場払い下げを決定したので、今回の農商務省設立により再び干渉の轍を踏まないと信じ、「人ノ為メニ省ヲ設クルノ倒行逆施ニ出デズ、全ク一国ノ富裕ヲ増進センガ為メ」であると報じながらも警戒した(43)。

以上の主張をまとめると①困難な財政状況下、農商務省設立は不可、②民業に干渉する省は不可、③閣僚ポストを増やすための省は不可、④日本の民度に適合しないフランス制度の導入は不可、となろう。民権派新聞・雑誌は、政府から漏れる情報に敏感に反応した。また、前述した河瀬秀治のように、政府関係者もこれらの報道を注視し、その対応策を講じていたはずである。

第三節　農商務省の設立

1　織田完之の農部省・商部省案と黒田清隆の農商務省建議

西南戦争以後、大規模な反乱はなく政治的にはやや安定期を迎えた政府であったが、物貨騰貴等、経済的な危機は増大する一方であった。この対処として官制改革が着目され、その一策として農務・商務の省が考案されるに至り、これらに関する噂が新聞・雑誌を賑わした。噂の出所となったのか不明であるが、実際に官吏が構想した農商務関係の新省構想として「松方家文書」に収められている「農部省職制及事務章程ニ関スル建議書」があり、すでに上山和雄氏が分析している(44)。また、国文学研究資料館には、これと同様の建議書と、これに続く「商部省職制及事務章程」が収められており、表紙には「明治十二年、十三年著　南柯夢中録　一、二合冊　一名　農部省商部省　設置事務分

掌卑見　織田完之著」と記されている。[45] 構成は南柯夢中録(農部省概要)・職制・事務章程・各局事務分掌と、南柯夢中録第二(商部省概要)・職制・事務章程からなり、南柯夢中録は「松方家文書」蔵史料と同じ文章に朱で加筆訂正されているので、国文学研究資料館蔵版の方が新しいことがわかる。織田完之(五等属)は内務省勧業寮(勧農局)、農商務省農務局において農書編纂に関わった人物である。[46]

右の史料から判明する織田が構想した農部省と商部省の局構成について表3-2に掲げた。農部省筆頭の勧課局について、織田は「勧奨局ト言ハスシテ勧課局ヲ設クルハ総テ事ニ検束アルヲ示ス也」と記しているように、勧課とは勧奨より強い農政指導を意味し、局の職務は租税の審議、勧農掛選挙、固有物産の振作であった。[47] 次の典事局は農書等の収集・編纂を担当するとともに、農政官が実務に就く前に農政を研究する場として構想された。織田が携わる農書編纂は勧農局報告課の一業務であったが、これを一局として独立させようとしたのである。また、第二部第三章第三節で述べたように、織田は農政官の教化の必要性を訴えており、彼らの教育機関として典事局を設定したのである。

表3-2　織田完之の構想

農部省	商部省
勧課局	監察局
典事局	点数局
陸産局	通商局
水産局	商標局
常平局	商船局
製造局	融通局
山林局	典当局
博物局	内局
開墾局	
内局	

典拠：織田完之『南柯夢中録』(国文学資料館蔵)より作成。

これらが典事局を農部省の上位に配置した理由であろう。

織田は農部省設置目的の一つは「国帑空乏物価騰躍」の救済であり、その方法は農業の「敦崇」と商業の「筦推」にあると指摘した。織田は、古来より商人は「常ニ官吏ニ取入リ、……往々暴富ヲ致シ、貪リテ止ルコトヲ知ラサルハ商賈ノ常情ナリ」と、商人を糾弾しており、物価騰貴の一因も、官庫に紙幣がなく「悉皆大商人共ノ握中ニ陥」っているところにあると考えていた。表3-2の商部省筆頭の監察局は「筦」=商人を監察して取締規則を設ける局、次の点数局は「権」=全国産物を統轄して「官ノ大帳ニ点数シ、然シテ、ソノ之カ時価ヲ穏当ニシテ商人取締頭取ニ命シ売捌」く局であった。「筦」は商人の管理・監督、「権」は専売に似た制度と理解して良いであろう。織田の構想は、自らが携わる農書編纂に引きつけて案出された嫌いもある。しかし、物価騰貴、金融閉塞という財政・経済状況を打開するため、一官吏が新省を提言した意味は大きい。

明治一三年（一八八〇）二月、参議兼開拓長官の黒田清隆は「国会開設ヲ時期尚早トスル意見案」を提出し、ここで農商務省案を示して国会論よりも殖産興業論を優先させるべきであることを説いた(48)。この意見の前半で黒田は国会開設を時期尚早と主張し、後半では農業を盛んにして国力（民力）を養う説として、内務・大蔵省に分かれている「勧農勧商ノ官」は、事務繁劇のため力を尽くしていないので、フランスやプロシアにならって農商務省を設けて一つにまとめ、物産興隆に従事させることを主張した。黒田はこの効果として、物産増殖と貿易・運輸増大↓財源・国本の充実↓金貨・米穀騰貴と輸出入不平均の解決、と説明した。さらに「全国ノ物産ニ就テ其尤モ洪益アル者二三ヲ撰ヒ、充分ノ力ヲ用ヒテ一意振興ニ従事シ、其経費ノ如キハ国債ヲ募リ、紙幣ヲ製シテ以テ之ニ充テ」ると述べ、国債発行と紙幣増発により資金を捻出し、これを特定業者に配分することを記した。この特定業者は、大蔵省商務局が保護している広業商会等を指していると思われる。これらの事業は開拓使とも密接に関係しており、黒田が構想する農商務省は伊藤が実行しようとしている資金貸与の公平化を阻止するとともに、開拓使の権益保護のためにも必要であった。しかし、財政経済危機が重大化していた当時の状況では紙幣増発―国債発行によるインフレ政策の推進は不可能であり(49)、黒田構想の実現は困難であったと思われる。

織田の新省構想は農業の指導と商業の管理監督を強めるところに、黒田の新省構想は特定業者に資金を貸与して国力増進をめざすところに特徴があり、それぞれ勧業方法を異にするが、政府が勧業事業に深く関与するところでは一致していた。

2　大隈重信・伊藤博文の農商務省創設の建議

大隈は財政経済危機に対応するため、明治一三年五月、「経済政策ノ変更ニ就テ」と題した意見書を提出し、①官営工場の一部払い下げ、②文部省による諸学校統轄と小学校補助金廃止、③皇室財産設定、④各省中の局課分合・所属改替について掲げた。(50) このうち④は皇室財産設定に絡む内務省の縮小案であった。内容は同省土木局の大蔵省移管、同省博物局の宮内省移管、同省の山林局と地理局の合併、工部省電信局の内務省移管という三局減少、一局増加という案で、さらに内務省官有財産の大蔵省移管、山林局所管の官有山林の一部を御料として宮内省に移管することが示されたが、結局、実現しなかった。しかし、大隈が省局整理の対象に内務省を想定していたことは重要である。

同年九月、大隈は伊藤と協力のうえ「財政更革ノ議」を提示し、税法改正、府県の理財法改正、正貨収支是正、各庁経費減少の四議を提案し、「政府斯ク鋭意財政ヲ改良スルトキハ、則チ自カラ其信憑ヲ増シ、公衆ヲシテ政府ノ処置ヲ満足セシムルニ至ルヤ必セリ」と述べた。(51) 各庁経費減少の議では不急・重複事業廃止、局課分合による事務減縮を掲げたが、分合対象となる省局は記されなかった。この建議では、大隈が財政の改良は公衆を満足させる結果となると記した点が興味深い。

そして、同年一一月、大隈重信・伊藤博文の連名で「農商務省創設ノ議」が提出された。(52) 建議は五段落構成で、第一段落では財政改革の主旨は事務簡略化と経費節減にあり、農商事務を一省に集めることが急務であると記され、次の三つの問題点が掲げられた。

①農事・商船事務は内務省勧農局と駅逓局が、商務は大蔵省商務局が管轄しており、工務は工部省の勧工寮廃止以

来、主管する部局がない。

②奨励保護に関する法制立案や、一定の規則による公平な農商の誘導といった農商管理事務が重要視されていない。

③奨励保護の範囲を越えた政府の起業、農商業への干渉、「僅々数名ノ農商」保護がある。

この対策として農商務省設立により農務・商務を分合し、工務局を設置して①を克服し、②の農商管理事務を主務として重要視し、③は改めると主張された。②③では明治一一年に伊藤が河瀬に産業資金貸与法立案を命じた際に指摘した問題点を改めて掲げ、会社名こそ記さなかったが「僅々数名ノ農商」保護を否定した。

第二段落は諸局分合による節減を示すため、内務・大蔵両省において業務が重複している内務省勧農局とその付属施設、同省駅逓局と同局管船課、同省山林局、大蔵省商務局、同省常平局の経費が掲げられた。しかし、具体的な重複事務が詳記されておらず節減額も提示されていない。第三段落冒頭では、諸局の事務を一省に集めれば、幾分の経費剰余を得ると記しながらも、「縦令経費上ニ剰余ヲ生セサルモ、事務ノ冗重ヲ省キ、農商勧奨ノ全体上ニ一層ノ改良ヲ視ルハ疑ヲ容レサルナリ」と経費削減については弱気である。つまり、農商務省設立による経費節減に期待できないことは、当初から想定されていたのである。第四段落では農商務省設立の正当性を示すため、オーストリアは「工部兼農商務省ヲ置キ」、プロシア・フランス・イタリアは「農商務ノ一省」を置いていると記した。

この建議は伊藤博文等が主張する緊縮財政の主旨に沿い、事務分合と経費節減をめざし、資金貸与を公平化し、特定の農商保護を止め、従来の勧業方針の変更を表明したところに意味がある。しかし、肝心の事務分合による節減額が提示されていないうえ、既存の省に重複事務を吸収合併するのではなく、わざわざ新省を設立する主旨がわからない。

農商務省設立の情報は、大隈・伊藤が建議したその月に漏れ、『郵便報知新聞』（一一月二六日）に「近々勧農商務の両局を廃して更に某の一省を置かれ」ると報じられた。黒田清隆はこの報道に驚愕し[53]、同日、岩倉具視に宛て「商務御設立ナラハ、下官、今春建白ニ農商務省御設立云々切願セシ通、幾重ニモ商務一片テハ決シテ不可然事ト大ニ痛心罷在申候」と述べた。黒田は報道の内容を農商務省ではなく商務省の設立と理解したようである。翌二七日には、三条実美が岩倉に宛て「黒田参議ニも右一件并農商一件、共ニ重大之事ニ候間、推テ参官候様、尊公ヨリ御内書ニても被遣候而ハ如何哉」と伝えた。三条は、農商務省に強い関心を持つ黒田に配慮せざるをえなかったのである[54]。

3　農商務省の設立

大隈・伊藤の建議は裁可され、職制・事務章程の作成が始まる。「大隈文書」には太政官の罫紙に記された官省院使府県に対する農商務省設立の達案、農商務省職制・事務章程案が収録されている[55]。この案と、実際に明治一四年四月七日に農商務省設立を公布した太政官第二五号とを比較すると、その内容はほぼ同じであるが、案の方は達案(前文)が長いこと、実際に設置された商務局と工務局が「商工局」一局にまとめられているところが異なっている[56]。後者については、フランス農商務省の内商局は商業とともに工業も担当しており、商工局はこれを模倣したものとも考えられる[57]。

この案の作成者はフランス留学経験のある太政官大書記官の山崎直胤と思われる。山崎は明治一四年一月一八日の大隈宛書翰で、「尊命を受け取調罷在候農商務省職制章程、別冊之通起草を試み候、……右之内、御達案は稍や冗長に渉候様覚候」と記した[58]。その「冗長」な達案には、明治「十三年中、各省使ニ向テ事務節略ノ諭達、経費減少ノ命令ヲ下シ」た方針にしたがい、「緩急便否ヲ量リテ適宜ノ分合ヲ行」うと記され、次の四点が掲げられた。

①同種の事務が内務・大蔵両省に関係し、事務不便、経費過多となるものがある。

②職掌外の業務により事務が繁劇となり、本務を等閑にする恐れがある。
③工作技術に関する管理局がなく、これを保護勧導する方法が備わっていない。
④官が起業したり、民間が起業する際に資金を貸与するといった直接補助ではなく、法規を立案して「訓諭ヲ以テ間接ニ洽ク」農商工を誘導することが適当である。

そして、「歳費ヲ増加スルコトナク農商ニ関スル事務ヲ一所ニ集合」すると記されたのである。ここには大隈・伊藤「農商務省創設ノ議」の主旨が継承されており、これがこのまま官省院使府県へ達せられては、黒田や河瀬は納得しないであろう。つまり、実際に公布された達に、右の達案が存在しなかったのは、黒田や河瀬等の意向に配慮したとも考えられる。そもそも大隈は「農商務省創設ノ議」で積極的勧業方針を消極的に転換したのであろうか。政府内、そして民権派新聞・雑誌が勧業政策の批判を繰り返す中、大隈は表向きは緊縮方針を示して、本心は農商務拡充のための新省設立を考えていたのではないだろうか。

明治一四年一月二三日、農商務省案をみせられた大蔵卿佐野常民は大隈に宛て、「農商務省を御新設相成候儀は、素り農商事務拡張之為め至極可然候。併し其長官を御撰定之儀、一大難事と推考仕候」と、農商務卿の人選を理由に設立を見送るように述べた(59)。佐野がみせられた案には大蔵省常平局の農商務省移管が記されており、これに対して「最前、拝聴仕候新省御設置の主旨と全然背反する」と反対した（結局、常平局は移管されなかった）。ここで注目したいのは、佐野が「新省御設置の主旨」を「拝聴」したうえで、農商務省設立を「農商事務拡張之為」と記したことである。つまり、佐野が大隈から拝聴した農商務省設立の主旨は農商拡張であった。例え佐野が大隈からその主旨を聞かなかったとしても、前記した達案（①～④）が存在しなければ、農商を専務とした新省設立は農商拡張のためと理解するであろう。

同年二月一七日に元老院副議長の佐々木高行は、五代友厚の妻に聞いた話として「農商務省モ大隈初メ同意ノ処、反覆セリ迚、伊藤モ不平ノ由、何歟伊藤大隈ト異論アリタル模様」と記した(60)。この「反覆」は、当初、「農商務省創設ノ議」の主旨である緊縮財政方針に同意した大隈が、これを覆したことを意味しているのではないだろうか。

そして農商務省設立直前の四月四日、三条実美は岩倉具視に宛て、黒田が「川野之処ハ充分同意とも不被存候」と伝え、翌五日、松方正義は伊藤博文に宛て、黒田が「農商務省、河野之事は極不同意之姿」であると伝えた(61)。また、設立後の四月一二日に五代友厚は大隈に宛て「農商務省も弥御設立相成候由、意外之人名御撰挙に者驚入申候」と農商務省の人事に反対しているようである(62)。つまり、黒田は河野敏鎌の農商務卿就任に、五代は農商務省人事に異論があるが、二人とも省の設立には反対していない。黒田は積極的に勧業を推進する農商務省が設立されると考えていたのかもしれない。また、そうでなくとも農商務卿の人選次第で農商拡張の省にすることができると考えていたのかもしれない。そして、明治一四年四月七日、農商務省が設立され、職制・事務章程が公布されたが、そこには達案に存在した勧業を整理縮小するとの内容を反映する項目、規定は存在しなかった(63)。事務章程では、農務局は「勧農、漁猟、開墾……」、工務局は「勧工、発明品ノ専売免許、商標……」、商務局は「勧商、会社、度量衡……」、「勧農」「勧商」「勧工」と勧奨の姿勢が示されていたのである。

表3−3　日仏農商務省の比較

フランス	日　本
庶務局(書記局)	書記局
会計局	会計局
外商局	商務局
内商局	工務局
農務局	農務局
牧馬局	山林局
森林局	駅逓局
(顧問院)	博物局
農商工上等顧問院	農商工上等会議

典拠：『仏国巴里万国大博覧会報告』(附録、6〜84頁(『記録材料』国立公文書館蔵))、『法規分類大全』(官職門・官制・農商務省、3頁)より作成。

次に農商務省とフランス農商務省の局課の構成を比較する(表3−3)。両者とも筆頭局が書記局(庶務局)であるところが共通してお

表3-4　フランス農商務省農務局

課	業　務
第1課	農業教育関連
第2課	農業勧奨
第3課	食糧管理等
第4課	家畜管理等

典拠：『仏国巴里万国大博覧会報告』（附録、24～40頁(『記録材料』国立公文書館蔵))より作成。

表3-5　内務省勧農局と農商務省農務局の構成

勧農局	農務局	
13年3月	14年4月	職　務
本務課	—	—
報告課	報告課	農事通信・報告、統計・翻訳等
陸産課	陸産課	陸産物の改良・蕃息、開墾
水産課	水産課	水産物の改良・蕃息、漁業
製造課	—	—
地質課	地質課	地質調査、地形測量・分析等
算査課	庶務課	公文受付、局員進退等
農学校	農学校	農事上の諸学術講究、生徒教育

典拠：『法規分類大全』（官職門・官制・内務省2、762頁、同農商務省、60～61頁)より作成。

り(「職制・決算表」には「此局ハ本省書記局ト訳スルモ可ナリ」と記されている)。日本の農商務省構成はフランスを模範としながら、工務・駅逓・博物局を追加したようである。先にふれたが、フランス農商務省の内商局は国内商業のほか、工業関係法令起草、工業勧奨、専売免許・商標、工業教育等、工業についても取り扱ったので、日本では工業部門を独立させ工務局としたようである。また、フランス農商務省には顧問院として農商工上等顧問院、天然獣病会議院、牛羊系統調査局等、一七の機関があり、日本ではこの中の農商工上等顧問院が会議として設置された。

次に農務局内を比較してみよう。フランス農務局は四課構成(表3-4)で、第一課は農業教育(農学校、試験場、講習所、牧場等)、第二課は農業勧奨(農業監察、農業会議所、農業会社、農業見聞派出官、農産競争会等)、第三課は食糧管理(穀類等に関する法規立案、農業関係書出版、食品貯蔵等)、第四課は家畜事務(家畜検査、獣医学校、伝染病予防等)を管轄した。一方、日本の農務局はこれと対応せず、基本的に内務省勧農局の構成(一三年三月)を踏襲したものである(表3-5)。また農務局には松方が重要視した本務課が設置されておらず、農商務省内の構成は、必ずしも松方の意向が反映されているわけではないことがわかる。開設当初の農商務省の部局構成は、大枠はフランス農商務省にならい、農務局の中身は内務省勧農局の構成を踏襲したものであった。

4　民権派新聞・雑誌と農商務省設立

明治一四年四月七日、農商務省設立に伴い職制・事務章程が公布されたが、前節で記した達案①〜④が存在しなかったため、各新聞は政府の意図をはかりかねていた。『朝野新聞』（四月九日）は、農商務省設置は干渉・保護主義の貫徹か、または世論を察して事務整頓のために設置したのか、と考え、後者であることを望んだ(64)。『郵便報知新聞』（四月九日）は「政府中ニ存セル事務ノ転宅引キ移リニシテ、而シテ一ノ省ヲ増シ一ノ卿ヲ殖ヤシタルニ過キサルカ如シ」と指摘し、次のように設置意図を探った(65)。

故大久保参議、長官タリシ時ヨリ、管掌ノ事務、殊ニ繁多ナリシハ世人ノ知ル所ニシテ、別ニ一省ヲ置テ、其事務ノ幾部ヲ分割スルヲ要スルノ意ハ、当時ノ人心ニ存セザリシニアラス、然レトモ大久保参議、明治元勲ノ威名ヲ帯ヒテ其省務ヲ監督ス、使用スル所ノ諸官吏、皆推服シテ事ニ任シタルヲ以テ、内務ノ省務ヲ分割スルノ説ハ当時ニ行ハレサリシヲ想像ス可キナリ、然リト雖モ事務ノ集ル所ハ自ラ威権ノ集ル所トナリ、威権ノ集ル所ハ自ラ重キヲ之レニ加フルヲ以テ、内務省独リ省衙ノ間ニ重ク、天下ノ人心ハ内務省アルヲ知リテ他ノ諸省アルヲ知ラサルニ至ラントセリ、

そこで、大久保利通死後、参議省卿分離等の改革を経て、内務省の地位を諸省と均しくするため、農商管理の省を設置し、「各省ノ事務ヲ平衡ニ帰セシメ」たというのである。つまり、『郵便報知新聞』は農商務省設立を内務省の事務を縮減し、その地位を引き下げる方策であると推測したのである。

政府の勧業政策批判を続ける民権派新聞・雑誌は、農商務省設立の真意がわからないまま疑心暗鬼となり、このままでは政府批判の火が燃え上がる危険性があった。このような中、『郵便報知新聞』(四月一三日)は「或人が示された」として大隈・伊藤「農商務省創設ノ議」をスクープし、その設置は費用節減の旨意に相違なく、「其筋にても之を誤解せしめざる様にと厚く意を用ひらる丶」と報じた。(66)「或人」や「其筋」の存在が興味深い。スクープの効果は大きく、『東京曙新聞』は、農商務省設置が経費節減に反するとの意見や、農商事業を一層勧導奨励するため農商務省が設立された等の意見は、大隈・伊藤の建議をみて「全ク世人ノ脳裏ニ消散スルヲ知ルベキナリ」と報じた。(67)

政府は批判の火が燃え広がる前に情報を漏らし、火消しに成功した。しかし、建議の無許可掲載が新聞紙条例第一六条に違反するとのことで、郵便報知・東京日日・東京曙・朝野・東京横浜毎日の各新聞社には罰金が科せられたのである。(68)

第四節　数値からみる内務省勧農局

1　官員数の変遷からみる内務省の縮小と農商務省設立

本節では明治九年(一八七六)から一四年までの官員数の変遷を示して農商務省設立の意味を考察する。表3-6に殖産興業政策を担った内務・大蔵・工部、農商務省の官員数を掲げた。(69)ここからわかることは左の通りである。

①内務・大蔵・工部省とも明治一〇年の行政改革により官員が削減された。内務省の削減幅は大きかったが(一一六六→七一三名)、翌一一年には急回復して削減前の官員数を超過した(一七七二名)。

②明治一四年に設立された農商務省には、内務・大蔵省から業務が移管された。このため内務省官員数は激減した

表3－6　内務・大蔵・工部・農商務省の官員数

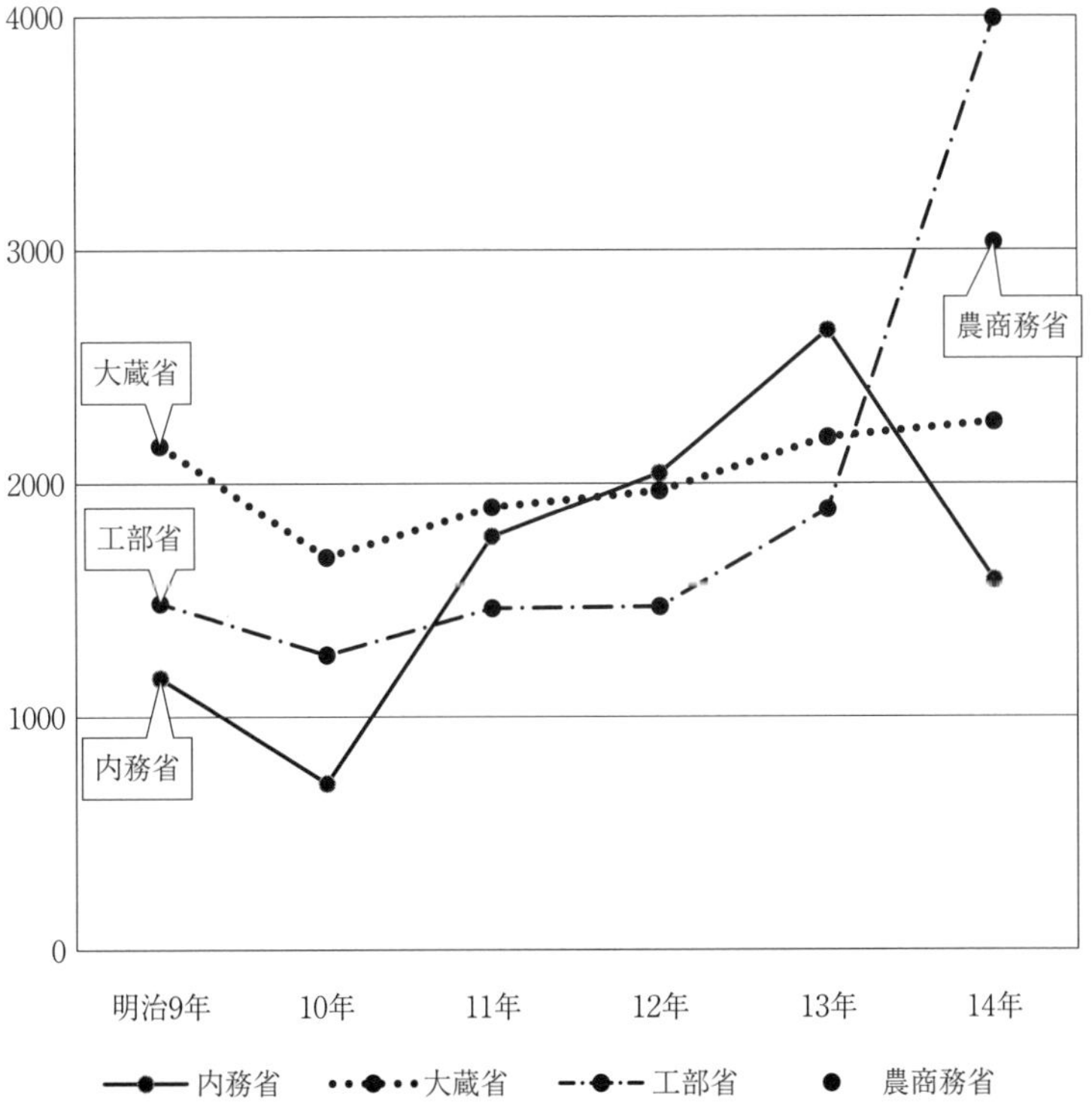

典拠：『統計年鑑』１(635～636頁)、同２(697頁)(『日本帝国統計年鑑』(復刻版)第１、２回、東京リプリント出版社、1962年)より作成。

が(二六五四→一五八四名)、大蔵省にはその影響はみられなかった(二一九七→二二六三名)。また工部省官員数は急増した。

③明治一四年の内務、農商務省の官員数の合計は四六一六名となり、農商務省が設立していないと仮定すると、内務省は最大の省となった可能性がある。

次に表3-7に農商務省に移管される内務省の勧農(勧業寮→勧農局→農務局)・駅逓・山林(一二年五月に地理局より分離するため同局も記した)・博物局の官員数をあらわした(70)。

①順調に官員数を増やした駅逓局、明治一〇年の人員削減を受けた勧農・地理局、ほぼ横ばいを続けた博物局の三つに分類できる。

表3-7　内務省各局の官員数

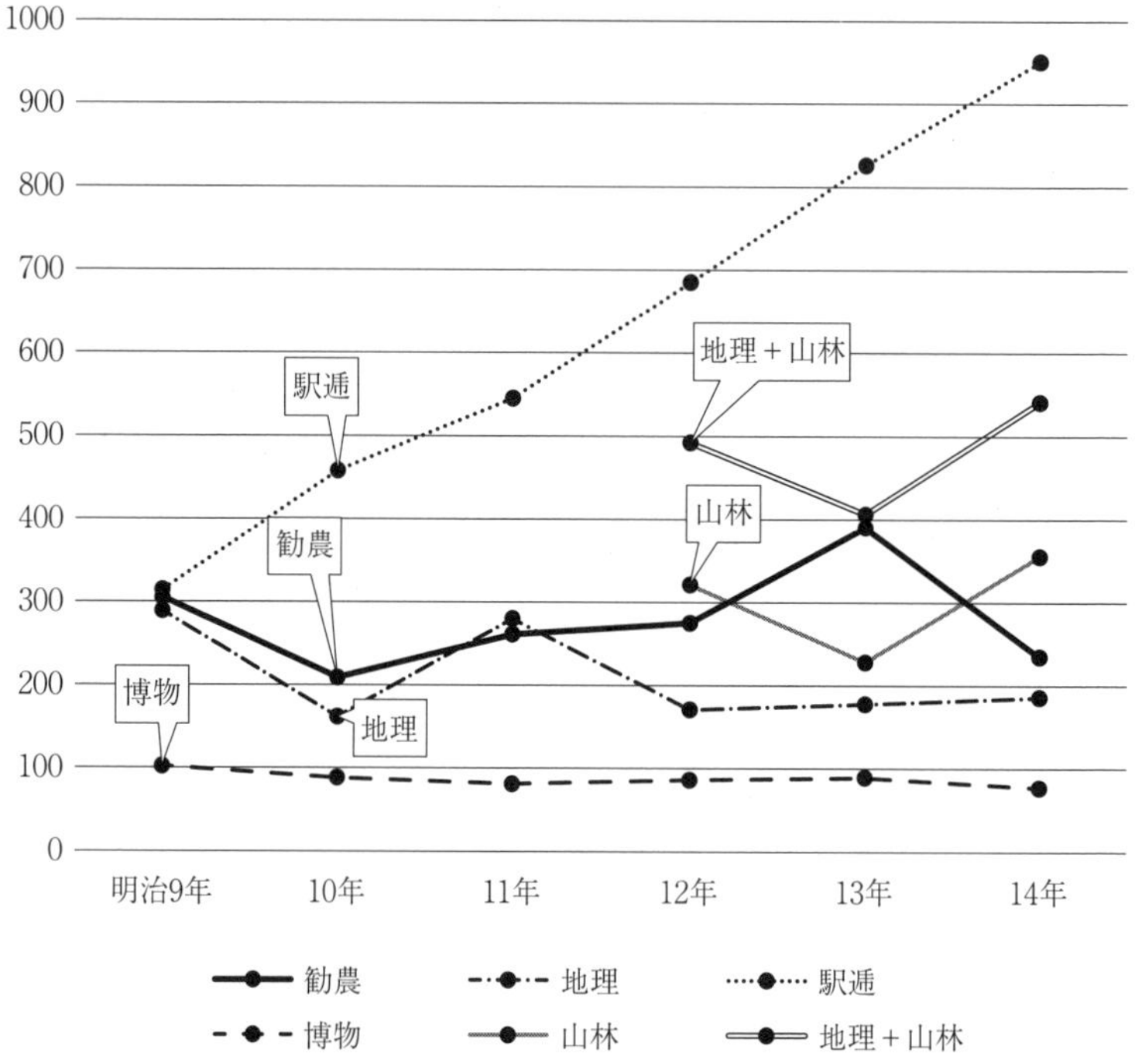

典拠：『内務省統計書』上(大日方純夫他編『内務省年報・報告書』別巻1、三一書房、1984年、21〜23頁)、『内務省第一回年報』(同『内務省年報・報告書』1、22頁)、『明治十四年農商務卿報告』(『明治前期産業発達史資料』4、明治文献資料刊行会、1960年、35、169〜170、193、222〜223頁)より作成。

②地理局は明治一二年に山林局が分離したため、当該年度の数値が減少しているが、分離しなかったと仮定して地理局と山林局を合わせると四九六名となり、当年に削減前の官員数(二八九名)を超えたことになる。

③勧農局は、明治一〇年に一〇〇名規模の削減(三〇五→二〇九名)を受けたのちに漸増し、一三年には急増して削減前の人員を超過したが(三九〇名)、農商務省に移管され農務局となるに及び、再び大削減を被った(二三五名)。移管に際して最も削減を受けたのは勧農局である。

明治一〇年の行政改革では、内務・大蔵・工部省ともに官員削減を受けたが、一四年の農商務省設立に伴い削減を受けたのは、一〇年以降一三年までに最も拡大した内務省であり、その強大化が阻止されたようにみえる。また、この時に内務省内で削減を受けたのは、勧業事業推進の中心であった勧農局であった。農商務省の事務章程には殖産興業を整理縮小する意向は反映されなかったが、官員数に反映され、民権派の新聞・雑誌の主張にも応えるかたちとなった。

また、明治一四年の削減では内務省のみが標的とされており、農商務省設立の理由は前節で『郵便報知新聞』が指摘したように「各省ノ事務ヲ平衡ニ帰セシメ」るため、つまり内務省権限の縮小にあったとも捉えることができる。明治初年の民蔵分離にみられるように、一省が強大な権力を持つと、これを削減する強い力が働く。これは木戸孝允の内務省強大化という憂慮が、明治一〇年一月に勧業寮廃止という結果にあらわれたことからも明らかである。そして、木戸の憂慮はその死後も受け継がれ、一三年五月に大隈による内務省の縮小が提案され、一四年四月に縮小が実行されたのである。

2　歳出からみる内務省勧農事業

内務省勧農局、初期の農商務省農務局の歳出から、勧農政策の特徴について分析するため表を二点（表3－8、表3－9）掲げた(71)。明治一〇年度以降の歳出は経常費用（本庁経費・各所経費）と作業費に分けられる。官営事業の経営には多額の資金を要するため、膨れあがる支出に歯止めをかけて効率的な経営を進めるために独立採算を行う必要が生じ、明治九年九月に「作業費区分及受払例則」が達せられた。そして、一〇年七月にはこれを精密化した「作業費出納条例」が達せられ、事業開業の際には資本金額を定め、「該業ノ収入ヲ以テ資本ニ償還シ、剰ル金額ヲ益金トシ、以テ曩ニ消費スル所ノ金額ヲ漸次償却スヘキモノトス」とされた(72)。一般会計から引き離された作業費は興業費と営業費に

表３－８　明治10年度の勧業関係の各所経費と作業費

費目／施設	各所経費	作業費		合計
		興業費	欠損補塡	
内藤新宿試験場	61,033	—	—	61,033
三田育種場	8,183	—	—	8,183
駒場農学校	85,741	—	—	85,741
下総牧羊場	6,403	43,659	20,199	70,261
下総取香種畜場	27,328	—	—	27,328
蚕種原紙売捌場	79,697	—	—	79,697
嶺岡種畜場	—	—	504	504
千住製絨所	—	121,351	—	121,351
新町紡績所	—	35,796	28,586	64,382
愛知紡績所	—	17,581	—	17,581
広島紡績所	—	16,691	—	16,691
合計	268,385	235,078	49,289	552,752

典拠：大蔵省編『歳計決算報告書』(1897年、845～847、925～928、956～959頁）より作成。

区分され、興業費は建物・設備等、開業前の初期投資費用で、営業費は営業上必要な諸物品や機械購入、修繕等、開業後の運転資金とされた。作業費は当該施設の収入をもって償還されることとなっていたが、収入が少なく損失が出た場合は補塡されることとなった。したがって表3-8の作業費欄には興業費とともに欠損補塡額を掲げた。

表3-8には勧農局が管轄する施設の明治一〇年度歳出をあらわした。施設欄の内藤新宿試験場以下、蚕種原紙売捌場までの費用は経常費用(各所経費)から支出されたが、嶺岡種畜場と千住製絨所、各紡績所は作業費から支出された。また下総牧羊場の費用は経常費用・作業費双方からも支出された。一〇年度に十分な収入がなかった下総牧羊場・嶺岡種畜場・新町紡績場は損失を出し、補塡を受けた。また表に記した以外に「作業費出納条例」で対象にされた施設は富岡製糸場・堺製糸場・築地製茶場である。

作業費出納条例の適用について、小林正彬氏は、従来、官業全体として収支がドンブリ勘定によっていたのを改め、各官業を個別資本にみたてて資本金額を定めて収支決算を行う

表3－9　内務省勧農局・農商務省農務局経費(本庁経費)

	勧農局				農務局	
費　　目	10年度	11年度	12年度	13年度		14年度
俸給・雑給	65,755	84,073	104,974	111,203	34,952	137,853
庁費・営繕費	16,768	12,647	14,396	4,977	5,797	20,741
農事伝習費	15,380	33,380	35,132	12,497	116	—
農事試験費	12,378	12,618	18,243	30,100	2,777	16,270
白子養魚場費	3,882	3,127	1,744	1,828	479	—
外国行諸費	10,941	12,654	8,327	9,638	—	—
外国留学生費	—	2,266	3,200	4,541	—	—
共進会費	—	—	34,954	673	2,290	25,641
地質調査費	—	—	30,745	68,789	7,597	5,016
播州葡萄園費	—	—	—	3,413	282	—
農具製作所費	—	—	—	13,004	3,911	—
教場費・学生費	—	—	—	—	5,931	22,586
豢養費・育養費	—	—	—	—	14,000	53,975
綿羊処分費	—	—	—	—	—	12,645
雑件	—	—	1,241	11,876	747	—
小　　計	125,017	160,769	252,961	272,547	78,886	294,733

典拠：農林省農務局編『明治前期勧農事蹟輯録』下(大日本農会、1939年、1609〜1610頁)より作成。

こととなり、「どの官業が赤字が多いか、黒字かが一目瞭然となった。ここに財政上有利なものを残し、有害なものを切り棄てるという政府の新しい決意が示されている」と述べている(73)。勧農局の管轄施設のうち、作業費適用となった嶺岡種畜場は明治一〇年に、堺製糸場(紡績所)は一一年に、民間に委託あるいは払い下げられ、一三年三月には勧農局各課が改正され、富岡製糸場、千住製絨所、新町・愛知・広島紡績所、三田農具製作所は、民間への移行を前提とする臨時事業に指定された(74)。

表3-9は内務省勧農局と農商務省農務局の明治一四年度までの本庁の経常費用である(農商務省は一三年四月に設立されたため、一三年度(一二年七月〜一三年六月)の経費は三ヶ月分である)。この明治一〇年度の費額を表3-8の明治一〇年度の各所経費や作業費と比較するとかなり少額である。例えば表3-9の一〇年度の本庁経費の合計額(一二万五〇一七円)は、表3-8の千住製絨所の興業

費(一二万一三五一円)と同等である。これは一〇年度が特殊なのではなく、勧業寮→勧農局経費はこれら官営施設に集中的に注がれたのである。明治八～一三年度までの勧業寮・勧農局の支出を分析した永井秀夫氏は、管下官営施設の主要内容は、①試験場・育種場・農学校の試験習学機関、②牧羊種畜場、③紡織工場、④紋鼈の甜菜製糖工場の四種に尽き、特に毛・綿・糖の輸入防遏・移植自給の軌道が明瞭に浮かび上がると指摘している(75)。同じく石塚裕道氏は、勧農、牧畜、製糸・綿毛織物生産の各部門が勧業寮の事業を支える三大部門で、特に重視され巨額の経費が注ぎ込まれたのは若干の事業機関にすぎず、勧農部門では内藤新宿試験場・駒場農学校、牧畜部門では下総牧羊場、製糸・織物等の農産加工部門では千住製絨所・新町紡績所・富岡製糸場等であると述べている(76)。

このように永井・石塚両氏は支出額の高い費目に着目し、これをそのまま重要な事業と位置づけている。確かに事業に注ぎ込まれた経費の多寡は、政策の重要度をはかる一つの尺度として有効である。しかし、これだけで判断すると、西洋の高価な機械を導入し、高給のお雇い外国人教師を抱えた機関(官営施設)のみが重要で、比較的に経費の嵩まない事業、例えば一般の農地で実施された植物試験等を重要度の低い事業と見誤る可能性がある。そこで本項では、この点に注意し、経費の多寡とともに事業内容についても注目しながら論を進める。

表3-9には記さなかったが、内務省勧業寮の本庁経費の合計額は明治八年度が一四万一八一〇円、九年度が一〇万一〇三一円であり、一〇年の勧農局の一二万五〇一七円と比較すると、勧業寮廃止による官員の大削減に比して本庁経費は減額されなかったことがわかる。本庁経費は、その後も増額されていくが、この要因の一つが勧農局員の増加に伴う俸給・雑給の増加である。一四年度の農務局の俸給・雑給も一三万七八五三円と増加しているようにみえるが、勧農局と農務局の一三年度の俸給・雑給額を合わせると一四万六一五五円となり、ここからみると一四年度は減額している。しかしながら、官員の大削減に比較すると微減といえよう。さらに本庁経費の小計をみても、一三年度

の勧農局・農務局を合わせると三五万一四三三円となり、一四年度は減少したこととなる。

明治一一・一二年度で目立つのは農事伝習費であるが、その費途は不詳である。そこで農林省編『農務顛末』から明治八〜一三年における伝習費に関連する史料を取り上げ、その業務について検討する。伝習費関連を概観すると、最も多いのが紅茶伝習である。七年三月、勧業寮は『紅茶製法書』を三五府県に頒布し、紅茶製造を奨励したが、それは、「内国輸出茶」の「製法ヲ紅茶製ニ換へ、輸出ノ数ヲ増ストキハ、其益鴻大ナルカ」ためであった(77)。勧業寮は、当初、「支那風」紅茶の製造をめざしたが失敗し、明治九年にインドに派遣された多田元吉等を中心に、一〇年から「インド風」紅茶を試製するようになった(78)。一〇年三月、多田等は高知県香美郡安丸村(現・香美市)に派遣され、紅茶を試製するとともに付近の業者に製法を教示した。これが好結果を得たため、一一年に内藤新宿試験場、静岡県静岡、福岡県星野(現・八女市)、鹿児島県延岡(現・宮崎県延岡市)に伝習所が置かれるに至り、二四三人の卒業生を出した。これら伝習所の一〇年六月末までの「紅茶製伝習費」は、静岡五五九一円、延岡一六六八円、福岡二六九五円、合計九九五四円である(円未満切捨)。この伝習所費用が、すべて一〇年度農事伝習費から支出されたとすれば、その六割半を占めたこととなる(79)。翌一二年には静岡県二俣(現・浜松市)のほかに伝習所が二ヶ所、出張所が一ヶ所開設され、二六〇名の卒業生を出し、一三年は岐阜県関のほかに伝習所が三ヶ所、伝習所の分所が二ヶ所設置され、一四八名の卒業生を出した(80)。

明治一一年の静岡・星野・延岡製の紅茶は外国商人に委託してロンドンで試売し、静岡製は「相当ノ価格ヲ得」、星野と延岡製は「品位可ナラサルニアラスト雖、如何ニセン、伝習ノ為メ原価及諸費ノ嵩ミタルヲ以テ得失相償フニ至ラス」という状況であった。また、一三年の各伝習所製の紅茶をメルボルン万国博に出張する河瀬秀治に託して出品したところ賞誉を得たが、大倉喜八郎に託してロンドンで販売した紅茶は「時価恰モ下落ニ際会セシヲ以テ大ニ損耗ヲ受ケタ」のであった。伝習所の設置は三年間で終了したが、同所が送り出した六五一名の卒業生は各地で紅茶製造にあたることとなった[81]。

その他、本庁経費で目立つのは農事試験費、共進会費、地質調査費である。また、明治一二年度に本庁経費の合計額が急増したのは共進会・地質調査費が加わったことが原因である。試験費と名の付く事業を『農務顛末』にみると、明治一一年の秋田県腐米改良試験費や熊本県煙草試験所の設立経費、一三年の青森県の甜菜試験費等がある[82]。一二年度の共進会費は前述した横浜で開設された製茶、生糸繭共進会費用で、一四年度は一五年に東京府上野で開催された米麦大豆煙草菜種共進会の費用である。地質調査費は明治一二年二月に地理局から移管された地質課の費用である。

勧農局は本庁経費で紅茶伝習や腐米改良等、各地における興業や農事改良を支えるとともに、共進会を開催して産業を奨励していった。これらの費用は千住製絨所等に比較すれば少額である。しかしながら、紅茶伝習事業は三年間で六五一名の卒業生を出し、明治一二年の製茶共進会は八四六名、生糸繭共進会は一一二二名、翌一三年二月の綿糖共進会は七〇六七名の出品者数を記録した（第二章第一節）。単年度で一〇万円を超過するような官営施設の費用に比較すれば農事伝習費や共進会費は少額であるが、政策としての重要度が低いわけではない。特に低予算で高い効果を発揮する共進会こそ、明治一〇年代の重要な勧農政策となり、また低予算ゆえに民権派新聞・雑誌からの評判が高かったことは前述した。

註

（1）農林省農務局編『明治前期勧農事蹟輯録』上、大日本農会、一九三九年、五三九頁。
（2）「農商務少書記官橋本正人位階昇進ノ件」（『公文録』明治一四年、官吏進退叙位、国立公文書館蔵）。

（3）大日方純夫他編『内務省年報・報告書』八、三一書房、一九八三年、八六頁。
（4）『明治前期勧農事蹟輯録』上、五三九頁。
（5）片山房吉『大日本水産史』農業と水産社、一九三七年、一七七～一七八頁。『職員録』農商務省、明治一八年四月、国立公文書館蔵。
（6）佐々木享「和田維四郎小伝」上（『三井金属修史論叢』四、一九七〇年九月）。「御用掛和田維四郎准奏任被命ノ件」（『公文録』明治一三年一二月、内務省七）。
（7）『職員録』内務省、明治一三年四、六、一一月。同明治一四年六、一〇月。椙野は明治一六年に公金横領の嫌疑で御用掛を罷免されており、その経歴には不明な点が多い（「奏任御用掛椙野愛政被免ノ件」（『公文録』明治一六年一～四月、官吏進退内務省））。
（8）『明治十一年地方官会議議事筆記』坤（我部政男他編『明治前期地方官会議史料集成』第二期第四巻、柏書房、一九九七年）。以下、会議における政府委員と地方官の発言は断りのない限り本史料からの引用である。
（9）小笠原美治編『地方官会議傍聴録』七、一八七八年、弘令社、二六頁。この「物ズキ」発言が後に北垣の発言として新聞に取り上げられるが、最初に発言したのは小崎のようである。ただし、註（8）の『明治十一年地方官会議議事筆記』に小崎の「物ズキ」発言は記録されていない。
（10）明治法制経済史研究所編『元老院会議筆記』前期五、元老院会議筆記刊行会、一九六九年、一八七～一九六、二〇三～二一二頁。
（11）明治一一年六月一二日付、伊藤博文宛井上毅書翰（伊藤博文関係文書研究会編『伊藤博文関係文書』一、塙書房、一九七三年、三〇八～三〇九頁）。職位は『職員録』太政官、明治一一年三月。

(12) 前掲『元老院会議筆記』前期五、二三五〜二三六頁。
(13) 『近事評論』二九号、一八七六年一二月一六日(復刻版、林正明主宰、不二出版、一九九〇年)。同一八九号、一八七九年四月一八日。
(14) 『朝野新聞』一八七九年二月一二日(復刻版、東京大学法学部明治新聞雑誌文庫編、ぺりかん社、一九八二年)。『東京曙新聞』一八八〇年一一月二〇日(復刻版、田崎公司監修、柏書房、二〇〇六年)。
(15) 『郵便報知新聞』一八七九年四月一五日(復刻版、郵便報知新聞刊行会編、柏書房、一九八九年)。
(16) 前掲『朝野新聞』一八七九年一〇月一四日。
(17) 前掲『郵便報知新聞』一八八〇年一月六日。
(18) 明治一一年七月二九日付、五代友厚宛河瀬秀治書翰(日本経営史研究所編『五代友厚伝記資料』一、東洋経済新報社、一九七一年、三〇九〜三一〇頁)。
(19) 河瀬秀治「産業資金貸与法ニ関スル建言書」(「大隈文書」A一二九一、早稲田大学図書館蔵)。
(20) 広業商会については、木山実「明治九年設立「広業商会」の国産会所的性格」(『経済論集』一五八、愛知大学経済学会、二〇〇二年二月)。木山氏は広業商会店長の笠野熊吉と五代友厚が深い関係にあることを指摘している。
(21) 河瀬秀治「勧業論」(「大隈文書」A一二九二)。文中の兵庫製鉄所は工部省工作局兵庫工作分局と思われる。
(22) 前掲『朝野新聞』一八七八年一〇月一、二日。前掲『郵便報知新聞』明治一一年一〇月二三日。
(23) 御厨貴「大久保没後体制」(近代日本研究会編『幕末・維新の日本』山川出版社、一九八一年)。
(24) 明治一一年(月日不詳)、大隈重信宛五代友厚書翰(早稲田大学大学史資料センター編『大隈重信関係文書』五、みすず書房、二〇〇九年、一六五〜一六六頁)。

(25)　明治一二年一月一八日付、五代友厚宛河瀬秀治書翰（前掲『五代友厚伝記資料』一、三二五～三二六頁）。

(26)　内務省訳「仏国農商務省及工部省並英国商務院職制章程」（「大隈文書」A五〇〇）。

(27)　ボール「仏国農産競争会規則」（「大隈文書」A三六六三）。

(28)　H・シーボルト（八尾正文訳）「墺国商務省機構」（「大隈文書」A四五〇四）。同「ハンガリー農商務省機構」（「大隈文書」A四五〇五）。

(29)　明治一二年九月一九日付、大隈重信宛松方正義書翰（前掲、早稲田大学大学史資料センター編『大隈重信関係文書』九、四〇四頁）。明治一一年一一月一一日付、岩倉具視宛松方正義書翰（広瀬順晧他編『岩倉具視関係文書』北泉社、マイクロフィルム版、一九九〇年）。

(30)　「国家富強ノ根本ヲ奨励シ不急ノ費ヲ省クベキノ意見書」（「大隈文書」A九六八）。

(31)　仏国博覧会事務局編『仏国巴里万国大博覧会報告』第一～三篇、附録第一、第二（『記録材料』国立公文書館蔵）。

(32)　同右『仏国巴里万国大博覧会報告』第一篇、三～四、七頁。事務官の職位は『職員録』内務省、明治一一年一～五月。

(33)　明治一二年六月（日付不詳）、岩山敬義・奥青輔書翰（前島密から松方正義へ転送）（松方峰雄他編『松方正義関係文書』七、大東文化大学東洋研究所、一九八六年、四七〇～四七二頁）。岩山・奥の職位は『職員録』内務省、明治一一年一～五月。

(34)　内閣記録局編『法規分類大全』官職門、官制、内務省二、一八九一年、七六五～七六六頁。

(35)　前掲『仏国巴里万国大博覧会報告』附録、三三頁。政府が地方へ派遣する官職としては、すでに明治初年に巡察使が置かれており、二年に支配の困難に直面している東北に派遣、三、四年には九州に派遣された（松尾正人『維新政権』吉川弘文館、一九九五年、一〇八、一九八頁）。

(36)『法規分類大全』官職門、官制、内務省二、七六三〜七七五頁。
(37)前掲『東京曙新聞』一八八〇年五月二五日。
(38)『扶桑新誌』一三〇号、一八八〇年八月二一日(復刻版、林正明主宰、不二出版、一九九〇年)。
(39)同右『扶桑新誌』八一号、一八七九年一二月一六日。
(40)前掲『東京曙新聞』一八八〇年一月一六日。
(41)前掲『近事評論』二四四号、一八八〇年一月二三日。
(42)同右『近事評論』二九六号、一八八一年一月八日。
(43)前掲『朝野新聞』一八八一年二月五日。
(44)「松方家文書」意見及建議、殖民、政治、行政、第三号(マイクロフィルム版、ゆまに書房、一九八七年)。上山和雄「農商務省の設立とその政策展開」(『社会経済史学』四一(三)、一九七五年一〇月)。
(45)織田完之「農部省・商部省事務分掌ニ関スル卑見／南柯夢中録」祭魚洞文庫旧蔵水産史料、国文学研究資料館蔵。
(46)「農商務属織田完之外二名新叙ノ件」(『明治二十五年官吏進退』二一、叙位一三、文部省・農商務省、国立公文書館蔵)。織田は一二年一二月に四等属に昇任した。
(47)織田が編纂した『大日本農功伝』(農商務省農務局編、博文館、一八九二年、三三一〜三四頁)では、豊後国佐伯城主の毛利高政が慶長一一年(一六〇六)に勧農の掟を領民に課したことが記されているが、この頭注に「心ヲ民政ニ用ヰ令ヲ下シテ農事ヲ勧課ス」と記されている。
(48)「黒田清隆意見書類」国立国会図書館蔵(岩壁義光編『黒田清隆関係文書』CD-ROM版、北泉社、二〇〇二年)。前掲、御厨「大久保没後体制」。

(49)　室山義正『近代日本の軍事と財政』東京大学出版会、一九八四年、二七～二八頁。
(50)　日本史籍協会編『大隈重信関係文書』四、東京大学出版会、一九七〇年、一一二～一一五頁。勝田政治氏は④について、内務省を初めて権限縮小の対象としたと指摘している(『内務省と明治国家形成』吉川弘文館、二〇〇二年、二五九～二六〇頁)。
(51)　大隈重信「財政更革ノ議」(「大隈文書」A一六)。
(52)　「参議大隈重信同伊藤博文奏議農商務省ヲ設置シ職制章程創定ノ件」(『公文録』明治一四年四月、太政官第一(内閣書記局・法制部))。
(53)　前掲『郵便報知新聞』一八八〇年一一月二六日。明治一三年一一月二六日付、岩倉具視宛黒田清隆書翰(黒田参議手簡ノ写)(前掲『岩倉具視関係文書』マイクロフィルム版)。
(54)　明治一三年一一月二七日付、岩倉具視宛三条実美書翰(佐々木克他編『岩倉具視関係史料』下、思文閣出版、二〇一二年、一九六～一九七頁)。「右一件」とは琉球一件を指す。
(55)　太政官「農商務省職制並事務章程案」(「大隈文書」A五三一)。
(56)　「農商務省職制」(内閣官報局編『法令全書』明治一四年四月、太政官達第二五号)。
(57)　前掲『仏国巴里万国大博覧会報告』附録、四四～五四頁。
(58)　明治一四年一月一八日付、大隈重信宛山崎直胤書翰(前掲、早稲田大学大学史資料センター編『大隈重信関係文書』一〇、三九四頁)。「山崎直胤叙勲ノ件」(『叙勲裁可書』大正七年、叙勲巻一、内国人一、国立公文書館蔵)。
(59)　明治一四年一月二三日付、大隈重信宛佐野常民書翰(同右、早稲田大学大学史資料センター編『大隈重信関係文書』六、三七～三八頁)。

(60) 東京大学史料編纂所編『保古飛呂比』一〇、東京大学出版会、一九七八年、九三頁。
(61) 明治一四年四月四日付、岩倉具視宛三条実美書翰（前掲『岩倉具視関係史料』上、三二六頁）。明治一四年四月五日付、伊藤博文宛松方正義書翰（前掲『伊藤博文関係文書』七、九八頁）。
(62) 明治一四年四月一二日付、大隈重信宛五代友厚書翰（前掲、早稲田大学史資料センター編『大隈重信関係文書』五、一九一～一九三頁）。
(63)『法規分類大全』官職門、官制、農商務省、三～六頁。
(64) 前掲『朝野新聞』一八八一年四月九日。
(65) 前掲『郵便報知新聞』一八八一年四月九日。
(66) 同右『郵便報知新聞』一八八一年四月一三日。
(67) 前掲『東京曙新聞』一八八一年四月一五日。
(68) 前掲『郵便報知新聞』一八八一年四月二三日。
(69)『統計年鑑』一、六三五～六三六頁。同二、六九七頁（『日本帝国統計年鑑』（復刻版）第一、二回、東京リプリント出版社、一九六二年）。官員数には勅任官、奏任官、判任官、等外官、御用掛、諸雇が含まれる（内務省警保寮の数値は『統計年鑑』では「警視庁」として別掲されているため、内務省内に含まれないものと思われる）。
(70)『内務省統計書』（『内務省年報・報告書』別巻一、二二一～二二三頁）を基本に作成したが、明治九年の博物局数値は『内務省第一回年報』（『内務省年報・報告書』一、二二二頁）から、一四年の数値は『農商務卿第一回報告』三五頁（農務）、一六九～一七〇頁（山林）、一九三頁（駅逓）、二二二一～二二三頁（博物）（『明治前期産業発達史資料』四、明治文献資料刊行会、一九六〇年）から補った（諸雇を含み、兼務は含まず。また一四年の駅逓局は諸雇は含み、郵便取扱役以下は含まず)。第二部第一章第五節の表2-10で『内務省年報』(第一、二回)から勧業寮→勧農局の局員数(二〇四→八九名)を記し、註(90)において勧業寮→勧農局の諸雇のみの数(一六七名→一一六名)を記した。すなわち諸雇を含めた勧業寮→勧農局の局員数は三七一名→二〇五名となる。ところが、『内務省統計書』における明治九→一〇年の勧業寮→勧農局の局員数(諸雇を含む)は三〇五名→二〇九名と記されており、『内務省年報』の数値と大きな差がある。この原因が統計をとった月日の相違にあるのか、諸雇に含めた職層の相違にあるのか、またはその他にあるのか不明である。本来ならば本章においても『内務省年報』の数値を採用すべきであるが、本史料には各年度の各局員数がすべて記されていないため、明治九〜一三年の各局員数が概観できる『内務省統計書』の数値を採用して表を作成した。

(71)　表の作成にあたり、永井秀夫『明治国家形成期の外政と内政』北海道大学図書刊行会、一九九〇年、二三九〜二四〇頁、石塚裕道『日本資本主義成立史研究』吉川弘文館、一九七三年、一一二〜一一三頁、を参考にした。

(72)　建部宏明「原価計算制度における費目別計算思考の生成」(『拓殖大学経営経理研究』八四、二〇〇八年一二月)。作業費出納条例は明治一二年一〇月に改正され、事業拡張のための開業後の建物建設費等も興業費で処理することとなった(「各庁作業費区分及受払例則」(『法令全書』明治九年九月、太政官達(番外))。「作業費出納条例」(『法令全書』明治一〇年七月、太政官達(番外)))。

(73)　小林正彬『日本の工業化と官業払下げ』東洋経済新報社、一九七七年、一〇一頁。

(74)　『内務省年報・報告書』五、一二五七頁。農務局編『勧農局沿革録』一八八一年、一四頁。『法規分類大全』官職門、官制、内務省二、七六二〜七六三頁。

(75)　前掲、永井『明治国家形成期の外政と内政』二四一頁。

(76)　前掲、石塚『日本資本主義成立史研究』一一一〜一一二頁。

(77) 農林省編『農務顚末』二、一九五四年、七三五～七四〇頁。
(78) 拙稿「明治初期のお雇い清国人教師」(東京都立短期大学『異文化交流史の中の教育者達に見る思想・実践の変容と現代的課題に関する学際的研究』二〇〇四年度首都大学東京・傾斜配分研究費報告書)二〇〇五年九月。『明治前期勧農事蹟輯録』下、一二七三～一二七七頁。
(79) 『農務顚末』二、八二八頁。
(80) 『明治前期勧農事蹟輯録』下、一二七六～一二七七頁。
(81) 『農務顚末』二、九一五～九二二頁。伝習所卒業生の活動事例として、明治一四年七月に愛媛県の「紅茶製造卒業生」等からの紅茶試製景況報告がみられる(『農務顚末』二、九一一～九一三頁)。
(82) 『農務顚末』一、一〇三頁。同二、五一～五二頁。同三、六七～六九頁。

第二章　勧農局期の西洋農業制度の実施と国内外農業の調査

第一節　西洋農業制度の実施

1　大久保利通の勧業（勧農）政策

(1) 内国勧業博覧会と地方勧業博覧会

明治九年（一八七六）二月、内務卿大久保利通は国内産業衰退の挽回策として内国勧業博覧会の開催を上申した。この上申では「初め仏の先帝、此の企を起すや外国交も相催し同盟各国互に相会同す、乃ち万国博覧会之れ也、特に自国の産種万類を蒐集するや白耳義連年会之れ也、或は出品の類種を区分し、各国の出品を請求するや英の連年会之れ也、又一国一都に一時数種品類を集むるの例、各国皆有り、是会に大小有るのみにして、其意同轍、乃ち勧業の外に出さるなり」[1]と、万国博から国内の勧業諸会まで西欧の事例を紹介し、日本において、まず内国博を開催するべきであると進言した。当然、大久保は内国博に続いて国内レベルでの勧業諸会、例えば「出品の類種を区分」した会の開催も構想していたと思われる。

明治政府は明治六年にウィーン万国博、九年にフィラデルフィア万国博に参加し、これらの経験をもとに国内外の事情を考慮して万国博を内国博に縮小し、一〇年八月東京上野で開催した。内国博には西南戦争中の鹿児島県を除く全国から一万四四五五点もの出品物が集められ、入場者は四五万四一六八名にのぼった。博覧会は出品物を実見することにより知識の増進をはかる事物教育の場であった。さらに褒賞授与により出品者を奨励するとともに、褒賞の等級により出品物を序列化し、競争心を惹起させるのである。また、陳列された一万四四五五点もの出品物は各府県の産業の現況を示しており、政府にとって内国博は国内の産業調査の場でもあった。出品物の中には新発見の礦物があり、これをお雇い外国人ゴットフリード・ワグネル等が鑑定したり、長野県の臥雲辰致が出品したガラ紡が内国博終了後に各地に普及したり、愛媛県の奈良専二(明治三老農の一人)が出品した「砕塊器械」が注目されたりした。内国博は有益資源や有能人材の発掘場所でもあった(2)。

さらに、内国博の会期中には府県の第二課(勧業課)員が招集され、各府県の勧業状況が報告されるとともに今後の政策が検討され、内国博閉会後、『府県勧業着手概況』としてまとめられた(3)。また、内国博終了後、政府委員による報告も刊行された。その委員の一人であるワグネルは、この報告書で「欧洲各国ノ的例ニ倣ヒ、地勢相連リ気候相同ク物産較等シキ地方毎ニ勧農小博覧会ヲ開設セハ、大ニ日本ノ現況ニ適切ニシテ裨益アル」と、地勢等が共通している地方＝農区を単位とした地方勧農小博覧会の開催を提言し、展示以外にも農事試験や農事会議を行うことを説いた(4)。

明治一〇年一一月、内国博を無事終了させた大久保は、一二月に内国博の定例化(五年に一回開催)を決定するとともに、新たに地方勧業博覧会の開催を提案した。その内容は地勢によって全国を五つの組合に区分し、組合内の府県輪番により、隔年で勧業博覧会を開催するというものであり(5)、ワグネルが提起した地方勧農小博覧会に近似しているが、出品物を農業分野に限るものではなく、組合内による府県連合博覧会として構想された。地方博は、その開催を望んだ府県も存在したが、府県財政を圧迫するとして強硬に反対した滋賀県令籠手田安定等の意見が採用されて中止となった。地方博が実現した場合、五年に一回の内国博に加え、二年に一回、会期五〇日程度の地方博に参加しなければならず、毎年のように博覧会準備を進めなければならないのである。籠手田の意見は当然であろう。地方博の開催は財政的な理由で困難であるだけでなく、企画としての実現性も乏しかったのである。

しかし、府県の中には管内で博覧会を開催して政府に審査官派遣を要請するところもあり、明治一一年一一月、内務省は府県に宛て「勧業上ニ可相関ト認定候者ニ限リ」審査官を派遣する旨を達するに至った(6)。地方博構想は挫折したが府県レベルの博覧会は開催されたことから、地方における博覧会の開催は、その頻度や府県の財政状況、府県内の勧業政策の進度に大きく関わっていたといえよう。一度挫折した地方博は、大久保没後、松方正義が引き継ぎ、形容を変えて府県連合の農産共進会として再生する。

(2)種子交換会(三田育種場の大市)の開催

明治一〇年九月、三田育種場が開場し、一〇月一五日には農産会市が開催され、「場内中央に三田市場と大書せし旗を風に翻し此所にて兼て広告の野菜植物種を山積してお払下けに成りたり、其傍らにハ近在町々より諸商人が魚鳥植木草木の苗や種、或ハ農具其他日用の諸物を鬻ぐ露店を開き、恰も縁日の如くなり」と盛況で、馬の競市も行われた(7)。農産会市は内外の動植物や農産加工品を自由に売買させるため、大市(四・一〇月の年二回開催)と小市(毎月開催)が設定された(8)。各府県から農産物等を出品・展示する大市の運営には府県の協力は不可欠であった。このため、東京、神奈川、栃木の第二課員等が中心となり、三田育種場の大市における府県の対応案をまとめ、同年一二月に次の四項目について府県に照会した(9)。

①大市参加は労費がかかるので、庁費により管内の著名穀果の種子や農産製造物を収集し、農業篤志者を選び「担当人」として参加させる。

②「担当人」は地元に適する種子・製造物を購入、交換する。

③大市は春秋開催ではなく播種期等を考慮して二月と八月初旬に開催し、期間は遠方からの参会者のために一〇日間とすることを政府に要請する。

④大市に参加できない遠隔地方は、勧農局に種子の収集と払い下げを要請する。

東京府等の第二課員は、各府県における出品等の援助や、農業の現場の事情を考慮した開催時期の変更等を政府に要請すること等を府県に呼びかけて、三田育種場で開催される大市を有効に活用しようとした。これに対して府県からは、右案の主旨には賛同するが準備不足のため参加を見合わせるという回答が多かった。結局、明治一一年二月の大市には東京・埼玉・茨城・栃木・神奈川・静岡・岡山の一府六県が参加するに止まった(10)。明治一一年時点では、府県が勧業政策に着手してから日が浅く、開催案には賛同しながらも準備不足により大市に参加できない場合が多かったのである。

この三田育種場の大市は、農産物や海産物のほか、道具や農具類も出品されたが、会の中心は種苗交換であり、明治一一年四月には「三田育種場種苗交換規則」が定められ、「種子(種苗)交換会(市)」とも称されるようになった(11)。規則では種苗以外の農産物や農具類の交換売買も許可され、種子交換会は後年に開催される農産共進会に近似していった。当初、大市への参加府県は少なかったが、勧農局は雨天開催も可能な種物陳列所を建設して施設の充実をはかり、一一年八月の大市には種子や陶器のほか鑵詰等も陳列された(参加府県数は不明)(12)。一二年二月の大市には開拓使、東京府以下、一二県が参加したが、八月の大市は悪疫流行のため中止となった。このためか次の大市(一三年二月)は三府二五県が出品する盛大な会となったが、この回以降、参加者の負担軽減のため年一回(二月のみ)の開催となった(13)。政府がお膳立てした大市であったが、府県が運営に関与して農業篤志者を参加させたことにより、府県内において農事改良への関心を高める効果もあったと思われる。

(3) 農事通信制度と農事会（農談会）

明治九年、内務省は内国博とともに農事通信の開設準備を進めていた。第二部第二章で述べたように、明治六年の阿部潜の報告書や、明治七〜八年に大久保利通と伊地知正治等が検討した「上書勧農寮設置」には、勧農政策の一つとして農事通信が掲げられていたが、これが実際に施行されようとしていたのである。

明治九年九月、内務省御用掛の高木怡荘は、欧米各国の勧農局が発行する年月報等の翻訳について伺いを提出し、内国博で陳列される農工の物品は「従来農工ノ結果」であり、その「源因ヲ推究スルハ容易ノ事ニアラス、結果ト源因ハ車ノ両輪、飛鳥ノ羽翼ノ如シ」と述べた。(14) そして、「源因」を推究する方法として、全国の農務景況を探求するために政府が質問項目を定めて農家に問い、その成果を記録して報知する農業通信制度を掲げた。高木は、陳列により農工の結果を示す博覧会と、農の「源因」を探る農事通信を勧農政策の両翼と位置づけたのである。さらに、農事通信制度設立の目的を正しく理解するために、西洋の事例としてアメリカを第一に参考にすることを掲げた。それは、アメリカが日本と同様に農業を国本とし、農事通信により農産を増加させているからであった。そして高木はアメリカを中心に西洋の農業情報を翻訳し、日本各地に頒布することを提示したのである。しかし、「参考ニ供スルト、直ニ西洋ノ方法ヲ本邦ニ施行スルトヲ誤マラサルヲ要ス」とも述べており、西洋農業を日本に直輸入することには否定的であった。

明治一〇年一一月二九日、勧農局長松方正義が内藤新宿試験場において、内国博の際に招集された府県第二課員に対し、農事通信制度の主旨を直々に伝えた。(15) ここで松方は、「勧農ノ眼目タルヤ府県勧農主任之者、実意ヲ以テ民ニ親ミ、種子ヲ交換、或ハ固有之物ヲ猶盛ンナラシメ、可成丈民ヲ労セシメサル様、主任ノ者、其地ニ就キ懇篤ニ説諭候様致度」と説いたように、府県の農政担当官が農民に親しく接することが勧奨の重点であると考えていた。そして、府県勧業課と勧農局とが「胳脈ヲ通シ、農事ヲ勧奨」するためには、県令から内務卿へ稟儀を出すのでは「百事迂遠ニ渉リ、事業運ヒ難」いので、勧農局員と府県官員が「懇意ヲ結ヒ」、両者が直接通信して事務を進めると述べ、通信手続において内務卿と地方長官を省くことにより、事務簡略と送受信時間の短縮をはかったのである。

明治一一年一月、農事通信制度が発足した。農事通信仮規則（表題は「府県通信仮規則」）によれば、農事通信には勧農局報告と府県通信があり、それぞれ臨時報・年報・月報を発行してそれらを往復することとされた。臨時報は気象異常や虫害等の緊急報告、年報・月報は農況や勧農事業等の通常報告である。また、勧農局は内外の農業記事と府県通信から得た情報を選択・要約した記事を府県に通信することとされた[16]。勧農局は一一年一月に農事通信の主旨等を記した第一回臨時報を発し、翌二月には第二回「気候質問」、三回「莨麻ノ蝗虫ヲ殺ス説」、四回「秋田県第一回通信摘要」（牛病に関する報知）を発した。三月には『農事月報』第一号を発行し、「鳴門義民稲螟駆除実験説」等の虫害関係記事のほか、「米国草綿栽培手続書」と日本各地のアメリカ綿の栽培状況、「鱒卵採集交接并運送順序概略」等の記事を掲載した[17]。農事通信の目的の一つは害虫の早期発見と駆除にあったとみられ[18]、開設当初に政府が発行した通信も虫害を記載するものが多かった。

表3-10に明治一〇～一三年度（明治一〇年七月～一四年六月）における勧農局の月報（農事月報）配布数と府県通信（臨時報、年報、月報の合計数。カッコ内は臨時報の発行数、一三年度は不明）、府県と府県管内（町村）の農事通信委員数を記した。一〇～一二年度における府県通信数の七～八割は臨時報であり、農事通信は各所で発生した虫害等に迅速に対応するために活用されたようである。松方が勧農局―府県勧業課の直接通信を築いた意図がここにある。また、勧農局農事月報は一〇年度から一三年度までに発行号数が年間二から四号へと増加するとともに配布数も伸び、府県通信発行数、府県通信委員も増加していった。これら三つの指標からは農事通信制度の順調な進展がみられるが、府県管

内の通信委員は一一年度をピークに減少した。しかし、表に記さなかったが、農商務省設立後の管内の通信委員数は一四年度には一九四五名に急増し、以下、二〇年度まで一五〇〇から一九〇〇代の間を推移する。[19] このように管内委員数には増減がみられるが、勧農局が全国に情報網を張り巡らし、府県委員・管内委員と通信を往復したことは農業情報の周知、共有に大きく貢献したであろう。

表 3 -10　農事通信頒布数と通信委員数

年度（明治）	農事通信			通信委員	
	勧農局農事月報		府県通信（臨時報）	府県	管内
10年	1 ～ 2 号	2,974	153（119）	92	1,586
11年	3 ～ 4 号	3,541	936（799）	108	1,710
12年	5 ～ 7 号	4,569	919（794）	122	1,472
13年	8 ～11号	6,178	1229（—）	128	1,293

典拠：大日方純夫他編『内務省年報・報告書』5（三一書房、1983年、233～241頁）、同 6（134～137頁）、同 8（86～88頁）、同別巻 3（84頁）より作成。

西村卓氏の研究によれば、福岡県では明治一一年段階の通信制度は県庁第二課（勧業課）と郡区役所との相互単線的なものにとどまり、臨時報・月報・年報の区別が混乱したため、一二年一〇月に、ようやく月報の編成にこぎ着けるという状況であった。しかし、一五年一二月に県は「勧業通信仮規則」を定め、通信内容を農から農商工に拡大し、通信委員を二種に分け、郡区役所通信委員（勧業主務郡書記）の下に郡区委嘱通信委員（郡区内篤志者）を置き、郡区役所への報告を義務づけた。さらに、その報告をもとに県勧業課が臨時報・月報・年報を刊行し、勧業政策の県下全域への普及を行うように通信機構を整備したのである。[20] 勧農局が重要な農業制度として真っ先に導入した農事通信であったが、実際の運用に際しては、試行錯誤が繰り返されて通信網が構築されていったのである。

また、農事通信は農業情報の往復とともに、内務省勧農局の意向を府県に伝える手段としても機能した。農事通信仮規則では、月報における豊凶状況や農業試験、農業教育等一五項目の報告細目が設定され、府県はこれに準じて報告事項を検討しなければならず、農事通信は府県における勧業担当者と農業従事者による会議開催を促進した。例えば山口県では明治一一年四月に勧業課員三名を勧農局農事通信委員とし、各大区に物産用掛を置いて通信事務(月報作成、所轄巡回の実況等の報告)を管理させたほか、勧業課において毎年四回「会話」(製茶、塩田、製紙、水産、農事等の専業者会議)を開催したのである。(21) さらに報告細目第一三項には「農産展覧会ヲ開キ或ハ農産競市場ヲ設ケ農業ノ進歩ヲ鼓舞スル方法ノ事」と記されており、府県では月報作成のために農産展覧会(=共進会)等を開設する必要にも迫られていくのである。

農商務省農務局編『農事報告』第一六号(明治一五年一二月刊)は、勧業会の嚆矢を明治一一年一月に開催された愛媛の勧業会とし、同年に埼玉の勧業演説会、和歌山の通信委員会、愛知の農談会、秋田の勧業会が開催され、勧業課員、通信委員等が勧業施設の方法を討議したと記している。(22) 愛媛の勧業会は、一〇年九月開催予定の勧業掛の集会が翌年一月に延引され開催されたものであり、議題は農業問題全般にわたっていた。(23) 延引されていた勧業掛集会が農事通信のスタートした月と同月に開催されたことは単なる偶然ではあるまい。農商務省編『大日本農史』は、明治一一年五月に愛知県設楽郡の「数村ノ人民始メテ農談会ヲ稲橋村ニ開」き、老農小木曽一家《かずいえ》が「農談会ノ成立ヲ述べ、富国ノ基礎、此ニ在ルコトヲ論ス、是ヨリ農談会各所ニ競ヒ起ルト云フ」(24)と、あたかも老農が自主的に開設し、これが契機となって各地に普及していったように記している。しかし、小木曽は一一年四月に愛知県第二課勧業掛付属、一〇月に農事通信委員を兼務しており、小木曽とともに設立にあたった古橋源六郎も、この時、第一四大区長で、のち北設楽郡長をつとめた人物である。当然、小木曽や古橋は農事通信仮規則への対応を検討していたはずである。また、愛知県の県レベルの農談会は、当初、農事通信員集会と称されており、(25) これら勧業諸会は自主的に開催されたのではなく、農事通信(=官の要請)に対応して開催されたと考える方が自然である。

ただし、前述した明治一〇年の『府県勧業着手概況』には、石川県で「農事ノ演説会」が開かれていることが報告されていた。また、明治一五年に上野で開催された米麦大豆煙草菜種共進会の閉会式において農商務少輔の品川弥二郎は、共進会を「海外ニ傚フト雖モ、本邦モ亦従来之ニ類スルコトアリ」と、丹波国の稲穂の品評会、近江国の芋茎の長短を競う会、三河国の農馬の健足を競う会等、古くから存在する勧業諸会の事例を掲げた(26)。明治政府が西洋農業をモデルとした勧業諸会を導入する前に、すでに日本では共進会や農談会に類した勧業諸会が開催されていたのである。これらの存在こそ、政府において全国普及をはかった農事会(農談会)が、比較的円滑に郡村に受容され、開催されていく土台となったのではないだろうか。勧農局の課題の一つは、西洋の農業制度である農事会と、既存の農談会に類する会等を融合、整備して政府の下に統轄することであった。農事通信仮規則が制定された明治一一年以後、農事会が全国で開設されていく状況から、政府が設立しようとした農事会は、在来の農談会に類する会の存在を下地として、農事通信という官の要請により開設、整備されていったと考えられる。

2　松方正義と勧農政策

(1)勧農要旨

明治一一年五月、内務卿大久保利通が凶刃に倒れると、大蔵大輔兼内務省勧農局長松方正義が勧業政策の陣頭指揮をとることとなった。パリ万国博副総裁として渡仏していた松方は、一二年三月に帰国すると「勧農要旨」を著し、表3-11に記したように勧農政策の基本指針を提示した(Ⅰ〜Ⅸ章は筆者が適宜付した)。松方はⅠにおいて農業不振の実態を明らかにするとともに、Ⅱでは政府の民業介入が人民の独立の気性を削いで政府への依存を招き、生産力は減退し、その弊害ははかりがたいと主張した。そして「之ヲ古今ニ鑑ミ、之ヲ中外ニ徴スルニ、政府斯民ヲ勧誘スルニ切ナルノ余リ、往々以上ノ覆轍ニ陥ルヲ免レス、是本局ノ深思猛省シテ前途ノ方向ヲ誤ルナカランコトヲ企望スル」

表3-11　勧農要旨の章立て

章	職　務
Ⅰ	農業の形勢
Ⅱ	勧農主義と前途の目的
Ⅲ	農業景況の観察
Ⅳ	農業進歩に関する項目
Ⅴ	褒賞
Ⅵ	資金貸与と産業保護の得失
Ⅶ	試験
Ⅷ	栽培植物を試験目的と博物目的に区別
Ⅸ	器械改良・活用と人力節減

＊章の番号は史料には記されていない。
＊表題は要約したものもある。
典拠：大内兵衛他編『明治前期財政経済史料集成』1、(明治文献資料刊行会、1962年、522～530頁)より作成。

と、政府の積極的勧奨を猛省したのである。(27) 松方に「深思猛省」させたきっかけである「中外ニ徴」したことの一つは、パリ万国博の際のヨーロッパ巡回であろう。この巡回は日本の勧農政策に不足している何かをみつけ出す旅となったのである。その何かとは、前章で述べたようにフランスやベルギー等が実施していた視察員派遣、共進会、農区等の農業制度であり、松方の帰国後、早速、実施に移されるのである。

「勧農要旨」の方針に沿い、明治一三年三月に改正された勧農局処務条例では農区制度、農事会議、農事視察、農産共進会開催が掲げられるとともに、臨時事業に富岡製糸場、千住製絨所、新町・愛知・広島紡績所、三田農具製作所が指定され、これらの民間移行が明確となった。(28) そもそも、明治前期に開始された官営事業の多くは、民間に根づいていない産業を導入し、その後は民間に移管される臨時事業であった。第二部第一章第四節で述べたように、明治九年五月に勧業頭を兼務することとなった松方正義は、同年一〇月に、勧業寮事業の民間への移行方針を明確に示した。また、同年二月の大久保利通が提出した千住製絨所の設立伺には「官先ツ之レヲ創立シ、以テ衆ノ耳目ヲ開キ提携誘導、他日有志ノ営業ニ付スルモ亦其捷路ニ便ヲ執ル今日ノ急務ト存候」と記され、一一年一月の大久保の愛知紡績所の設立伺にも「官先ツ之レヲ創立シ、行々有志輩ニ下付スルノ目的ヲ以テ国益ノ進捗ヲ促」すと明記されており、(29) 大規模な機械工場といえども設立前から民間移行が予定されていたのである。

明治一三年三月の勧農局処務条例における臨時事業の明確化は、勧業頭就任以降の松方正義の意向が明示されたものであるが、その背景には深刻さを増す財政難により民間移行の促進が求められたこともあろう。ただし、処務条例が達せられた三月には、適地適作推進のため兵庫県に播州葡萄園、岡山県に煙草試験場が設置され、一二月には紋鼈製糖所が操業を開始する等、官営諸場の設立・開業が続いていたことにも注意しなければならない(30)。

通説では「勧農要旨」により、政府の不必要な保護干渉主義は民間の自主独立の精神を挫折させるものなので有害であり、民間事業から手を引く等、勧業政策の全面的な転換が主張されたと捉えられている(31)。しかしながら、勧業の民間移行は、明治九年より松方が抱く勧業政策の基本的な方針である。また、「勧農要旨」Ⅳでは、すでに実施されている農事通信や種子交換会、気候・土地に適した植物頒布等が掲げられ、これらは「民智民力ノ度」をはかって「東西一轍」に推進すると記されている。松方が「勧農要旨」で政府の過度な保護干渉を戒め、従来の農政を猛省したことは事実である。しかし、ここで農政を転換したのではなく、事業の臨時性＝民間移行を明確化しながらも有効な事業は継承し、そのうえで共進会や農区、視察員派遣等の新制度を導入したのである。

(2) 共進会の創設

松方正義は「勧農要旨」Ⅲにおいて「観察ヲ要スヘキモノハ農業ノ現相ト其現相ヲ成形シ来ル所ノ実因是ナリ」と、「農業ノ現相」と「実因」観察の重要性を主張し、観察方法として「統計、通信、報告、農業展覧会、官員巡廻等」を掲げた。農事通信の重要性を提示した高木怡荘と同様の見解である。さらにⅣにおいて「農業進歩ニ緊切ナル一般ノ目的」一五項目を掲げ、第五項で「農業展覧会ヲ設ケテ各地耕産、種子、農具、牛馬、肥料、等ノ優劣栽培ノ得失ヲ比較スルコト」と記し、Ⅴでは、表彰すべき農業功労者の一事例として農業博覧会・農業試験場の開設者を掲げ、勧農政策の一つとして農業展覧会(博覧会)を重要視した。それは、松方がフランスにおいて農商事業を探求したところ、「其政策多端ナリト雖、就中競争会施設ノ利益最大ナルヲ観察」したからである。そこで松方は農業展覧会＝共進会の開催を大蔵卿大隈重信と内務卿伊藤博文に具申した(32)。

その結果、明治一二年四月、大隈・伊藤連名の「生糸茶共進会規則開設ノ件」が三条実美に上申され(33)、九月に横浜において日本初の共進会が開催されるに至った。松方が極めて迅速かつ精力的に動いた結果であろう。「生糸茶共進会規則開設ノ件」には、「民心ヲ鼓舞シ産業ノ勉力ヲ発動セシメ、以テ殖産ノ増進ヲ振起」するには、「各自ノ製産ヲ一場ニ蒐集シ、以テ彼此照合公評審査ノ上、其優等ヲ褒賞シ、他ノ勉力競進ヲ招起セシムルニ如クモノ無之、右ニ付、今般両省協議之上、該会ヲ開設シ名ケテ共進会ト称シ、……本邦製産中ノ魁タル生糸及茶ノ両品ヲ以テ差向発会」するると記されていた。この上申では共進会の名を強調する一方、内国博等の勧業諸会の存在を黙殺している。共進会は明治九年に大久保が内国博の開催を上申した際に記した「出品の類種を区分」した会でもある。

後述するように共進会は、全国規模の共進会や農区ごとの共進会、府県連合の共進会等、各地域における開催が構想された。農区共進会とは地方勧農博覧会であり、明治一一年に大久保利通が計画したが地方官の反対により挫折した地方勧業博覧会と酷似していた。もし、共進会を「勧農要旨」に示された「農業博覧会」という名称のまま開催すれば、博覧会に拒絶反応を示す地方官を刺激し、再び挫折の憂き目をみる可能性があった。したがって内務省はフランスの競争会（コンクール）を博覧会ではなく共進会と翻訳し、まず最初に、地方経費で設立する農区共進会ではなく、内務省経費による全国規模の共進会を開催したのである。最初に全国規模の共進会を開催したのは府県にその模範を示す意味もあった(34)。

博覧会は一般的に、①大規模（長い会期と多大な経費）で地方自治体での開催は容易ではないこと、②都市部で開催される場合が多く地方出品者にとって開催地まで遠距離であること、③出品種類が多いため個々の産業の比較奨励が困難であること、といったマイナス面を持つ。これに対して共進会は、①出品種類を限定するため、その出品物の適期や適地を考慮して開設できること、②出品種類の制限により出品人・審査員・観覧人を専業者で占有できること、③このため専業者会議の開催が可能であること、④小規模なので地方自治体による開催も容易であること、といったように博覧会のマイナス面を克服しているのである。勧業諸会の強力な推進者であった大久保が没した後、共進会の開催を可能にするには、その独自性を示して博覧会と差別化し、開催意義を強調する必要があった。さらに「共進」という語には、『明治十二年共進会報告（共進会創設主旨）』に「東西相共ニ殖産改良ヲ競ヒ、国民ヲシテ知ラス識ラズ増進ノ域ニ至ラシムル」と記されたように[35]、競争意識を煽るだけではなく、「共」に殖産改良し、知らず識らずに増「進」する意が込められていたのである。

明治一二年九月に横浜で開催された製茶共進会の出品者は八四六名、同じく一一月に開催された生糸繭共進会の出品者は一一二二名、翌年二月に大阪で開催された綿糖共進会の出品者は七〇六七名にものぼる大規模な会となった。いずれも輸出増進・輸入防遏に力点が置かれた会であり、会は陳列だけに止まらず、専業者の会議である集談会も開催された[36]。

松方が大蔵省租税寮権頭であった明治六年に、国家を富強に導く方法として、「民心ノ帰向ヲ察シ、以テ農ト工商トヲ講習、奨励」することを掲げたが、この時、具体的な講習・奨励策は示さなかった[37]。しかし、松方の脳裏には様々な方策が想定されていたと思われる。その後、『米欧回覧実記』やウィーン万国博報告書等において西洋農業制度が提示されるに至った。松方はパリ万国博参加を契機とするヨーロッパ巡回により、それら農業制度が実際に運用されている状況を視察し、農業奨励策として農業博覧会が最も有益であることを確信し、帰国後、共進会として実現させたのである。

松方は、明治一二年の生糸繭共進会閉場式において、「我国産輸出品中ノ魁物」たる生糸の「費用ヲ節限シ良品ヲ廉価ニ製スルヲ主トスヘシ、若シ此目的ヲ以テ堅忍事業ヲ拡張セハ、其業永遠ニ渉リ洪益ヲ邦家ニ存有ス可キナリ」と演説し、製糸改良と事業拡張が国益につながることを強調した。そして演説の「趣旨ヲ全ク人民ニ伝」えるため、「列席ノ諸君、……郷里ニ帰ルノ日、親切諸人ニ説諭アラン事ヲ、之レ実ニ余カ深ク企望スル所ノ志念ナリ」と語ったのである。(38)また、松方は明治一三年の綿糖共進会褒賞授与式の際にも、受賞者に対して「諸君ノ其郷ニ還ルヤ益々其精神ヲ発揮シテ専ラ力ヲ実用ニ竭シ善ク後進ヲ誘掖シ、以テ大ニ為ス所アレ」と述べ、共進会の効果を拡充するため、受賞者に郷里における勧業精神の媒介者となることを期待したのである。(39)

さて、ここで右の綿糖共進会褒賞授与式で松方が述べた「精神」の意味について検討する。松方はこの授与式で受賞者に対し、本来、熱帯地方の物産である綿と砂糖は、昔人の愛国心と勤勉忍耐の力により、我国の「著大ノ物産」となったが、現在は衰退して外国産の供給に頼っているのは、「抑愛国ノ心ハ独昔人ニ存シテ勤勉忍耐ノ力ハ今人ノ曽テ有セサル所カ」と問いかけた。しかし、松方は自らこれを否定し、知名度が低い共進会に七〇〇〇名もの出品者が集まったことにより、「今人」においても「心ヲ国益ニ注クノ深キ」ことを知り、さらに出品物を細見してそこに勤勉忍耐の跡をみたと述べた。松方は共進会参加者に対して、この勤勉と忍耐の力を発揮して心を国益に注ぐ精神を、帰郷後、村民に媒介してもらうことを望んだのである。この精神こそ松方がフランスとベルギーに学んだ愛国心に基づく勧業精神であった。すなわち、松方はパリ万国博報告書で記した「人民亦皆奮励シ、政府ノ精神ヲ以テ自己ノ精神トナシ、上下一心、国ヲ愛スルノ情、藹然掬ス可シ、故ニ工事商法又駸々トシテ農事ト相並馳セ」ることを期待したのである。(40)

共進会の主要目的は、政府の精神を国民に「知ラス識ラズ」に注入し、「増進ノ域ニ至ラシムル」ことであった。この精神を地方の隅々にまで浸透させるためにも、地方共進会の設置は必要不可欠であり、明治一三年五月、松方は地方農産共進会の開催援助規定を提案した。この規定は二〜六府県による連合共進会に限り、政府が褒賞金の一部を補助する案で、翌六月には允可された(41)。この後、共進会は各地で盛んに開催されていくのである。

地租改正等に不服を唱える民衆騒擾や西南戦争等の士族反乱に対しては武力で対処した政府は、勧業政策においては鼓舞奨励政策を採用した。勧業諸会の導入目的は出品者等を鼓舞し、国民に対して気づかれないように政府の精神を注入し、自主的に生産活動を推進するように導くところにあった。

(3) 農区制度の発足と農事会

『明治十二年共進会報告(共進会創立主旨)』に「仏国ニ於テハ全国ヲ十二農区ニ分ツ……一般競争会ノ如キモ各農区ニ於テ之レヲ設ク」と記されているように、競争会(=共進会)は農区と連動した政策であり、内務省勧農局も明治一二年五月に共進会開催が允可されると、翌六月にはフランス同様に全国を一二農区に分割し、各農区への局員派遣を議決した(42)。一二農区は陸奥・出羽・岩代・関東・東海・信越・北陸・京摂・中国・四国・九州・西海であり、その設置目的は農区委員の農況視察、郡内の農事篤志者を組織した農事会議・農事通信の開設、これを発展させた農区会議と農区共進会の開設とし、農区共進会の優等出品者は全国共進会への参加が認められた。勧農局は国と府県の間に府県の連合組織である農区を設置し、府県間で農事奨励に従事させるとともに、農況視察・農事会議・農事通信・共進会を系統的［郡―(県)―農区―全国］に把握し、政策を効率的に展開しようとしたのである。これに基づき、一三年三月、内務省は勧農局職制を改正して本務課を新設し、課内に議案掛と視察掛を置き、視察掛は農区内の農事状況報告と農区共進会・農事会に関する事務を職務とした(43)。松方正義は農区を単位として政府委員の視察を行い、共進会や農事会(農事会議)を開催しようとした。つまり、全国を農区という網で覆い、民心に政府の主旨を浸透させようとしたのである。同月、松方の内務卿就任に伴い品川弥二郎が勧農局長に就いた。

さて、内務省勧農局期（明治一〇～一四年）において、全国一二農区の制度を積極的に運用した事例は少ないが、農区視察員は毎年各農区に派遣されて報告書が作成された。例えば明治一三年五月の臨時報（第二八回）には「九州農区視察員ノ報道ヲ閲スルニ、区内到処田圃ノ虫害ヲ被ルモノ少ナカラス、……各地農事ニ関スルモノ爰ニ注意シ務メテ駆除ノ方法ヲ講究」するように記され、報告を受けた岐阜県では、直ちに管内に虫害駆除について注意を払う旨を達した。(44)このように農区視察は農事通信とともに機能していたが、農区内の共進会はすぐには実施されず、農区単位ではなく、隣接県が任意に連合した共進会の開催が多かったようである。(45)

内国博・農事通信・共進会・農区（視察）と、たて続けに政策を実施した勧農局は、さらに勧農制度を拡充するため、郡村レベルにおける農事会（農談会）の設置を奨励する。(46)明治一三年五月、勧農局長品川弥二郎は府県における農事会設立を奨励する照会を発した（以下、「品川照会」と表記）。品川照会では「昨冬来、地方ノ実況視察ノ為メ、内務卿ノ認可ヲ得テ、別記ノ通、勧農区画相定」と、農区制度が内務卿の認可済であることと、農区を「勧農区画」と称してその目的を明確にした。さらに「農産共進会、農事会及農事通信等ハ各自競進ノ気勢ヲ起シ、其長短得失ヲ交換シ其利害ヲ講究セシムルノ最便方法ニシテ、欧洲諸国ニ於テモ其実益ノ著シキヲ以テ物産奨励上欠クヘカラサルノ要具」であると、農事会を農産共進会・農事通信等とともに勧農の「最便方法」とし、府県に対して以下のように開催を要望した。

農事会モ希クハ之ヲ村郡ニ起シ府県農区ニ亙リ遂ニ全国ニ及ホシ、通信其間ニ行ハレ各地ノ気脈快通シ、各地互ニ進歩ヲ競ヒ候様有之度ハ万々本局ノ希望スル処ニシテ、既ニ各地方ニ於テ開設ノ向モ有之、本局ニ於テモ全国農事会ハ早晩可相開見込ニ候得共、小会ヨリ大会ニ及ホスハ順序ニ於テ当然ニ被考候間、先以テ地方庁ニ於テ適宜御着手相成度、則別紙相添御協議旁此段及御照会候也品川は、勧農局の強い希望として、農区・農事通信と連動した郡村の農事会が設立されることを提示した。明治一二年の全国一二農区の設置時点では、農事会は郡単位で開催することが記されていたが、品川照会では村単位まで掘り下げられ、村→郡→府県→農区→全国と「小会ヨリ大会ニ及ホス」ことが順序であり、「全国農事会ハ早晩可相開見込」と述べた。つまり、早晩、政府が「大会」にあたる全国農事会を開催するので、それまでに府県が「小会」＝県下での農事会を開催していなければならないことになる。すなわち品川照会は農事会の系統を示し、府県にその開催を強く求めたものであった。照会の別紙では、農事会を農業熟練者が各自の習慣や意見を交換会談する場であると記すとともに、次の「農事会概則」を掲げた(a)〜(j)は筆者が便宜上付した)。

(a)一　管内各農区内組合部落ヲ定メ農事会ヲ開クモノトス
　但部落ノ大小広狭ハ土地ノ便宜ニ従フモノトス
(b)一　農事会ノ名称ハ地名又ハ郷名等ヲ以テ適宜之ヲ付シ何々農事会ト称ルモノトス
(c)一　農事会ノ目途トスル件々大凡左ノ如シ
　一　農業上百般ノ事ニ付各自ノ習慣及意見ヲ交換会談スル事
　一　農産物并農具展覧会及共進会等開設ノ方法ヲ商議シ作人奨励ノ途ヲ設クル事
　一　種子苗木類ヲ広ク交換シ栽培ノ良否并肥料ノ得失実験ノ法ヲ設クル事
　一　農業上ニ関スル水利土工及牧畜開墾ノ事ヲ商議シ部内ノ洪益ヲ図ル事
　一　植物虫害駆除ノ方法ヲ商議スル事
　一　農産物改良進歩ノ方法ヲ商議スル事
(d)一　農事会員ハ町村於テ之ヲ公撰シ又ハ部内老農有志輩ヨリ結合成立スルモノトス

(e)一　会員中ヨリ会頭副会頭其他ノ役員ヲ公撰スルモノトス
(f)一　会頭副会頭ハ該会ノ顚末ヲ其都度郡役所へ報道シ郡役所ハ之ヲ本県ニ報知スルモノトス
(g)一　農事会ノ規則ハ該会於テ便宜之ヲ編制シ郡役所ヲ経由シテ県令ニ開申スルモノトス
(h)一　農事会ノ費用ハ有志醵金又ハ協議集金等ヲ以テ支弁スルモノトス
(i)一　一農区乃至数農区聯合シテ農事会ヲ開クコトアルへシ
(j)一　農事会ノ開閉ハ其都度郡役所へ報告スへシ

この概則から農事会は、県・郡の管理下(f)・(g)・(j)、県内の農区の村々を単位として(a)、公選された老農によって組織された(d)・(e)、農業総合会議(c)であることが判明する。議題は広範にわたり(c)、在来農法に関する意見交換、勧業諸会開設、種苗交換・植物試験、水利土木・牧畜開墾、虫害駆除、農事改良方法等が審議事項とされ、農事会の発展構想(村→農区→連合農区)(i)も示された。会運営は官費ではなく、醵金や村の協議費(h)でまかなわれることとなった。

次に品川照会に対する府県の回答を以下に要約した。品川に県令名(代理名)で返答している府県①〜⑤と、品川照会に対応していると判明する県⑥〜⑩を記した(47)。

①三重県(明治一三年六月五日、県令岩村定高)

明治一三年一月に各郡の農業篤志者を集め会合を開き、この会を郡村にも拡充する意向である。隣県と連合会を開く計画もあり、すでに愛知県の同意を取り付けた。

②京都府(明治一三年六月一一日、府知事槇村正直代理、大書記官国重正文)

明治八年来、農産品評会を開催し、老農を選び「播種耕作肥糞ノ精粗ヨリ、作用臭味収穫ノ得失ニ至ルマテ討論審査ヲ遂ケ、併セテ種子ノ交換等」を行っている。本会は品川「照会ノ農事会ト粗其趣旨ヲ全フスルモノ」で、以後拡大する方針である。

③福岡県（明治一三年六月一一日、県令渡辺清代理、少書記官杢醇）

年二回、県庁で「勧業大集会」を開設し、県下を「三区画トシ（農区トモ言ハンカ）四季ニ勧業小集会ヲ開ク、又各村落ニハ適宜区域ヲ立テ農談会」を開催し、この三区画に民情視察のため勧業課員を派遣した。これらの諸会を以後拡大する方針である。

④山形県（明治一三年六月二二日、県令三島通庸）

明治一二年冬に郡長会議で「勧業談会」を各郡一ヶ所設置する議を決したので、今後、農事会を速やかに開設する方針である。

⑤広島県（明治一三年七月二六日、県令千田貞暁）

明治一二年七月より四季に一度、郡区で老農と勧業世話掛による「耕耘栽培ヨリ撰種肥料農具等ノ得失」について会合を開催した。また、「本年ヨリ地形等相均シキ村落ヲ区画シ、仮ニ勧業部落トナシ、猶一層農事通信ヲ緻密シ農事会ヲ旺盛」にする方針である。

⑥石川県（明治一四年「勧業第四回年報」）

農事会の発展を、第一段階（農民が集まり議題を設定せず自由に談話する会）、第二段階（議題に基づき意見交換、試験、報告し、農事進歩をはかる会）、第三段階（規模を郡単位まで拡大し、農業上公共一般にわたる事項まで衆議にはかる会）の三段階に分類した。明治一三年時点では第一段階、一四年時点では第二あるいは第三に到達した段階であり、今後は県下の「農会区画ヲ整頓シ」、第三段階まで発展させる方針である。

表3-12　埼玉県農区

	農　　区	小農区数
1	北足立・新座郡	5
2	入間・高麗郡	13
3	比企・横見郡	8
4	秩父	18
5	大里・幡羅・榛沢・男衾郡	12
6	児玉・賀美・那珂郡	12
7	北埼玉郡	7
8	南埼玉郡	6
9	北葛飾・中葛飾郡	4
計	9農区	85

典拠：「普通農事誌」(「埼玉県誌資料」埼玉県、1912年(埼玉県教育委員会編『埼玉県史料叢書』8、明治期産業土木史料、1996年、115〜119頁))より作成。

⑦静岡県(明治一四年「勧業第一回年報」)

「日本全国勧農区分割ニ際シ勧農局長ノ照会ニ基キ」、その主旨を各郡に達すと「各郡勇躍奮興シテ乍チ規則ヲ編シ、談会ヲ開クニ至ル、……一組合一町村令セスシテ陸続農事会ヲ開設スルニ至レリ」。さらに管下を地勢により一三農区に区画し、一農区内を数組合に分割した。組合は「風土人情ノ適否ニヨリ数町村ヲ聯合」し、「此ノ如ク聯環結合シテ屢農事会ヲ開キ、……漸次全国大農区ニ及ホサントスル」方針である。

⑧栃木県(明治一三年六月二一日、県令鍋島幹「勧業区分割、委員撰挙及ビ事務心得」)

各郡を勧業区に分割し勧業委員を設置した。その職務は「官民ノ間ニ紹介シ農工商ノ諸業ニ注意勧奨」することで、在来産業の蕃殖・改良、未着手事業の創始、衰退産業の興隆、開墾・牧畜業推進、運輸の便の開通、勧業会・農産会の開設とした。

⑨埼玉県(大正元年「普通農事誌」)

品川照会に基づき各郡を九農区に画し、この農区をさらに八五の小農区に分割し(表3-12)、毎区に農区委員を一人置き、農事通信、種苗交換、その他の民業奨励を委嘱した。農区単位で勧農政策を実施する計画である。

⑩新潟県(明治一三年六月一六日「新潟県布達全書」丙第六〇号)

品川照会にしたがい、明治一四年一月に「農談会概則」七条を策定し、町村と郡区で農談会を開設することや、農談会開催の郡長への報告義務等を規定した。

品川照会の発信時点で、すでに農事会を開催していた府県もあり、いずれも拡大方針を表明した。品川照会は府県に萌芽していた農事会の芽を伸張させるものであった。乾宏巳氏が、行政に取り込まれていった農談会が本来の老農の個別具体的な経験技術の交流という特色が急速に薄れ、行政側の作成した共通テーマが権力的に強制されることになったと指摘するように(48)、内務省は農事会の開設を奨励するとともに、これを整理し、その画一化を促進していくのである。

品川照会に対応して、右に記したように福岡・静岡・埼玉のように管下に農区を設置した県や、農区と類似した区画を設置した県(広島、栃木、石川)もあった。府県管内の農区を設置した事例として埼玉(表3-12)、秋田(表3-13)を掲げた。二県とも管内の郡を連合して農区を設定し、その下にさらに小農区(村落集合体)を設置し、県—管内(大)農区—小農区という勧農政策の系統的施行を構想した。第二部第二章第一節で述べた「上書」の農区構想(全国—聯農区—大農区(府県)—中農区(郡)—小農区(村落))に近似している。埼玉県では明治一五年の県会で農区関係費が否決され、農区単位による勧農政策は実施不可能となったが、秋田県の農区では委員が巡回し、植物改良を指導する等、実質的に機能していたようである(49)。

府県において勧業気運が高まり、勧業諸会が開かれるようになった。品川はこの気運に乗じて農区制度に基づき農事会開設を奨励し、府県もこれに応じて農事会を開催、整備するようになった。次項では農事会の事例として岐阜県を分析する。

表3-13　秋田県農区

	農　　区	小農区数
1	1大農区(南秋田・河辺郡)	4
2	2大農区(由利・仙北郡)	6
3	3大農区(平鹿・雄勝郡)	5
4	4大農区(山本・北秋田・鹿角郡)	5
計	4大農区	20小農区

典拠：農林省編『農務顚末』6(1957年、1248～1254頁)より作成。

3　岐阜県の農事会事例

(1) 農事会の開催と農区の設置

岐阜県は郡区町村編制法に基づき、明治一一年一一月に県内を二五郡とし[50]、明治一三年六月、埼玉・秋田のような大農区―小農区という形式にはせず、郡に準拠して表3-14のように二七農区に区分した。海西・席田といった小郡は隣郡と合併され、安八・武儀・加茂・恵那といった広闊または人口稠密な郡は分割され、二七農区となったようである。従来一七名であった農事通信委員は一三年一〇月に各農区に一名、計二七名に増員され、農区内に「組合ノ部落ヲ定メ、老農或ハ製産者ヲ会員トナシ、毎部落一農区若クハ数農区聯合シ農事会及ヒ農産陳列会等ヲ開」くに至った[51]。

品川照会と同月(明治一三年五月)の二九、三〇日の二日間、安八下農区の福束輪中一三ヶ村では、「経験老練ナルモノ」四〇名が選出され、岐阜県勧業掛や安八郡長鈴木徹も出席して初めて農事会が開催された[52]。鈴木郡長は開会祝詞として、農事会を「一団結ヨリ漸次全国ニ拡充スレハ、豈農事改良ノミニ止マラン、民力ノ滋潤延テ国力鞏固ノ基トナリ、皇国ヲシテ昌盛ナラシムルノ一大原素ト云フモ過言ニアラサルヘシ」と、農事会拡充が国家富強の基礎となることを力説した[53]。続いて会頭の棚橋五郎が、「農事ノ改良モ天下ノ輿論トナリ、……農事ヲ講スル者各地ニ輩出シ日ニ旺盛ス、然リト雖トモ泰西ノ農事ヲ講スル者ハ之ニ癖シテ特ニ彼レノ理論ノ高尚且現業ノ壮大ニ心酔眩惑シ、我国禾穡培作ノ大事業ヲシテ度外視シ、叨リニ経験ナキ新法奇術ヲ世ニ誇示スルハ抑何ノ心ソヤ、……噫軽躁事ヲ誤ルモ亦甚シトス、豈警メザル可ケンヤ」と述べた。そして「月ニ日ニ此業ニ慣習窺知シタル老農夫ヲ集メ農談会ヲ開設」し、「国家富強ノ進路ヲ開キ我国農業ノ正鵠ヲ失ハサランコト企図スル所ナリ」と演説を結んだ[54]。棚橋は明治一二年に学農社で津田仙の教えを受け、帰郷後は農事通信員、農区委員をつとめた該地方の農事改良の先導者であり、県第二課から貸与されたプラウ(西洋犂)等が、狭小な農地のため適応しなかった経験を持っていた(第三章第二節)。棚橋は西洋農業に心酔する者を非難し、在来農業に立脚した農事改良を推進して国家富強の進路を開くことを宣言したのである。

会は棚橋の発問に対して会員が応答する方式で進行した。棚橋は発問に先立ち「本日ハ草創ノ事、各自満分ノ心裡ヲ吐露」するように求めた。質問事項は野菜や穀類等の播種法から培養・耕耘・施肥法まで多岐にわたり、会員が各自の経験を述べた。会員の中で特に熱心だったのが小林半平であった。小林は棉の施肥法を説明した後、「抑モ此術ニ於テハ、予カ家祖先ヨリ一子相伝ト称シテ、未タ此術ヲシテ他人ハ勿論、金百疋ヲ要セザレバ娣妹ニモ伝ヘザレトモ、斯ク文化ノ世ニ遭遇シ、加フルニ今般農談会員ニ撰挙セラレ、故ニ旧慣ヲ蟬脱シ此会場ニ陳述シ、彼我倶ニ公益ヲ謀ラト〔ママ〕存ジマス」と語った。鈴木郡長は閉会式で、小林半平のように「秘法ト雖トモ互ニ陳述シ、協心努力公衆ノ

表3-14　岐阜県農区一覧

	農区名	郡　　名
1	厚見	厚見
2	各務	各務
3	方県	方県
4	羽栗	羽栗
5	中嶋	中嶋
6	海西下石津	海西・下石津
7	多芸	多芸
8	上石津	上石津
9	不破	不破
10	安八上	安八(揖斐川以西)
11	安八下	安八(揖斐川以東)
12	大野	大野(旧美濃国)
13	池田	池田
14	本巣席田	本巣・席田
15	山県	山県
16	武儀東	武儀(津保谷・神淵谷)
17	武儀西	武儀(上記以外)
18	郡上	郡上
19	加茂西	加茂(飛驒川以西)
20	加茂東	加茂(飛驒川以東)
21	可児	可児
22	土岐	土岐
23	恵那南	恵那(中仙道以南)
24	恵那北	恵那(中仙道以北)
25	益田	益田
26	大野	大野
27	吉城	吉城

典拠：「管内勧農区画ヲ定メ相達セリ」(『岐阜県史稿』政治部・勧農2(明治5～15年)(『府県史料』内閣文庫蔵))より作成。

実益漸次計ランコトヲ企望」すると述べた(55)。

西洋農業を模倣して導入された農事会であるが、その中では「新法奇術ヲ世ニ誇示スル」西洋農業ではなく、在来農業による改良をめざし、秘法も公開して「公衆ノ実益」をはかることが求められたのである。第二部第二章第一節で述べた「上書勧農寮設置」にも農家の弊害として「僅ニ伝来一家ノ産ヲ孤守」することが指摘されていた。古島敏雄氏は、近世における農業技術研究には「実験的態度の芽生えをみることができるが、……そこには深い農業技術探求心を生まず、そのため実証的な方法は農民の風とはならなかった。個別的な経験は孤立的な経験にとどまっていた」と指摘した(56)。農事会の目的の一つは、ここにメスを入れ、農業者に勧業精神とともに公共精神を持たせて、各地に個別的に伝わる優良農法を公開することであった。棚橋が発問に先立ち「心裡ヲ吐露」するように促した真意がここにある。

鈴木・棚橋演説の共通点は、農事改良が国家富強に直結する旨を説いている点である。農事会は農業者の抱く農業像を、家・村の生業から国家の基幹産業へと変換し、さらに農業者に国民としての自覚を促し、国家経済を担っているという認識を涵養させる会でもあった。農事会は村↓郡↓府県↓国という発展形態が構想されていたが、国民意識と勧業精神の扶植は、このルートを逆に滑り降りて村民に施されていったのである。

しかし、農事会の開設費は村民負担であり、これを嫌って農事会を開催しない輪中も存在した。このような村々には郡から開催が督促された。例えば明治一三年九月一三日、安八郡役所は農事通信委員の棚橋に対し、「農事会開設督促旁諭達書、別紙之通未会村々相達候間、貴兄ヨリモ高須輪中之分、可成早行該会開設相成候様、御配意被下度」と伝えた。棚橋はこれに応じ、同月一六日、早速、該地域の村々に対して農事会開設を要請した(57)。農事会は基本的には民設であるが、その開設は官から強要されたのである。

表3-15　岐阜県農事会開催数

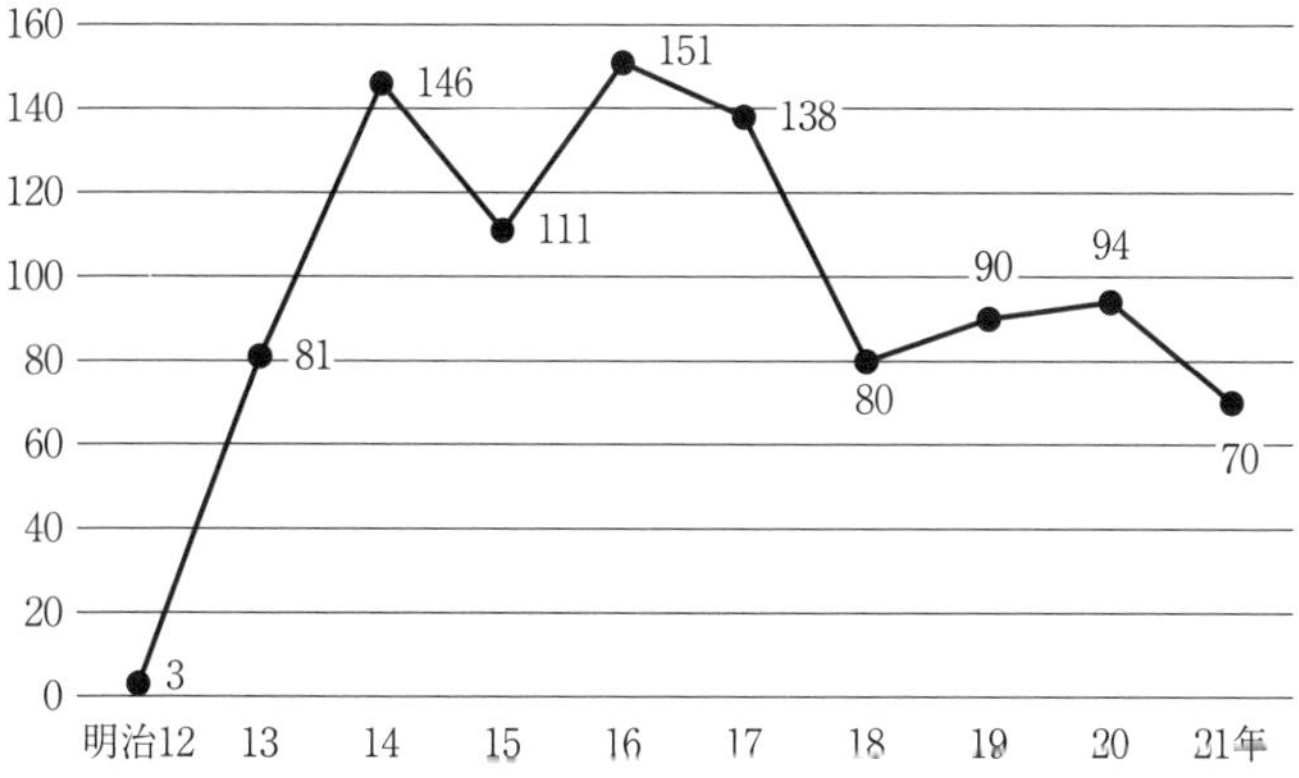

典拠：岐阜県勧業課編『岐阜県勧業課年報』2～10(1881～1889年)より作成。

農事会の活動報告は『岐阜県勧業課月報』・同『年報』に掲載され、管内農区はもとより政府や各府県に報告された。例えば可児農区農事会で建議され農区内で実行された米撰製・俵改良法が『岐阜県勧業課月報』に掲載されて各農区に周知された[58]。また、明治一四年一月、岐阜県は勧農局御用掛の船津伝次平を招聘して農事大会を開催した。船津は県内各農事会に出席し、武儀西農区農事会では麦奴(黒穂病)の予防法を学び、その有効性を確認した後、日本各地に説いてまわった[59]。このように、農事会や農事通信の拡充により、地方の優良法が農事会で公開され、報告書や農事通信委員、農政官等を媒介として各地に広められていった。これらの情報が各地の農事改良に貢献したことは想像に難くない。

(2) 農事会の変遷

表3-15に岐阜県の農事会開催数の変移を示した。県下の農事会は明治一二年に方県・可児郡で開催され、一三～一四年に急増する。品川照会もこの増加に貢献したと思われるが、この時期は米価高騰により地租の実質負担が軽減され、生活に余裕のある農家が出現した時期であり、岐阜県においても「農家ノ資産稍余裕」があり、「子弟輩之所為ヲ見ルニ自家生業ニ着眼スルナク徒ラニ末技ニ渉」るという状況であった[60]。明治一〇年の米販売代金に対する地租の割合は一五・三%で、一三年には

一〇％まで低下した[61]。この農家の好況が農事会設立を後押ししたのである。しかし、明治一五年に開催数は一時減少し、県勧業課は一六年三月に管内農事会に農事会維持方法を諮問した。地域により相違があるが、農事会は地価や村内戸数等に応じて徴収された協議費、または有志醵金によって運営されていた。このため「些子ノ労費ヲ厭ヒ、定期ニ至ルモ往々開設」しなくなった例も多く、大野農区内の各部落会では、農事会の「維持ト言ヘハ費用ノ一点ニアルモノナレハ、其資金募集ノ方法ヲ熟考」することや、「金融逼迫ノ時期ナレハ……地価百円ニ付金一銭ヲ割付」て農事会費とする案が提示された。その他の農事会では積金制度を設けて満期金額の利子で農事会を運営する案等が提示された[62]。しかしながら、表3-15が示すように明治一六年を境に農事会は減少し、一八年からは七〇～九〇代で停滞する。この不振は「金融逼迫ノ時期」＝松方デフレが直接影響していると思われるが、農事会の運営方法にも原因があったようである。

明治二九年一一月に開催された第一回関東農区実業大会において、農学者たちは草創期の農事会について次のように語った[63]。玉利喜造は農事会の不振を「組織がどうも完全でないと云ふ所」に求めた。樋田魯一は「始の間は大分労力者が経験を交換致しまするから賑かうございますけれとも、中頃以上は早や話の材料がなくなつた」と述べ、対策として組織改良等を訴えた。澤野淳は農事会参加者が「一町村全体の農民の数から言へば僅々のものであつて、大部分の人は改良法の何たるを知らす、……農家の性質として、一度や二度話を聞た位で先祖代々親譲りの方法を改めて、直ちに改良法を行ふと云ふことは容易なことではない」と語った。ここに、マンネリ化、脆弱な運営組織、参加者の限定、改良への抵抗等、農事会の問題点が浮き彫りにされた。しかし、彼等は農事会を否定したのではなく、問題点を提示して改善する主旨から発言したのであり、これらの提言が系統農会設立につながっていくのである。このように農事会は運営方法等に数々の問題点があり、松方デフレ期に減少→停滞したが、絶えることなく各地で開催され続け、農事改良を奨励していったのである。

伴野泰弘氏は愛知県の農事会が明治八〜一三年に相次いで設立され、一四〜一六年にピークを迎え、一七・一八年の不況により激減し、一九年には組織改編等により開催数が増加することを明示した(64)。明治一九年を除けば設立ブーム→ピーク・頭打ち→松方デフレによる落ち込みという動向は岐阜県と相似しており、農事会変遷の一つのモデルとして提起できるであろう。ただし、不況後の農事会復興は府県や地域の体力差により差異が生じたと推測される。

岐阜県では、品川照会に対応して農事会の未開催地域に設立を督促した。農事会は農家の好況を背景に増加したが、運営方法が未熟であることや松方デフレの影響から減少したが、開催は継続され、農事改良に貢献していったのである。

4　全国農談会の開催

勧農局は、明治一四年三月、第二回内国博の会期にあわせて浅草において全国農事会にあたる農談会を開設した。品川照会における開催予告から一〇ヶ月後の早業である。おそらく品川は当初から内国博という好機会を利用し、老農を招集して全国農談会を開催し、各地に萌芽しはじめた農事会の模範としようとしたのであろう。農談会にあわせて全国農区に出張していた農区視察掛も招集されることとなった(65)。全国農談会では勧農局が設定した八つの議題について三府三七県から招集された老農(各府県二〜四名)が返答する形式で進行したが、第一議題に五日間も費やしたため、すべての議題が終了せず、第六議題以降は参加者から意見書を提出させ、それらを編纂することとなった(66)。

第一議題では、各地方の穀物の取入方法、米の品質低下とその改善方法について諮問された。会議初日から三日間は各地の老農五二名が意見を述べ、このうち過半数の二七名が米質低下の現状を語り、うち一〇名が地租金納化を原因としている。例えば、金納化により貢納のために米を精撰する習慣がなくなったこと（辻村彦八、埼玉）、小作人が量目を増やすために十分乾燥させずに取り入れること（横田敬太、埼玉）、商人が粗悪を問題とせずに買い取ること（中野市十郎・茨城）等が原因として指摘された。対策としては、「農事会ノ挙アルヲ以テ此部落中ニテ精米優等者ヘ褒賞ヲ与フルコト」（棚橋五郎・岐阜）、共進会を開いて競争心を呼び起こすこと（後藤章七、山口）、共進会・農談会を設けて「各自進取競争ノ志望ヲ奮起」させること（藤牧啓次郎、長野）等、米質低下を指摘した二七名のうち一一名が改善策として農談会・共進会の開催を求めた。また、「近来米ノ粗悪ナルニ付、県庁郡長等ニモ別シテ注意セラレ……本年一月農談会ヲ開キシヲ以テ逐次改良ノ点ニ達スヘシ」（石野三郎右衛門・千葉）と、すでに農談会により米質が改善に向かった例も報告された。老農は農談会・共進会の必要性を確信していたのである。[67]

内務省は、各地で開催されていた農事会（農談会）の頂点として全国農談会を開催し、その序列を示すとともに、行政が設定した議題について議論するといった農事会モデルを提示して各地の農事会を整備しようとしたのである。

第二節　内務省勧農局期の国内外農業の調査

1　外国農業の調査

表3-16に農林省農務局が明治前期の勧農に関する史料を収録した『明治前期勧農事蹟輯録』により、勧農局期（明治一〇～一三年）に外国に調査派遣された勧農局関係者とその業務について記した。①は下総牧羊場の綿羊購入のため、内務省一等属門馬崇経等二名を清国（蒙古地方）に調査派遣したもので、明治一〇年（一八七七）一一月には綿羊九三六頭が同場に到着した。[68]

②はパリ万国博参加と、これに付随した調査である。松方正義は万国博の日本事務局副総裁として渡仏し、博覧会場では「終始意ヲ洪益ノ事業ニ留メ、就中甜菜培養ノ事ニハ最モ心神ヲ注キ、会場中ノ出品ニ付キ、親シク培養ノ法及ヒ製糖ノ次第等一々質問シ、益ス其稗益ノ大ナルヲ諒知」した。そして万国博終了後、ヨーロッパの田舎を重点的に巡回し、フランスでは北部の製糖事業を視察し、「益ス此業ヲ我国ニ起サヽル可ラサルヲ確認」したのである[69]。右の引用史料は山田寅吉『甜菜製糖新書』（明治一四年刊）に、松方が記した序文の一部である。山田は明治九年にフランスのエコール・サントラルを卒業した後、メーヌエロアール会社に勤務して鉄道建設等を経験し、一一年に渡仏した松方の知遇を得て政府雇となり、製糖業等の調査を命じられた。つまり山田は調査派遣されたのではなく、現地で雇われ調査に従事したのである。山田は一二年に帰国すると六月に猪苗代湖疎水工事設計主任、九月に紋鼈製糖所建築主任を命じられた[70]。

岸三郎（八等属）は松方に随伴してフランスに派遣され、製糖業を調査し、帰国後は後述するように愛媛県の志度製糖場や大阪紙砂糖製造会社の技術改良にあたるとともに、紋鼈製糖所の事業不振の原因を調査し、その後も沖縄や宮崎で製糖技術を指導する等、近代日本における製糖技術の移植に貢献した[71]。吉田健作（九等属）も松方に随伴してフランスで亜麻紡績を研究し、一四年に帰国すると農商務省工務局に勤務し、近江麻糸紡績会社や北海道製麻会社等の創立に関わり、製麻業

表３-16　勧農局関係者の外国派遣

派遣先	明治		派遣者	業　務
清	①	10年	門馬崇経他	綿羊購入
仏	②	11年	松方正義他 山田寅吉 岸三郎 吉田健作 内山平八	パリ万国博 製糖業調査 〃 製麻業調査 種芸調査
印	③	11年	武田昌次	小笠原試植の植物調査
独	④	13年	松原新之助	ベルリン万国漁業博
豪	⑤	13年	河瀬秀治他	メルボルン万国博

典拠：農林省農務局編『明治前期勧農事蹟輯録』上（大日本農会、1939年、539頁）より作成。

界で活躍した。[72] 内山平八（勧農局雇）は、パリの種子商ビルモランから小麦の移植・選種法等を学び、帰国後、三田育種場でその試験を実施した。[73]

③の武田昌次（一等属）は、小笠原島で栽培するキナとコーヒーの苗木買い入れのため、インドネシア・インド・スリランカに派遣され、苗木類のほか、栽培書等を持ち帰った。苗木類は小笠原島（父島）で試験栽培された（第三章第一節）。④⑤は万国博参加に伴う派遣で、松原新之助（御用掛）は博覧会事務の傍ら調査研究を進め、帰国後に『独乙農務観察記』を著すとともに、水産関係の教育に尽力した。[74] 河瀬秀治（大蔵省商務局長）はオーストラリアで開催されるメルボルン博覧会に事務官長として派遣された。この万国博の報告書によれば参加目的は日豪の貿易拡張にあり、出品業務のほかにはシドニーにおいて市場調査を行ったことが記されている。[75]

勧農局期の外国農業調査の特徴は、第一に内務省の官営諸場のための派遣が多いことである（①の下総牧羊場、②山田＝紋鼈製糖所、内山＝三田育種場）。第二に輸入防遏・輸出増進と適地適作が結びついていることであり、寒冷地で育つ甜菜を導入して砂糖を製造し、輸入代替をめざすとともに、暖地で育つコーヒー等を栽培して新たな輸出品としようと目論んだ。第三に派遣先はフランスが多いことである。表3-16には記さなかったが、京都府もパリ万国博を好機会として「海外之農事ヲ実試シ器械ノ利便肥培之効用ヲモ専修究明」するため農民二名をフランスに派遣することを内務卿大久保利通に上申した。[76] 政府や京都府はパリ万国博を契機にヨーロッパの産業を学び、その技術等を導入しようとしたのである。

2　国内農業の調査

(1) 農業熟練者の調査と勧農局員出張の事例

明治一〇年一月二〇日、竹尾忠男(七等属)が、「各府県下諸業練熟ノ者取調ノ儀ニ付伺」を提出し、全国の農業振興・物産繁殖は「芸業練熟ノ者」が先導するものであり、府県における稼穡、牧畜、開墾、養蚕、製糸、製茶・茶葉培育、農産製造の熟練者を調べて「各地方ニ報告シ、彼此互ニ其人アルヲ了知セシメハ、将来起業ノ際、大ニ裨益ヲナシ、勧奨ノ一端」となると主張した(77)。府県への依頼案の末尾には「追テ本文人物取調置、農事通信者ヲ設置シ広ク便益ノ道ヲ開キ候心算」と、熟練者を農事通信委員候補とする構想も記されており、この調査が農事通信の開設準備も兼ねていたことがわかる。これに対する府県の返信であるが、例えば愛媛県では同三月に右の旨を各区戸長に照会し、彼等の返報に基づき、稼穡(五名)、開墾(一名)、養蚕(五名)、製茶(一三名)、奉書紙製造(三名)、美濃紙・半紙製造(四名)、泉貨紙製造(二名)、合計三三名を勧農局に報告した。農産製造部門における製紙業が多いことが愛媛県の特徴である(78)。

すでに明治八年三月七日、勧業寮は府県に対し「現業練熟、且老実ナル農学家」を精選して申し立てるように達していたが(79)、今回は彼らを地域農業の先導者として農事通信委員の候補とすることを想定したのである。勧業寮→勧農局は国内農業の熟練者を重用しようとしており、西洋農業に傾倒してはいなかった。

次に農林省が明治前期の農政史料を収録した『農務顚末』に掲載されている勧農局員による国内調査を概観し、その傾向を抽出する。まずは勧農局員の出張の一例として多田元吉を挙げよう(80)。多田は文政一二年(一八二九)に上総富津(現・千葉県富津市)に生まれ、万延元年(一八六〇)には神奈川奉行下番となり、維新後は静岡に移住し、茶の栽培に従事した。明治八年一〇月に勧業寮一〇等出仕となり、清国に出張、翌年二月にフィラデルフィア万国博参加のため出張するが、すぐに免じられ茶業調査のためインドに派遣された(第二部第二章第二節)。一〇年には紅茶試製のために高知県に出張し、以後、毎年のように各地に派遣された。これらの国内出張の多くは、清国やインド等で学んだ製茶技術を日本各地に伝えることを用務としていた。一二年には横浜に出張し、製茶共進会とその集談会に出席した。

同年一〇月、この集談会の結果、会のメンバーである丸尾文六等を代表として共進会事務局に対し、官設の茶の試験園設置が請願された。請願書には試験園で化学・理学に基づき研究し、その成果が報道されれば「仝業一般ノ幸福ニシテ則国家ノ公益ヲ増進セシムルノ其源ト存候」と記された。これに対応した勧農局は試験園開設を決定し、明治一三年七月に多田を土質調査等のために各地に派遣した。この結果、試験園候補地として、東京、京都、千葉または茨城、静岡、熊本または鹿児島、の五ヶ所が選定された(81)。ところが、一四年四月の農商務省設立の際、「其議一変シ、官接〔設〕ヲ廃〔シ〕民接トシ、更ニ試検費ヲ補助スルコトニ内決スルモ」、民間からの希望者がなかったため、試験園は駒場農学校内に開設されることとなった。しかし、これも取りやめとなり、一五年に東京製茶会社の茶園において試験が実施されることとなった(82)。試験園構想は官設(府県五ヶ所)→補助金支出による民設→官設(駒場農学校)→民設と二転三転した。松方正義がフランスから帰国した後、官営事業の民営への移行が推進されるが、それらが円滑に進められたわけではなかった。

維新後、刀を捨てて茶の栽培に従事した多田は内務省に仕官し、国内外で茶業の専門知識・技術を身につけ、国内各地でそれらの知識・技術を広め、共進会における審査や会議に出席し、茶業の改良に貢献したのである。

(2)輸出増進と新事業の育成

明治一二年の製茶集談会を契機として茶の試験園の設置場所の調査が実施されたように、勧農局期の調査は、やはり輸出増進、輸入防遏に関わるものが多い。茶業に関しては、明治一一年に杉田晋(八等属)等が、紅茶伝習場設立の適所を探すために九州に派遣され、調査の結果、交通運輸を考慮して、当初の予定地であった日向国臼杵郡高冨から延岡に変更する旨を勧農局長に上申した(83)。

煙草も期待された輸出産業であり、明治八年からアメリカ向け煙草の試験栽培が、豊岡県他、従来の煙草栽培地で行われていた。一一年一二月、岡毅(三等属)は、外国煙草の「栽培試験所ヲ適地ニ設ケ」、老練の農夫を招集して「栽培及乾燥方ヲ講究改良シ、果シテ外人ノ嗜好ニ適スル品質ヲ産スルニ至ラハ本土ニ帰県セシメ、其機ニ投シ之ヲ勧奨セハ国産振起ノ捷径」となると上申した。(84) 翌一二年二月には阿蘇郡高森に試験所が開業し、地元の熊本のほか、大分、福岡、岡山、岐阜、愛知県から煙草栽培の熟練者が招集された。この六県に絞られたのは「格外遠隔ノ地ヨリ招集スレハ風土気候ニ不慣ノ為メニ却テ失敗ノ憂モ有之」という配慮からであった。各県への老農招集の依頼文で「手慣居候鍬鎌之類ハ一ト通持参候」と、使い慣れた農具を持参することが記されているように、アメリカ煙草の栽培には在来農具が使用されたようである。同年八月には栽培結果を調査するため町田呈蔵(七等属)等が試験所に派遣された。一一月に提出された町田の報告によれば、当該地は「天幸ヲ得テ意外望外ノ美葉ヲ人民ノ目撃スルヨリ、……現物ノ目覚シキ有様ヲ刮目シテ来年ハ何ニヲ扨置キ此ノ煙草ハ是非共作リ度、奮興」する状況で、地元からは翌一三年も試験を継続してほしい旨が陳情された。これに対して町田は、①試作が地元に大きな影響を与えたので、今後は県官や篤志者に委託すれば、一般人民も各自奮発し、改良、進歩が見込まれる、②販売順序を確立しないと「姦商」の私腹を肥やすこととなる、③試験場は熊本から東京の中間の煙草産地に新設した方が風土気候も異なり、熟練・発明が生まれる、との理由で反対した。しかしながら、試験は一三年も継続された。一方、町田の意見③も採用され、岡山県に新試験地が設置されることとなった。

次に新事業開始のための調査として、播州葡萄園の適地調査を行った福羽逸人の事例をみてみよう。明治一〇年一二月、福羽は内藤新宿試験場の農業生となり農業園芸と加工品製造に従事し、一一年にブドウ栽培法調査として甲州に出張、一二年五月には御用掛となり、七月に伊豆七島を巡回し、一〇月には和歌山県における柑橘栽培法を調査するとともに兵庫県にも赴いてブドウ栽培試験地を選定した。一三年二月には大阪府及び近県に派遣され、栽培試験地調査を行い、最終的に播州加古郡に葡萄園が設立されることとなった。また同年一〇月には福岡県に出張したが、これは自由民権を唱えて政府に反抗する玄洋社の動向を憂慮した松方正義が、社員を産業に従事させるために福岡におけるブドウ栽培を計画し、福羽に調査させたものである。しかしながら調査の結果、玄洋社が選定した土地が不適当と判明したため、計画は実現しなかった。果樹栽培は適地適作を推進して国力を増進するところにねらいがあるが、松方と福羽のブドウ栽培推進が士族授産と関係していたことは興味深い。福羽の調査の成果は『甲州葡萄栽培法』『伊豆諸島巡回報告』『紀州柑橘録』として報告された(85)。

勧農局員の出張は植物栽培の適地選定に関するものが多いことからも、勧農局に植物を無差別に導入しようとする姿勢がないことは明らかである。次の垣田彌(四等属)が明治一〇年二月に提出した「岐阜県外四県二府巡廻中聞見録」からも勧農局員の様々な配慮がうかがえる(86)。垣田は勧業寮で嶺岡種畜場等、牧牛に関する業務を担当しており、本報告は九年一〇月、熊本に出張した帰途に福岡・山口・兵庫・大阪・京都・岐阜の農牧業関連を見聞した際の報告である。全般的に牛馬に関する記事が多いが、岐阜県の報告では、植物試験所、牧場、牛馬、生糸・蚕種、茶等の産物について記した。福岡県の植物試験場の報告では、将来的に「和洋各種ヲ植テ培植方法ヲ精密」にすること、「広ク縦観セシメ、精粗ニ依テ損益ノ有無ヲ知ラシメ」ること、「土地ニ適スヘキ品物ヲ植テ現ニ其利益ヲ挙テ勧導スル」こと等、その目的が内外種の栽培とその方法の精確化、試験の公開と啓蒙、適地適作の推進にあることを記した。特に試験栽培を「近傍ノ者ニ看護」させ、生育後、「人費利益ヲ計較シ人民ニ示スヘシ、総シテ農人多クハ愚ニシテ、耳ノ聞ク処ヲ信セスシテ目ノ見ル処ヲ信スレハ、言舌ノミノ能ク届クヘキニアラサレハナリ」と記し、目にみえるかたちで利益を提示しなければ、農民は反応しないと記している点は重要である。

また勧農局は滋賀県の彦根製糸場設立に協力するため、明治一一年三月、石川正龍(勧農局雇)を派遣し、器械設置の指導を行った。石川は五年一〇月から大蔵省租税寮雇として富岡製糸場の機械設置にあたり、明治九年には多田元吉とともにインドに派遣された経験を持つ。彦根製糸場は滋賀県令籠手田安定の主導により、廃藩以降に衰退した県内産業を復興するため、明治一一年に設立された県営製糸場である。県内の製糸業の発展と士族授産を目的に、在来の養蚕業を基礎としながら器械製糸が導入された[87]。このような地方の勧業振興を援助することも、勧農局員調査派遣の重要な目的であった。

(3) 事業着手後の状況調査

勧業寮(勧農局)は明治初年から続く砂糖の輸入防遏のために製糖業を育成しており、これに関連する調査派遣も多い。明治七年四月、前近代より砂糖(甘蔗)の特産地であった讃岐地方の志度村(現、香川県さぬき市)に、高松の旧砂糖問屋が製糖場を設置し、イギリス製機械による操業を開始した。しかし製糖は円滑に進まず、一〇年三月・一〇月に岸三郎(勧農局雇)が派遣された。岸は明治九年に内務省雇となったが、勧業寮が勧農局に縮小された一〇年一月に解雇され、翌二月、日給五〇銭で再雇用されていた。岸は三月の調査後、製糖場には機械運転の熟達者がおらず、機械が「空シク廃物」となっていること、この機械は初製糖用のもので精製はできないこと、糖蜜を分離する機械を用いれば「台湾砂糖」程度ならば製することができることを報告したようである。愛媛県令岩村高俊の報告によれば、岸は一〇月の調査の際、「昼夜勉励ノ試験ニヨリテ機械ノ運転許多ノ功用ヲ発見」し、さらに岸の周旋による大阪の中之島製糖所における分離・精製機械の試験により、志度村製糖場の社員が分蜜機の有益なことを知り、明治一一年に同場に分蜜機が設置されるに至ったことがわかる[88]。その後、岸は明治一一年に勧農局八等属となり、前述したようにパリ万国博に派遣された。

甜菜については、明治一二年九月、岩手県に出張した勧農局員の河井貞一等から同県の虫害や栽培状況報告がなされた(89)。寒冷地による砂糖原料の栽培を推進しようとしていた勧農局であるが、これを阻む虫害が報告されたのである。勧農局による事業が拡大すると、これに比例して事業の障害となる病虫害、有害鳥獣、天候不順等が問題化し、勧農局はその対策に追われることとなる。特に東北地方の虫害は深刻で、明治一〇年には、鳴門義民(五等属)が稲虫調査のため青森・秋田県に派遣された(90)。鳴門は五月から虫害の状況を調査し、対策として螟虫が産卵、蝕した稲藁を焼くこと等を提言し、青森県令山田秀典は、これに応じて津軽郡各区に諭達した。その後、青森県では駆除方法に稲藁を打ち潰す方法を取り入れる等、虫害対策を進めた結果、明治一一年の被害は一〇年に比して半減し、同じく一二年は三分の二を減じた旨が報告された。さらに鳴門は、一一年には九州に出張し螟虫駆除を指導したが、この際、青森県の経験が大いに役立ったという(91)。東北地方における鳴門の調査は、前述したように『農事月報』第一号(明治一一年三月)に「鳴門義民稲螟駆除実験説」として掲載された。

また、牧畜関連では、明治一一年二月に駒場農学校の獣医学教師マック・ブライトが下総牧羊場に派遣され、その後、羊の病害調査を報告した。一二年には太田常次郎(勧農局雇)が栃木県の那須牧場の牛病調査に、一三年には牧雄蔵(勧農局雇)が茨城県の馬病調査に派遣され、その後、復命書を提出した(92)。

甜菜とともに輸入防遏のために推進された綿栽培であったが、明治一〇年、勧農局は綿の種子頒布のみでは栽培成績があがらないと判断し、綿栽培に経験のある局員を派遣して有志者に試作を依頼することとした。そして同年三月、栽培地調査を兼ねて内野信貫(勧農局雇)を大阪・兵庫・堺・静岡・愛知・三重県に派遣し、同年一〇月には、その景況調査のため内野を再派遣した(93)。この草綿栽培については第三章第一節で詳述する。

勧農局期の国内農業調査の特徴は、第一に農業奨励のため府県の農業熟練者を把握しようとしたことである。第二に勧業寮期に着手された事業運営の障害を除去するための調査が多く、現地に赴き対策を指導したことである。そして第三に調査というより、地方における勧業事業の援助・指導を行っている場合が多いことである。各府県においても製糸や製糖、綿栽培等、地域の特徴を活かした産業振興が進められており、勧農局員は西洋技術を活用する等して、その活動を援助した。日本各地で勧農政策に対する障害があらわれたということは、それだけ勧農局の政策が拡大したことを示している。また、府県における勧農局員の指導・協力の増加は、府県の勧農政策が進展したことも示しているのである。

註

（1）日本史籍協会編『大久保利通文書』七、一九二八年、四五～四八頁。
（2）拙著『博覧会の時代』岩田書院、二〇〇五年、第三部第二、三章参照。
（3）『明治十年府県勧業着手概況』（土屋喬雄編『現代日本工業史資料』労働文化社、一九四九年）。
（4）ドクトル・ワグネル「第一回内国勧業博覧会報告書」一四八頁（『明治前期産業発達史資料』八、明治文献資料刊行会、一九六四年）。
（5）前掲、國『博覧会の時代』八二～八四頁。
（6）「各府県ニ於テ小博覧会興行ノ節審査官派出方」（内閣官報局編『法令全書』明治一一年一一月、内務省達乙第七七）。例えば明治一一年には松山や新潟等で博覧会が開催された（『愛媛県史』資料編社会経済下、一九八六年、一九～二〇頁。『新潟市史』資料編五近代一、一九九〇年、四〇二頁）。
（7）『郵便報知新聞』明治一〇年一〇月一六日（郵便報知新聞刊行会編、復刻版、一三、柏書房、一九八九年）。

（8）勧農局三田育種場編『三田育種場農産会市ノ順序』一八七七年。

（9）「三田育種場　大市操場云々に付千葉県外五県へ回章」（東京府勧業課『回議録』第一四類・農業・全〈勧業課〉三田育種場の部、609-B7-1(1)、東京都公文書館蔵）。この史料の表題は「千葉県外五県」（千葉、神奈川、埼玉、栃木、群馬、茨城県）と記されているが、その後、他府県にも照会したようである。③の開催月変更に関しては政府に要請して聞き入れられたようである。

（10）大日方純夫他編『内務省年報・報告書』五、三一書房、一九八三年、二六一頁。

（11）農林省編『農務顛末』六、一九五七年、三九頁。

（12）『読売新聞』明治一一年五月二二日、同八月一四日（『明治の読売新聞』CD-ROM版、読売新聞社、一九九九年）。「三田四国町同局育種場内種物陳列所建築伺」（『公文録』明治一一年五月、内務省伺一、国立公文書館蔵）。

（13）農務局報告課編『各地方老農家及び種苗戸名簿』一八八二年、二頁。

（14）『農務顛末』六、七二七～七三〇頁。

（15）「農事通信仮規則廻送　勧農局」（前掲『回議録』第一四類・農業・全〈勧業課〉608-C5-6(24)）。

（16）『内務省年報・報告書』五、二三三～二三四頁。『農務顛末』六、七三〇～七三三頁。

（17）『読売新聞』明治一一年一月二三日、同二月八日、同二八日（前掲「明治の読売新聞」CD-ROM版）。勧農局編『農事月報』一、一八七八年三月。

（18）日本農業発達史調査会編『日本農業発達史』九、中央公論社、一九五六年、六八八～六八九頁。

（19）『農商務卿第一回報告』～『農商務省第七回報告』（『明治前期産業発達史資料』四(一)、明治文献資料刊行会、一九六〇年、五頁(第一回)、一〇頁(第二回)。同四(二)、九頁(第三回)。同四(三)、一二頁(第四回)。同別冊一七Ⅰ、三一

頁(第五回)。同別冊一七Ⅲ、四一頁(第六回)。同別冊一七Ⅴ、三四頁(第七回))。明治一一年度は岩手・埼玉・東京・岐阜・岡山・高知・熊本・鹿児島の一府七県の管内通信委員が記されていない(前掲『日本農業発達史』九、六九〇頁)。委員が実際に設置されていなかったのか、府県からの報告がなかったのか不詳である。明治二〇年度の『農商務省第七回報告』においても東京・奈良・岐阜・鳥取・沖縄の一府四県の委員数が表記されていない。

(20) 西村卓「明治十年代における地方勧業機構の形成と展開」二(『経済学論叢』三八(四)、同志社大学経済学会、一九八七年六月)。

(21) 『山口県史』史料編近代四、二〇〇三年、六五～六七頁。

(22) 『農事報告』一六、一八八二年、一六三～一六六頁(『農事月報』は明治一四年に農商務省設立に伴い『農事報告』と改題された)。

(23) 『愛媛県史』資料編近代一、一九八四年、五三〇頁。同社会経済一農林水産、一九八六年、四四頁。

(24) 農商務省編『大日本農史』下、一九〇一年、博文館、二六九～二七〇頁。愛知の農談会については、乾宏巳『豪農経営の史的展開』雄山閣、一九八四年、二五一～二六〇頁。

(25) 伴野泰弘「明治一〇～二〇年代の愛知県における勧業諸会と勧農政策の展開」(『経済科学』三三(三・四)、名古屋大学経済学部、一九八六年三月)。同「明治一〇年代の愛知県における「農事改良運動」の展開」一(『経済科学』三四(四)、一九八七年三月)。古橋の経歴は前掲『日本農業発達史』三、二六二～二六七頁。

(26) 農林省農務課『明治前期勧農事蹟輯録』上、大日本農会、一九三九年、四八八頁。

(27) 大蔵省編『明治前期財政経済史料集成』一、明治文献資料刊行会、一九六二年、五二二～五二四頁。

(28) 『法規分類大全』官職門、官制、内務省二、七六二～七六三頁。

(29)「羅紗製造所開設伺」(『公文録』明治九年三月、内務省伺三)。「綿糸紡績所設置并該器械購求伺」(『公文録』明治一一年四月、内務省伺一)。
(30)農務局編『勧農局沿革録』一八八一年、一七～一八頁。『内務省年報・報告書』別巻三、一二三頁。
(31)例えば、室山義正『松方財政研究』ミネルヴァ書房、二〇〇四年、一四八～一四九頁。
(32)勧農局・勧商局編『明治十二年共進会報告(共進会創設主旨)』一八八〇年、一頁。
(33)「生糸茶共進会規則開設ノ件」(『公文録』明治一二年四～五月、大蔵省四月・五月)。
(34)「大蔵大臣伯爵松方正義閣下の演述」(『大日本農会報告』一〇七、一八九〇年六月)。
(35)前掲『明治十二年共進会報告(共進会創設主旨)』三頁。
(36)勧農局・商務局編『明治十二年共進会製茶審査報告』一、一八七九年。同『明治十二年繭糸共進会審査報告』一、一八七九年。勧農局・商務局編『明治十三年綿糖共進会報告』六、有隣堂、一八八〇年、九頁(『明治前期産業発達史資料』九)。
(37)「国家富強ノ根本ヲ奨励シ不急ノ費ヲ省クベキ意見書」(「大隈文書」A九六八、早稲田大学図書館蔵)。
(38)「於横浜町会所生糸繭共進会閉場式ノ節」(前掲『明治前期財政経済史料集成』一、五六五～五六六頁)。
(39)前掲『明治十三年綿糖共進会報告』六、四二～四五頁。
(40)仏国博覧会事務局編『仏国巴里万国大博覧会報告』第二篇、七五頁(『記録材料』国立公文書館蔵)。
(41)「府県連合共進会褒賞金給与手続ノ件」(『公文録』明治一三年六月、内務省二)。
(42)前掲『明治十二年共進会報告(共進会創設主旨)』一〇～一一頁。前掲『勧農局沿革録』一六～一七頁。『農務顚末』六、七三三～七三五頁。

(43)『法規分類大全』官職門、官制、内務省二、七六二～七六五頁。

(44) 明治一三年五月三一日「虫害駆除ノ方法等申報スヘキ義ニ付左ノ通諭達ス」(『岐阜県史稿』政治部・勧農二(明治五～一五年)(『府県史料』内閣文庫蔵))。

(45) 明治一四年二月に三重、愛知、静岡、山梨県による第一回東海農区四県聯合共進会が開催され、綿・糖・生糸・繭・茶の五品、計三六五〇点が出品され、入場者は三万九三七〇人にのぼった、第二回は翌一五年、三回は二〇年、四回は三一年(この会より岐阜県を加えて五県となる)、五回は三四年に開催された(『東海農区五県聯合共進会事務報告書』第五回、岐阜県、一九〇一年、一頁)。その他、明治一四年には神奈川・栃木・群馬・埼玉の四県(出品は繭・生糸・織物)、開拓使・秋田・新潟・石川・福井の一使四県(米・繭)、翌一五年には山梨・静岡・愛知・三重の四県(繭・生糸・茶・藍)、群馬・福島・栃木・埼玉・神奈川・山梨・長野の七県(繭・生糸・絹織物・綿織物)、長崎・福岡・大分・熊本・鹿児島・沖縄の六県(繭・生糸・茶・砂糖・櫨・蠟)、福井・石川の二県(繭・生糸・麻)の聯合(連合)共進会が開催された(前掲『農商務卿第一回報告』二五二～二五三頁、『農商務卿第二回報告書』二五四頁(『明治前期産業発達史資料』四))。

(46) 明治一三年六月一一日「勧農局照会書相添各地方農事会開設奨励方ノ義ニ付達示ス」(前掲『岐阜県史稿』政治部・勧農二(明治五～一五年))。

(47) ①～⑤『農務顛末』六、八〇〇～八〇二頁。⑥⑦農商務省農務局編『第一次年報』下篇三、四八六～四九四、五一四～五一七頁(『明治前期産業発達史資料』別冊一二V)。⑧『栃木県史』史料編近代四、一九七四年、三八四～三八五頁。⑨「普通農事誌」(「埼玉県誌資料」埼玉県、一九一二年(埼玉県教育委員会編『埼玉県史料叢書』八、明治期産業土木史料、一九九六年、一一五～一一九頁))。⑩『新潟県史』資料編一五近代三政治編一、一九八二年、八五二～八五三頁。

(48) 前掲、乾『豪農経営の史的展開』二五五〜二五六頁。
(49) 安藤哲氏は、農区を「共進会の不正予防を念頭においた行政措置とみられる」と述べた(『大久保利通と民業奨励』御茶の水書房、一九九九年、一〇一頁)。農区の役割にはこのような一面もあったと思われるが、基本的には勧農行政のための区画で、農業の系統的統治をはかるために設置されたのである。
(50) 『岐阜県史』通史編近代上、一九六七年、二三二頁。
(51) 明治一三年一〇月一八日「管内農事通信委員一農区一名宛配置ノ儀ヲ達ス」、同年七月二一日「勧農区画編入替ノ義ニ就キ農務局へ照会セリ」(前掲『岐阜県史稿』政治部・勧農二(明治五〜一五年))。
(52) 「農談会筆記」(「棚橋健二家文書」六〇勧業三六―一、岐阜県歴史資料館蔵)。輪中とは河川に囲まれた地区が治水のために耕地や集落の周囲に堤防をめぐらした地域である。
(53) 「(安八郡中郷村始メ十三ヶ村有志者ニヨル農談会発会式ノ祝辞)安八郡長鈴木徹」(前掲「棚橋健二家文書」六〇勧業三五―一)。
(54) 「(輪中十三ヶ村農談会開設挨拶)棚橋五郎」(同右「棚橋健二家文書」六〇勧業三七―一)。
(55) 前掲「農談会筆記」。
(56) 古島敏雄『古島敏雄著作集』九、東京大学出版会、一九八三年、七〇頁。
(57) 明治一三年九月一三日付、棚橋五郎宛安八郡役所堀祝平書翰(前掲「棚橋健二家文書」六〇勧業一九―二)。「(農事会設立之義に付依頼状(下書)農事通信委員棚橋五郎から勝賀村外九ヶ村宛)」(「棚橋健二家文書」六〇勧業四四―一)。高須輪中は福東輪中の南に位置する。棚橋の督促にもかかわらず、明治一三、一四年に該地区で農事会が開催された記録はない。

(58) 岐阜県勧業課編『岐阜県勧業課月報』一六、一八八二年、二〇～二四頁。

(59)『農務顛末』六、八〇六～八〇七頁。前掲『岐阜県勧業課月報』一九、一八八三年、一九～二〇頁。前掲『農事報告』一六、四～七頁。岩手県農商課編『船津甲部巡回教師演説筆記』一八八八年(『明治農書全集』二、一九八五年、農山漁村文化協会、一二四、一三八、一四六、一五七、一九一頁)。

(60) 明治一四年一一月一五日付、棚橋五郎宛岐阜県勧業課農務掛書翰(前掲「棚橋健二家文書」六〇勧業一九―二)。

(61) 貨幣制度調査会編『貨幣制度調査会報告』一八九五年(日本銀行調査局編『日本金融史資料』明治大正編一六、大蔵省印刷局、一九五七年、七七二頁)。

(62) 明治一六年六月『管内農事会筆記』四〇、五二～五六頁(前掲『岐阜県勧業課月報』二四附録)。

(63) 千葉県農会編『第一回関東農区実業大会報告』一八九七年、一〇二、一七六、一九九～二〇〇頁(『明治前期産業発達史資料』補巻四〇、一九七二年)。

(64) 伴野泰弘「明治一〇年代の愛知県における「農事改良運動」の展開」二(『経済科学』三五(三)、一九八八年一月)。

(65)『農務顛末』六、八〇二～八〇三頁。

(66) 農務局編『農談会日誌』一八八一年、一〇五、一一二、一二四頁(『明治前期産業発達史資料』八(六))。

(67) 同右『農談会日誌』二六～二八、四五、四九～五〇、六〇～六一、六四頁。

(68)『内務省年報・報告書』五、二四四～二四五頁。

(69) 山田寅吉『甜菜製糖新書』一八八一年、二～三頁。

(70) 三浦実編『魁星』山田寅吉博士事績調査会、二〇〇〇年、四四～四六頁。

(71) 植村正治「近代製糖技術移転と岸三郎」(『季刊糖業資報』一九九八(三)、一九九八年一一月)。

(72) 小幡圭祐「明治初年内務省の農政末端官僚」(『国史談話会雑誌』五二、東北大学文学部国史研究室国史談話会、二〇一一年)。
(73) 『農務顛末』六、六六六頁。
(74) 関根仁「明治初期における海外博覧会と漁業振興」(『中央大学大学院研究年報』三三、二〇〇四年二月)。武田と松原の職位は『職員録』内務省、明治一一年一～五月。同、明治一三年六、一一月、国立公文書館蔵。
(75) 農商務省編『メルボルン万国博覧会報告』一八八二年(『明治前期産業発達史資料』勧業博覧会資料二三六)。
(76) 『農務顛末』六、九〇三～九〇四頁。上申は許可されたようである。
(77) 『農務顛末』六、九二五～九二六頁。
(78) 『愛媛県史』社会経済一農林水産、一九八六年、三八～四〇頁。
(79) 「農学家樹芸養蚕本草三科ノ内特秀ノ者取調差出サシム」(『法令全書』明治八年三月、内務省達乙第二八)。
(80) 「多田元吉特旨被叙ノ件」(『叙位裁可書』明治二七年、叙位巻二、国立公文書館蔵)。川口国昭他『茶業開化』全貌社、一九八九年、四八三～四八六頁。
(81) 『農務顛末』二、一〇三〇～一〇五五頁。
(82) 『農務顛末』二、一〇五五～一〇六四頁。『明治前期勧農事蹟輯録』下、一三六二頁。
(83) 『農務顛末』二、八九六～八九七頁。
(84) 『農務顛末』三、六七～八二頁。町田の職位は『職員録』内務省、明治一二年一一月。
(85) その後、福羽は明治一二年に三田育種場詰、一九年には播州葡萄園の園長となり、二四年から植物御苑再興に従事した。福羽は津和野藩出身である(福羽逸人『回顧録』一九一七年ヵ(復刻版解説編、財団法人国民公園協会新宿御苑、二〇〇六年、九〜一二頁)。
(86)『農務顚末』六、九二六〜九三四頁。「農商務属垣田彌外六名林務官ニ被任ノ件」(『明治二十年官吏進退』二四、農商務省一、国立公文書館蔵)。
(87)『農務顚末』三、八五五〜八五六頁。須長泰一「富岡製糸場の機械掛石川正龍について」(『ぐんま史料研究』二三、二〇〇五年一〇月)。筒井正夫「県営彦根製糸場の誕生」(『彦根論叢』三八九、滋賀大学経済学会、二〇一一年九月)。
(88)前掲、植村「近代製糖技術移転と岸三郎」。『農務顚末』二、二五四〜二五七頁。糖業協会編『近代日本糖業史』上、勁草書房、一九六二年、一六五〜一六九頁。
(89)『農務顚末』二、三〇頁。
(90)『農務顚末』五、九九〜一〇〇頁。
(91)小岩信竹「明治前期の青森県における螟虫対策の展開」(『弘前大学経済研究』一〇、一九八七年一〇月)。『農務顚末』五、三三頁。
(92)『農務顚末』五、四八八〜四九六頁。
(93)『農務顚末』一、五二一〜五三一、五三七〜五六一頁。『明治前期勧農事蹟輯録』下、一四八〇頁。

第三章　勧農局期の勧農事業

第一節　植物試験事業

1　内藤新宿試験場の事業と三田育種場の誕生

(1) 勧農局と内藤新宿試験場

明治一〇年(一八七七)一月に設置された勧農局において植物試験は動植課種芸掛が担当した。勧農局の「各課場所事務仮章程」(一〇年一二月)には業務として、①植物栽培方法、地質風土への適否、種類の良悪等を参酌し、その利害を明らかにして一般に開示する、②穀菜・果樹・各用植物を改良・蕃殖する、③各地に種苗を頒布し選種方法を教示する、と示された。ここに無差別に西洋植物を導入しようとする姿勢は全くみられない(1)。これらの試験が行われたのが内藤新宿試験場(以下、「新宿試験場」と表記)と三田育種場であった。本節では内務省勧業寮期の中心事業であった植物試験が、勧農局期にどのように変化するのか、『内務省年報』を主要史料として分析を進める。その際、第一～六回の『内務省年報』を「年報・i～vi」

表3-17　内務省年報の年度・期間

年報	年度	期間(明治)
i	8	8年7月―9年6月
ii	9	9年7月―10年6月
iii	10	10年7月―11年6月
iv	11	11年7月―12年6月
v	12	12年7月―13年6月
vi	13	13年7月―14年6月

典拠：大日方純夫他編『内務省年報・報告書』1、3、5、6、8、別巻3(三一書房、1983～1984年)より作成。

表3-18　明治9年度の内藤新宿試験場

試験地	*面積	国内種	外国種(a)	不明	合計(b)	**a/b
果樹	149	76	398	0	474	0.83
牧草	42	0	52	0	52	1.00
穀菜	31	247	313	0	560	0.55
稲田	23	125	0	0	125	0
各用	21	121	66	0	187	0.35
用材	2	8	***91	0	99	0.91
薬草	1	67	19	0	86	0.22
見本	31	770	460	****6	1,236	0.37
合計	300	1,414	1,399	6	2,819	0.49

＊　面積単位は反。単位未満は切り捨て。
＊＊　a/b(外国種率)は小数点第3位以下切り捨て。
＊＊＊　用材の外国種には苗木を含む。
＊＊＊＊見本園内の駆虫草木園の種別、茶園の種数は不明。
典拠：大日方純夫他編『内務省年報・報告書』3(三一書房、1983年、12〜22頁)より作成。

と略記するが、その年度と期間は表3-17に記した。

年報ⅱ・ⅲによると明治九年度の新宿試験場の試験地面積は約三〇〇反(三〇町)あり(一〇年度は増減なし)、植物の種類は二八一九種、一〇年度はさらに三一五〇種に増加した[2]。九年度の試験地内の栽培植物別の面積と内外種数を表3-18に記した。三〇〇反の試験地は、果樹・牧草・穀菜・稲田・各用(茶・染料・繊維・油・蠟・養蚕・紙・煙草等)・用材・薬草・見本園に分けられていた。果樹園(一四九反)が試験地の半分を占めており、新宿試験場が果樹試験に力を入れていたことは一目瞭然である。その中でもブドウが多く(内国種一種、外国種二〇九種)、次にリンゴ(同一、同七四)、梨(同一〇、同四二)、サクランボ(同〇、同三〇)と続く。次に広い牧草園では禾本科・草木科のいずれも外国種が栽培された。穀菜園では穀類(国内種一一三種、外国種一〇九種)、蔬菜は葉用(同二六、同六〇)、根用(同三七、同三五)、果用(同四六、同九六)、香辛(同一五、同一三)が栽培された。見本園では見本用の茶・用材・穀菜・各用・牧草等各種の植物のほかに、害虫駆除用の草木も栽培された。以上のように新宿試験場ではブドウを中心に果樹栽培に重点が置かれた。その果樹園の八三%は外国種であるが、試験地全体ではわずかながらも国内種が多く、勧業寮―勧農局が国内産植物の試験も重視していたことがわかる。

(2)三田育種場の計画と開場

津下剛氏は三田育種場の本格的活動は新宿試験場の廃止後で、「その活動は全く試験場の延長されたものに過ぎない。種苗交換会が開かれたのはその唯一の特長である」と述べた(3)。一方、安藤哲氏は、新宿試験場は農産興殖の原理を講究する研究機関で、三田育種場は穀菜草木を人民の求めに応じて売与することが任務であり、内務省民業奨励方針に沿った実践的な性格が与えられたと述べた(4)。三田育種場の特徴が種苗等の交換市にあったことは異論がないが、三田育種場を新宿試験場の延長と捉えるのは、やや単純である。安藤氏が両場を試験機関と実践的機関に分けたが、こちらの方が正確な捉え方といえよう。

三田育種場の設立に深く関与した前田正名の回顧談によると、フランス留学中に内務卿大久保利通から勧業寮御用掛を命じられ、現地で産業取調に従事し、農産品や種苗等を購入して明治一〇年三月に一時帰国し、京都に滞在していた大久保を訪ねた。その際、大久保は前田に対し、①三田の旧薩摩藩邸跡地は種苗育成に適している、②市街地に近すぎるとの意見もあるが一般の啓蒙を企図するには好立地である、③種苗を改良し、府県の適地に配布して奨励することが急務である、と語った。この後、帰京した前田が三田育種場の設計創設に着手したという(5)。このように育種場の設立準備は一〇年三月以降に開始されたと述べられているが、その用地は七年八月に買収が決定されていた。

明治七年二月、勧業寮の大槻吉直(一一等出仕)は、新宿試験場が「瘠薄ノ土質ニテ、棉藍紅麻菽麦其他ノ種品、此地ニ不適モノ」が少なくないので、新試験地として地味も運輸交通の便も良い「三田元嶋津従三位邸跡」(後の三田育種場)約四万坪余の買収を提案した(6)。さらに大槻は明治五年の綿製品・砂糖・蠟・油・紅花・麻布類の輸入代価が一二四二万円余にのぼることを掲げ、これらを試作して各地方に普及させたい旨を記した。つまり、新試験地では輸入防遏のために綿・砂糖原料等の栽培が想定されていたのである。この伺いは省内で了承を得て、七月に大久保利通により太政大臣三条実美に上申され、八月に許可を得た(7)。大久保の上申には買収理由として、新試験地において各地から農夫を召集して技術交換、講習研究し、ここで得た知識・技術を帰郷後、拡散してもらい、「全国農業進歩之基」を立てることが追加されていた。ところが、八月一二日に太政官から「国事多端ノ際、莫大ノ経費ヲ要シ候ニ付、非常ノ節倹ヲ行ヒ候……官費ヲ以土木ヲ興シ或ハ勧業資本ノ為メ新ニ人民へ貸付等、焦眉ノ急ニアラサルノ費途ハ一切相止メ」るように達せられたこともあり、三田育種場に関する事業は凍結されてしまい、勧業寮が取得した新試験地用地は警視庁に巡査練兵場として貸し出されることとなった(8)。

しかしながら、これ以後も新試験地の設計は進められていた。早稲田大学図書館蔵「大隈文書」に作者不詳の「三田四国町荒地開発意見書」(明治八年七月。以下、「意見書」と表記)が収められている。この「意見書」と、従来、三田育種場を研究する際の史料とされてきた『三田育種場着手方法』(前田正名述、明治一〇年九月)を比較すると、後者に増補等がみられるが、内容に大きな差はない(9)。明治八年七月に執筆された「意見書」が内務省で認められ、これに基づき三田育種場が開発され、一〇年九月の開場にあわせて「意見書」が改訂増補されて『三田育種場着手方法』として刊行されたと考えられる。ただし、明治八年にフランスに滞在していた前田が「意見書」を執筆したか不明である。

さて、「意見書」の緒言には、日本の農民は昔から本業(五穀・蔬菜)を大切にし、余業には頓着しなかったが、これからは余業にも出精すべきであると記された。余業とは「許多ノ利益ヲ得可キ有用菓草木材、或ハ製造品ニ用ユ可キモノ及ビ牧畜ナド」である。そして本業の推進・改良と余業の普及が実現し、「百姓共」が「富饒トナレバ、官ヨリ催促布令セズトモ、各自ニ先ヲ争ヒ荒地痍田ヲモ開発」するようになると述べられ、最終的には民間による農業開発が期待されたのである。「意見書」には新試験場を次のように四分割することが記された。

第一大区　在来穀類の良種を収集し、選種改良して多収穫をめざす。

第二大区　内外果樹を栽培し、在来良種は輸出し外来果樹類は在来不良種と代替する。

第三大区　西洋ブドウを栽培繁殖する。

第四大区　交互売買の市場とする。

第一大区では本業の改良、第二・第三大区では余業の試験改良がめざされた。ここでブドウに重点が置かれた理由として、リキュールやコニャック・シャンパン・ブランデー・ワインほか「其功能実ニ枚挙スルニ暇アラス」と多用途であることが掲げられた。勧業寮がブドウ等の果樹に着目したのは、水稲に比して傾斜地栽培が困難ではないことが理由の一つであるが、多様な価値を生み出すことも重要視された（第二部第三章第一節）。また、醸造を強調したのは、日本人に不可欠な米をなるべく醸造に費やさないためである。第四大区では大市（年二回）、小市（月数回）を開催し、農産物とともに「種々ノ品物、雑貨ノ類」の売買も許可すれば、上京した人が東奔西走することなく場内で購求物が揃い、時間と労力の節約となり、そのうえ「価モ公平ナルヲ得可シ、因テ物品ノ消却、平均ノ価直、将来ノ見込迄モ此ノ会市ニ因リテ定ル可キヲ希望」した。つまり、官主導で農産物市場を創設し、農産物等の価格平準化、販売者・購買者の労力削減、そして彼等が市場で数多くの商品とその価格を見知することにより将来の計画を立てることを期待したのである。

巡査練兵場として使用されていた新試験場用地は明治一〇年一月に内務省に返還され、三田育種場として九月三〇日に開場した。明治一〇年度の三田育種場の栽培植物を表3-19に記した[10]。第一～三大区の広さは合計約八町で、三

表3-19　明治10年度の三田育種場の栽培作物

内外植物種			第1大区 面積：約3町	第2大区 同2町2反	第3大区 同2町8反
国内産	穀菽・穀果		9種(16種類)		11種(18種類)
	果樹	ブドウ		(328本)	(122本)
		果樹	2種（221本）	4種　(955本)	(38本)
		柑類		7種(1,182本)	
	各用	綿	1種(3種類)		
		黄櫨	(90本)		
		楮	(300本)		
		雁皮	(145本)		
		巻丹		1種(2,200本)	
		麻		2種（2種類）	
	用材	用材	2種（238本）	8種(2,110本)	(34本)
外国産	穀菜	穀菽菜	2種(6種類)		15種(41種類)
	果樹	ブドウ		(49,130本)	(9,605本)
		果樹		(18,458本)	(2,920本)
	各用	綿	1種(3種類)		

*「種」と「種類」の意味が不明確であるが出典の表記通りに示した。
典拠：大日方純夫他編『内務省年報・報告書』5(三一書房、1983年、263～264頁)より作成。

○町の試験地を有する新宿試験場よりかなり狭い。開設直後で育種場の栽培方針が実現していないかもしれないが、外国産ブドウを筆頭に果樹の栽培数(第二・第三大区)が突出していることがわかる。また、第三大区は「意見書」ではブドウ専用試験地であったが、実際は穀菜等も栽培された。国内産では「本業」の穀菽や「余業」の果樹類の栽培数も多い。綿の栽培種が非常に少ないが、これはすでに適地栽培に移行していたためと考えられる。計画当初の三田育種場は綿や砂糖原料等の栽培試験場として構想されたが、「意見書」により果樹栽培中心に転換されたのである。この転換の背景には綿等が東京における栽培に適さないことが試験により明らかとなってきたこともあろう。

2　内藤新宿試験場の宮内省移管

⑴農政の模範としての皇室と農場

明治一二年五月に新宿試験場は宮内省に移管された。その理由として『明治前期勧農事蹟輯録』には、①地味がある種の植物に不適なこと、②僻地にあること、③三田育種場が漸次整備されたこと、④牧畜・製糸の適当な機関が整備されたことが掲げられているが[11]、なぜ宮内省に移管されたのか言及されていない。

明治一一年に各地を巡行した明治天皇は「親シク民事ヲ被察、内政深ク御軫念被遊」、その結果、翌一二年三月一〇日、勤倹の聖旨が公布され、一二日、皇太后はこれに応えるため自らの用度節減に加え、国産奨励のため養蚕業拡張の意向を示し、青山御所内に養蚕所が開設されることとなった[12]。また、同月一五日、宮内省は勧農局に対し、サイゴン米を試験するため、種子の取り寄せと栽培方法の調査を依頼し、一八日には有益種苗の目録の回送を要請した[13]。翌四月四日、内務卿伊藤博文はこれらの動きに対し、「恐多クモ聖上皇后宮、億兆ニ御先立、樹芸養蚕等、御躬親御試可被遊叡慮ノ趣奉伺、如此隆旨ノ在ル所、自ラ下万民ニ徹底シ感奮興起殖産ノ道不令シテ行ハレ可申ト奉感泣候」と応え、宮内省に対して新宿試験場の移管について照会した。伊藤は新宿試験場を禁苑とし、そこで天皇が栽培した種苗等を各地方に頒布すれば「衆庶益感激奮励、農力駸々相進」むと考えた[14]。この後、宮内省の内諾を得た伊藤は太政大臣三条実美に対して、勧農の重要な試験は駒場農学校と三田育種場内で行うこととし、新宿試験場の宮内省移管を上申し、翌五月六日に裁可されたのである[15]。

以上の経緯をみると、新宿試験場を廃止するため皇室が利用されたようにもみえる。しかし、後年、福羽逸人は、ヨーロッパ列強の皇室には宮中の用途を充たすための園芸場があり、それが間接的に民間の模範となっており、「我が帝室に在ても既に明治十二年を以て松方侯の創意により、勧農局試験場たりし園地全部と器械、建物等を悉く宮内省に提供されたるは、蓋し此意に出たるを想察するに難からず」と回顧した[16]。このように移管には皇室により農政の模範を示すという積極的な意味も含まれていたのである。また、勧農局は明治一〇年に『農政垂統紀』を刊行し、農業は「国家之大本也。上古列聖。農ヲ以テ万政之本ト為ス」と、天皇と農政の強い関わりを示し、農政の重要性を強調していた[17]。明治一一年五月より内務卿を兼務した伊藤は、このような考えを利用して移管理由とし、勧農局内部から移管反対意見が出ないようにしたのではないだろうか。

さて、移管された新宿試験場は植物御苑と改称され、明治一九年には新宿御料地となり[18]、皇室財産に組み入れられた。皇室財産については、明治九年七月に木戸孝允が提起し、右大臣岩倉具視等と協議するとともに、将来的に皇室領とする官有地の調査を開始したが、木戸の死去により頓挫した。一一年三月、岩倉が皇室財産調査を提議し、宮内卿徳大寺実則がヨーロッパの制度を調査した結果、一二年一二月に官有山林・官有地から皇室所有地を決定する旨を上申した[19]。新宿試験場が移管された一二年五月は、徳大寺が皇室財産を調査していた時期であり、宮内省は伊藤による新宿試験場移管の打診を、皇室財産を設定する好機と捉えたのかもしれない。

移管後の御苑の植物栽培は衰退の一途をたどり、明治二四年頃には「御料地の大部分は華族養蚕社に貸与し、只僅に一、二町歩の土地に御料用の蔬菜数品を栽培しある状態」となっていた[20]。新宿試験場の三〇町の試験地は、一、二町に激減し、天皇が勧農の模範を国民に示す構想は実現していなかった。新宿試験場の宮内省移管は実質的には同場の廃止であったといえよう。

(2)松方正義の帰国と内藤新宿試験場

明治一一年五月五日、内務卿大久保利通は新宿試験場内に農産物製造所の新設を建議しており、この時期にはまだ新宿試験場を活用していく方針であったことがわかる[21]。また、一一年六月の勧農局から宮内省への新宿試験場の引き継ぎ書類をみると、移管の決定が急で、その準備が整っていなかったことがわかる。[22]移管の書類には「府県分配ノ為メ、菓樹苗凡五万余、果樹園各所ニ仕立有之候ニ付、今年冬季迄其侭預置、手入方御依頼」等、収穫期まで宮内省に栽培を委託し、その後の引き継ぎを依頼した事例が多い。円滑に引き継ぎを行うならば収穫期と播種期の間に移管手続を行うはずである。一二年五月に移管が決定されたのは、年度末(年度末月は六月)に移管処理を完了させるという事務的な理由もあろうが、やはり、一二年三月にパリ万国博に参加していた勧農局長松方正義が帰国したことと関係があろう。

松方が著した「勧農要旨」(表3‐11)の中から植物試験に関わる見解を摘記すると、まず「Ⅰ農業の形勢」では、現今の農業不振の原因として荒蕪地の存在、綿や砂糖等の輸入超過等に加え、全国農業の気脈が梗塞し、農業の知識や品物を交換する手段がないことを指摘し、例として西日本の種子が、そこに偏有されたまま東日本に普及していないと述べた。[23]この問題を解決するため、三田育種場の種子交換会開催が推進されることとなる。「Ⅱ勧農主義と前途の目的」では、政府の役割は民智・民力が及ばない事業を助け、その進むべき方向を示すことであり、例として外国種苗や国内において購求困難な種苗の頒布等を掲げた。そして、政府の構想に沿って事業が進んだ場合は、「直ニ其事務ヲ抛却シテ之ヲ人民自為ノ進歩ニ付セサルヘカラス」と記し、これらの事業として富岡製糸場、堺紡綿場、下総牧羊場、そして「東京府下ニ設立スル試験場ノ類」を提示したのである。

「Ⅳ農業進歩に関する項目」では、種子精選、農業展覧会等を掲げたが、これらは三田育種場におけるフランス選種法試験、共進会として実現する。また、内外の有益植物を時節を考慮して栽培普及させるため、政府の農業試験が必要であると記したが、これらについてはⅦ・Ⅷで詳述された。その「Ⅶ試験」では、試験の意義は損益を判断することで、その目的は試験の結果、利益があると判断された良法を「人民ノ手ニ遷ス」ことであると述べた。さらに、植物栽培の得失は「一場、一時、一人、一法」では判断できないので、その性質を考慮し、外国の暖帯産の植物は日本の暖地に、熱帯産の植物は日本の最も温暖な地方に試植することとした。そして「Ⅷ栽培植物を試験目的と博物目的に区別」では、試験のために栽培する植物と、博物のために集める植物を混同することには大きな弊害があると述べた。ここでは博物用植物といっても、なるべく生活に必要な植物を選ぶべきで、「一種ヲ多殖スルヲ要セス、又実用ニ切ナラサル珍草奇木ヲ聚メテ、徒ラニ高尚ナル本草家及ヒ好事家ノ愛翫ヲ博スルノ弊ヲ戒ムヘシ」と指摘した。

松方の「珍草奇木」収集の批判は、前章で述べた明治一一年四月に開催された地方官会議の際に、熊本県大書記官の北垣国道が地方の勧業事業における「奇花珍草」栽培を批判したこととも共通するが、ここで松方は暗に田中芳男を中心に展開してきた新宿試験場の栽培事業を批判したのではないだろうか。田中は本草学者である伊藤圭介にしたがい、文久二年(一八六二)に蕃書調所に出仕、明治四年には文部省に出仕し、六年のウィーン万国博に一級事務官として参加した。この時、田中はすでに同僚から「本草の名家」と称されていた[24]。その後、七年八月には勧業寮六等出仕、同年一二月には「勧業寮出張所内藤新宿ノ事業ニ従事セルヲ以テ家畜写真十五葉ヲ大久保内務卿ヨリ配与」されたが、八年三月に博物館掛、一〇年一月には博物局事務取扱にも任命されていたのである[25]。このように田中は博物館(博物局)業務を兼務しながら新宿試験場に深く関与しており、栽培植物も「本草の名家」である田中の意向を反映していたであろう。明治一〇年度の新宿試験場の栽培植物は三〇〇〇種を超えており、この数値を実用的にみた場合、本草家の趣味的収集に映ったのであろう。つまり松方正義は明治一二年の政府財政の窮乏を背景に、田中を中心に進められた種苗収集、植物栽培を博物用＝非実用的と捉え、新宿試験場を廃止し、必要業務のみを三田育種場等に移設したと考えられる。

(3)適地適作と植物試験

年報iv「沿革」において、植物栽培試験は地味と気候によって差を生じ、一場内の栽培では良否が判明しないものが多いので、適地に委託する旨が明記され、年報vでも内外の種を収集し、風土気候をはかって五県以上に頒布し、二、三年の平均結果をみて適否を判断すると記された。このように各府県による適地栽培に力が注がれるとともに、明治一二年には三田育種場神戸支園(暖地植物)、一三年に播州葡萄園、紋鼈製糖所(甜菜栽培・製糖試験)が開設されていくが、これら適地栽培への移行は、土質が優れなかった新宿試験場の存在価値を奪ったのである。

さて、「勧農要旨」の「Ⅱ勧農主義と前途の目的」に記された「拋却」事業の方針に沿い、明治一二年一一月、勧農局の『農事月報』では臨時事業として下総牧羊場、取香種畜場、三田育種場、富岡製糸場、新町・愛知・広島紡績所が掲げられた[26]。新宿試験場の次は三田育種場が廃止・移管の対象とされたが、一三年三月二二日の「勧農局各課及処務条例」では下総牧羊場(種畜場)と三田育種場が臨時事業からはずされた[27]。『農事月報』の記載が誤っていたのか、何らかの理由で方針が転換されたのか不明であるが、後者の場合、府県において勧業を推進する地方官からの反発が、方針を転換させた可能性もある。

明治一三年一月五日、岡山県知事の高崎五六は臨時事業方針に対して次のように松方正義に抗議した。高崎は岡山県で議会の承認を得て新植物試験場の開設を計画していたが、勧農局が「試験場ヲ廃サレ、上州富岡及新町ニ設置アル職工場等ノ如キハ臨時試験場トシ、人民ノ之ヲ購求スルアレハ、直ニ授与セラル、事」としたのは岡山県の新試験場開設と矛盾背馳し、「人民ノ疑惑」を招く結果となると述べた。さらに未曾有の植物は官が率先して試験しなければ、人民は在来植物に安着したまま「進取ノ策」に取り組まないと述べ、松方に対して「御深旨相窺候条、至急御内示有之度候也」と迫ったのである[28]。県によっては議会において農業試験場が予算削減の標的となり、廃止に追い込まれる場合もあった。例えば三重県や徳島県では県会の決定により、二ヶ所あった農業試験場が一ヶ所廃止されてしまったのである。(29)

松方は高崎の抗議に対して迅速かつ丁寧に回答した。この回答は次にまとめたように、随所に「勧農要旨」の主旨が示されている。

①新宿試験場は植物御苑として差し出したまでで、勧農局には駒場農学校・三田育種場等があり、試験事業を一切廃止したわけではない。

②植物には土質・気候の適否があり、一場内の試験では、その得失を確認することはできない。それゆえ植物試験は適地において篤志者に委託し、損失が出れば政府が補償し、試験に充分尽力できるようにする。

③適地で試験すれば一般人民への感化も早いうえ、植物を試験講究することが農民の本分であることを知らしめることができる。また、一季作の場合は人民の手で試験しやすいので、草綿は畿内や三重・広島等で試験している。

④試験に複数年を費やす植物、日本に蕃殖すべきか判明しがたい外国の植物は、政府が試験し、結果を公告する。

⑤岡山県が栽培する亜麻・芦粟・藍・綿は一季作なので、篤志者に委託すべきである。

松方は②③において適地適作の重要性を示したが、これは東京の試験場が不要であるという理由ともなる。しかし、①で三田育種場の継続、④で政府が植物試験を行う必要性を表明した以上、三田育種場を臨時事業とすることはできなかった。②の篤志者への委託は後述する草綿栽培を指すと思われる。また、③⑤では一季作の栽培試験は篤志者に委託する方針を示し、岡山県にもそのように促した。これでは議会により承認された植物試験場の存在が危うくなると思われるが、松方は民間でできることは民間に委託するという「勧農要旨」で示した方針を貫いたのである。

さて①の釈明をみると、新宿試験場の宮内省移管という方策は、実質的廃止を覆い隠す処置であり、地方官からの非難をそらす有効な方法だったようである。

3　勧農局における植物試験栽培の変遷

(1) 内藤新宿試験場移管後の三田育種場と種子交換会

表3-20に年報iiからviまでに掲載された種芸関連の主要項目についてまとめた。年報iiiから三田育種場の報告が掲載されるが、1景況から7桑苗・桑樹までの諸試験は新宿試験場で行われたものと思われる。年報ivは明治一二年五月に新宿試験場が移管されたためか、場内における植物試験記事はなく、「沿革」の項目に農具製作と孵卵事業が三田育種場に引き継がれたこと、他日に見本園を育種場に移植することが記された。その他は種苗頒布と三田育種場（大市等の報告）、そして小笠原島植物景況の項目があるのみで記述も簡略である。一方、年報vでは三田育種場の項目において植物栽培概況と試験法について詳細に報告されており、該事業が完全に新宿試験場から移管されたことが判明する。

年報vi（13年度）
陸産課
1．甜菜・芦粟(b)
2．煙草(e)
3．播州葡萄園(d)
三田育種場
1．植物試験報告(a)(b)(d)
2．種苗交換市
3．神戸支園(d)
紋鼈製糖所(b)

より作成。

三田育種場は前田正名がフランスから持ち帰った種苗を植え付けたことに始まるので、栽培された果樹の多くはフランス産である。また、フランス産植物ではなくとも小麦の移植・選種法、甜菜の栽培法はフランスを模範として実施されており、その影響が記されていないのは穀菜のみである（年報v・vi）。移植・選種法は内山平八（勧農局雇）がフランスで伝習してきたもので、明治一三年から三田育種場で実施し、その結果は「麦粒肥大ニシテ形状不同ナク甚タ良

表3-20　内務省勧農局報告(種芸部門)の項目

年報ii(9年度)	年報iii(10年度)	年報iv(11年度)	年報v(12年度)
新宿試験場	新宿試験場	種苗頒布	事務成績(b)(d)
1．景況	1．景況	三田育種場	陸産課
2．小麦(a)	2．小麦(a)	小笠原島植物景況(g)	1．甜菜(b)
3．甜菜(b)	3．芦粟(b)		2．煙草(e)
4．草綿(c)	4．草綿(c)		三田育種場
5．蓼藍	5．山東菜		1．植物栽培概況
6．落花生	6．接木法(d)		2．植物栽培試験法
7．農産物製造	7．桑苗・桑樹(f)		3．果樹(d)
8．桑樹(f)	三田育種場		4．穀菜
	小笠原島植物試植(g)		5．小麦(a)
			6．甜菜(b)
			7．種子交換市

典拠：大日方純夫他編『内務省年報・報告書』3、5、6、8、別巻3(三一書房、1983～1984年)

種ナリ」であった(30)。以上のように三田育種場はフランス農業の影響を強く受けており、松方正義の渡仏の成果を実践する場のようにもみえる。しかし、種子交換会において在来種苗の改良・普及にも力を入れていたことも忘れてはならない。

　松方正義は前述した「勧農要旨」(表3-11)の「I農業の形勢」で農産不振の一原因として国内における種子の偏在、「Ⅳ農業進歩に関する項目」で品質改良のための種子精選を掲げた。種子の偏在の対策として種子交換会が推進されるが、勧農局はさらに種苗交換の便宜をはかるため、明治一三年一月から各地方における老農と種苗販売者の姓名、その地方における郵便局の有無の調査を開始した(31)。また種子精選に留意した三田育種場長の池田謙蔵は、一二年一〇月、数回の収穫を経た旧新宿試験場の種子は変種しているものが多いので、アメリカとイギリス領事に対して精良な種子の購入を依頼した(32)。

　さて、明治一四年から三田育種場の大市は、年二回から一回の開催となったが、種子交換に加えて農政上の利害得失についても研究討論して知識を交換することとなり、東京談農会(大日本農会の前身)が設立されることとなった(33)。後年、池田謙蔵は次のように語った。「大久保利通公欧米御巡視のときより、本邦に一大農会を開き大に農家を益するの具となさるゝの思食」があり、三田育種場が開設され、「漸次農会等の設立に至るへき筈なりしも、十一年五月不幸にして公は兇徒の毒手に倒れ」てしまった。一二年五月に三田育種場長となった池田は、「公か遺志に従はんことを望みしも、奈何せん位置もなく学識もなきを以て空しく日月を経過」していたところ、一二年の冬、種苗業者の小澤善平から一三年二月の種子交換会に際し、地方から上京する老農等と懇親会を開いて「知識交換の事をなさんと欲す、宜しく斡旋すへし」と申し出を受け、東京談農会設置の運びとなった[34]。前述した八年七月の大久保利通による新試験地用地買収の上申にも、農夫による技術交換、講習研究が記されていたが、これは岩倉使節団における欧米巡覧中に着想されたようである。この大久保の構想が池田により実現されたのである。

⑵明治一〇年から一四年における植物試験の変遷

本節では表3-20に記した勧農局の年報から、植物試験の特徴を抽出する（次の(a)〜(g)の項目は表3-20の(a)〜(g)と対応している）[35]。

(a)小麦

年報ⅱでは外国産小麦に牛馬糞と草木灰を施したことと、その生育と収穫について記され、ⅲではアメリカ赤小麦における肥料別の収穫高の相違や、オーストリア小麦における播種法の相違（器械蒔と畦蒔）による収穫高が記された。年報ⅴでは三田育種場において小麦栽培が順調であること、ⅵではフランスにならって施行した小麦移植選種法による栽培景況が良好である旨が記された。

(b)甜菜（ビート）、芦粟（ソルガム）、甘蔗

主要輸入品であった綿・糖を国内で栽培することは、政府の喫緊の課題であり、砂糖原料となる甜菜・芦粟・甘蔗栽培にはとりわけ力が入れられた。明治九年より勧業寮は甜菜の種子を輸入し、新宿試験場と東北地方で栽培した。

年報iiでは新宿試験場の甜菜は塩類を多量に含有し、岩手県のそれは塩類は少なく甘味があったが砂糖製造までは至らず、vでは、三田育種場においてフフンス栽培法にならったところ、若干の糖分を含有した甜菜の収穫に成功し、駒場農学校で分析したが、満足な結果を得られなかった旨が報告された。また、年報v・viでは岩手、青森県ともに虫害や旱魃、風災のために収穫不十分である旨が記されたが、viでは製糖試験の結果、以前より糖分が増加した旨が報告された。このように満足な成果が得られていなかったが、年報viでは一三年一二月に甜菜栽培の適地として選定した北海道の紋鼈（現・伊達市）に製糖所を設置した旨が記された。ここではドイツ産の種子を栽培し、蒸気機械により製糖を行う予定であったが、機械到着が遅れたため試験は「些少」に終わったと報告された。

芦粟の導入は、明治九年九月、イギリス人ジョン・ピットマンが大史の土方久元に宛てた書翰で芦粟の有益性を記し、「甘蔗培植書類」を添付したことに始まる。翌一〇月、これら「甘蔗培植書類」は大久保利通の指令により勧業頭の松方正義に回送された結果、芦粟の種子を取り寄せることとなった[36]。年報iiiでは清国産の種子を栽培したが、製糖器械が整わず製糖法を記すに止まった。年報ivに記載はないが、内務省勧農局編『農事月報』第五号（明治一二年五月刊）には新宿試験場のほか、三田育種場、茨城、静岡、愛媛県等でアメリカ、フランス、清国産芦粟が栽培されたことが記された[37]。年報vでは「本局之ヲ栽植シテ大ニ其有益ナルヲ邦人ニ示セシヨリ其栽製ヲ試ムル者、日ニ多ク頗ル繁盛ノ状ヲ呈セリ」と報告されているが、viでは岩手県において不作であった旨の報告のみである。しかし、明治一三年二月に大阪で開催された綿糖共進会では、芦粟糖が北は青森から南は大分、熊本まで一府二〇県（出品者は四〇余名）から出品があり、その栽培が急速に広がっていたことがわかる[38]。

年報vには勧農局編纂の農業関係書が補遺を含めて一五冊掲載されたが、このうち『砂糖略説』、『製糖試験録』、同補遺、『蘆粟栽製簡易法』、『重刷蘆粟栽製簡易法』が製糖関係であり、勧農局が当該分野に力を入れていたことがわかる。また、年報には記載されていないが、勧農局は在来の甘蔗より大きく甘味も強い清国産甘蔗の移植をはかり、明治一二年には和歌山、愛媛県、一三年には静岡以西の一五県に頒布した。(39)

このように、勧農局は暖地栽培の甘蔗に加え、寒地栽培の甜菜、そして寒暖を選ばない芦粟栽培を推進することにより、日本全国で砂糖原料を生産し、輸入砂糖を防遏しようとしたのである。

(c) 草綿(アメリカ綿)

勧農局は輸入防遏を目的とし、アメリカ産のシーアイランドコットン・アップランドコットンの栽培試験を行ったが、年報ii、iiiではアップランドは破実するが、シーアイランドは破実しない旨が報告された。この結果、新宿試験場は草綿栽培に適さないと判断され、適地と目された大阪、愛知等に種子が頒布されることとなった。草綿の報告はiiiを最後に掲載されないが、これは適地栽培に移行したからであろう。

明治一〇年二月、勧農局は栽培適地に「栽培相心得居候局員」を派遣し、希望者に試植を依頼し、その後、成熟期に局員を再派遣して生育景況を視察することにした。さらに「勉力栽培シテモ風土気候ニ不適ノ為ニ無効之者」には、在来綿との収益差額を三年間、補塡することにしたのである。(40)大阪・兵庫・堺・静岡・愛知・三重の一府五県において試植を行ったが、希望者が数百人に及び、生育景況の視察ができない状況となってしまった。そこで明治一一年は一〇年に試植した者から「農業篤志ヲシテ家産アリ、加之試植之実効アル者」を選抜し、前年の静岡県を除いて一府四県に試植を依頼したが、(41)明治一一・一二・一三年とも不良が続いた。このためか一四年以降の試作の資料は見当らない。(42)明治一一年の一府四県による試作の損失補塡額は、大阪・三重・兵庫が三七円六八銭三厘、愛知県二〇円六〇銭五厘、堺六五円八四銭八厘にのぼり、一四年七月の段階で試作を実施していた府県は一府二県(大阪・三重・愛知)に減少した。(43)

草綿移植は種子頒布、栽培指導員派遣、損失補塡と手厚い政策を実施し、栽培希望者が殺到したにも拘わらず、その結果は思わしくなかったのである。(44)

(d) **果樹**

新宿試験場の試験地の半分は果樹栽培にあてられていたが、年報 ii では特記事項はなく、iii では接木法等について解説された。年報 v では前記したように三田育種場におけるフランス産果樹の栽培結果が記載され、ブドウは育種場に適さない旨が記された。その他の果樹ではリンゴ(苹果)のみ好結果となり、年報 vi でも「苹果、杏、桃、梨類、皆多少実ヲ結ヘリ、就中、苹果ノ如キハ其景況頗ル宜シ」と報告された。ブドウについては明治一二年の福羽逸人による葡萄園開設の建議もあり、(45)一三年に播州葡萄園が開設され、年報 v では民業の模範として醸造用ブドウを栽培する旨が報告され、vi では旱魃に堪え「善ク成長シ頗ル強剛ナル枝梢ヲ生セリ」、寒波にも「嫩梢絶テ寒傷ヲ蒙リシモノナシ」と報告された。

また、年報 v では神戸に三田育種場支園を設置し「海外諸暖邦ノ有益植物」のオリーブ・ゴム・甜橙・レモン・ブドウ・ユーカリを栽培し、その苗木を西南地方に移植する旨が記されたが、vi では支園は開場して日が浅く、結果を報告する段階にはないと記された。明治一二年からは適地適作を推進するため、果樹と有用植物栽培の専用試験地として神戸支園と播州葡萄園が設立されるという新たな段階に入ったのである。

(e) **煙草**

アメリカ産煙草の栽培は、すでに明治八年に在来の煙草産地である豊岡県等において開始され、十分な試験はできなかったが結果が良好であったので、一〇年には京都府ほか一一県にその種子が配布された。(46)第二章第二節で述べたように、勧農局は明治一二年に熊本県阿蘇郡に栽培・乾燥試験所を設置し、各県から老練の農夫を招集して栽培・乾燥方法を講究し、その後、農夫を帰県させて煙草栽培を拡張しようとした。また、翌年には岡山県川上郡にも試験地を設置した。(47) 年報vでは熊本県の試験所で内外煙草一〇種を試植、試製した結果、外国人の嗜好に適し称賛を得たので、明治一三年に岡山県川上郡に試植したが、水害のため悉く流出したと報告された。アメリカ産煙草は輸出産業として栽培が奨励されたのである。

(f)**桑樹・桑苗**

明治八年、新宿試験場では一〇県から桑苗を移植し、農夫も召募して「各地ノ慣法」により栽培した(年報・i)。年報iiでは桑樹の剪定方法や施肥法について記され、iiiでは桑苗に施した六種の肥料の効能と、その発芽・収穫状況について報告された。しかし、年報iv以後は、新宿試験場移管のためか、桑樹関係報告は掲載されなかった。一二年一〇月、勧農局は鹿児島県から桑苗売与を求められたが、新宿試験場移管後であったため、本件を宮内省に取り次ぎ、宮内省から桑苗が分与されることとなった。同一一月にも福岡県から清国産桑樹の売与が求められたので、「植物御苑」に問い合わせたところ、「既ニ払切」された後であった。(48) その後、新宿試験場の桑樹・桑苗が三田育種場に移植されたか不明であるが、『農事報告』第一四号(明治一五年六月刊)において、駒場農学校が桑苗の「分株ハ十二年度十三年度ヨリ本年ニ亙リテ栽植セル者ナレハ、発芽固ヨリ多カラス」と報告されているところから、(49) 桑樹・桑苗試験は駒場農学校に引き継がれたようである。

(g)**小笠原島(父島)植物試験栽培**

前述した松方正義の「勧農要旨」の「Ⅶ試験」では熱帯産植物を日本の最も温暖な地方に試植すると記されたが、「勧農要旨」で提示される前の明治一一年一月に、田中芳男の建議により熱帯植物試験は小笠原島(父島)で開始されていた(年報iv)。年報iiiでは新宿試験場で小笠原産レモンの試験が行われ、未成熟のため「香味モ亦佳ナラス」という状況が報告された。年報iii・ivによると同島における栽培状況は、キナ（薬木）は不良で、ゴムの木・コーヒー・オリーブ・ユーカリ等の生育は順調なようであるが、試植して日が浅く評価を下す段階ではなかったようである。しかし、年報viには一三年一〇月に勧農局小笠原出張所が廃止され、業務が東京府に移管されたことが記された。

以上、勧農局における植物栽培試験の特徴は、第一に輸入防遏目的の植物栽培に力を入れたことである。それは甜菜の試験結果が不十分であるにも拘わらず、性急に紋鼈製糖所が設置されたこと、芦粟が明治一〇年に導入されたにも拘わらず、一三年二月の共進会で一府二〇県から出品されたこと、勧農局が製糖関係の農書を多く刊行したこと、草綿においては栽培指導員派遣、損失補塡と手厚い保護政策を実施したことから判明する。一方、アメリカ産煙草を栽培するため、熊本・岡山県に専用試験場を設置したことから、輸出作物の育成も本格的に開始したことがわかる。

第二に適地適作が進展したことである。それは、甜菜・綿等が当初は東京の試験地とともに適地と選定された地域で試験されたが、その後、適地中心の栽培へ移行したこと、ブドウは東京の試験地で栽培が不適であることが判明した結果、播州葡萄園が設置されたこと、小笠原や神戸に栽培地を設置し、熱帯産・暖地産植物が栽培されたことから判明する。このように勧農局は植物の適性を鑑み栽培地を選定していったが、この適地適作の方針は各府県にも広がっていくのである。

(3)府県における農業試験場の設置と活動

明治一〇年の各府県の勧業状況を記した『府県勧業着手概況』から、農業試験場の設置状況についてみると、その存在を記載していないのは東京・京都・青森・栃木・山口の五府県である。[50]しかし、京都府は明治四年に河原町の山口藩邸に勧業場を設置し、後にその門前に栽培試験所を設置してアメリカ綿等を試植し、山口県は明治一〇年に栽培試験場を設置して勧農局から頒布された内外種苗を試植していた。[51]一方、東京府は府内に勧農局の試験場があるためか、府立試験場の設置は明治三三年と遅い[52]。青森県は県令の頻繁な交替のため勧業事務が停滞し、農業試験場が設置できなかったようであるが、藍草栽培・青黛製造に加え、県下に自生する赤ブドウを利用し、勧農局の指導によりブランデーを試製していた。また、栃木県も試験場を設置していないようであるが、一〇年一月に勧業寮に対して民間地における菓木穀菜類の栽培を報告している[53]。

右以外の県では呼称に違いはあるが農業試験場が設置されていた。千葉県では勧農局から頒布された「洋種類、風土ノ適否ヲ試験シ接挿及圧条等ノ苗木ヲ仕立、各所へ逓送蕃殖セシムル準備」をした。岡山県では備前岡山・美作津山・備中笠岡に試験場を置いた。これは「三国自ラ地味気候ノ異様アル」ためであった。三重県の植物試験場では勧農局・博物局から頒布された果樹・蔬菜・薬草・用材の種子を植え、土地に適する有益な品種を選定して漸次人民に頒布し、繁殖させる計画であった。山形県の農業試験場では、栽培した果樹苗を各大区に配分して低価格で人民に払い下げ、穀菜の種子等は無代価で付与していた。さらに、鹿児島他七県から煙草の種子を購入し県内適地に播種し、栃木県から麻の作人を雇って試験場で栽培させ、静岡県から三俣(紙の原料)の種子を購入して試植していた。

その後、各県ではさらに県内における農業試験場の設置や国内産種子の取り寄せも進んだ。各県の勧業年報を掲載した農商務省農務局編『第一次年報』によると、山梨県(「勧業第一回年報」明治一二年)は二ヶ所の植物試験所で実効のあったものを、各郡に設置した試験所で試植することとし、秋田県(「勧業第五回年報」明治一五年)では県内各地の植物試験場で植物の適否を試験して効能があったので、現在では「自由試験場」を各郡に四〇ヶ所設置した。また、徳島県(「勧業課第三回年報」明治一五年)では、田宮村試験場で「洋種早熟小麦、山形県産小豆、清国長胡瓜、東京練馬菜菔、同砂川牛蒡、同大葱、仏国大莢豌豆、白菜、体菜等」、外国産とともに他府県産の植物が栽培されたことがわかる[54]。ここで付記しておくが、これら種子の取り寄せを支援したのが無料郵便制度である。これは大久保利通の提案により、明治九年一一月に勧業寮―地方官、勧業寮・地方官―人民の間の、勧業上、一般の利益となる通報や質問応答、種子・見本等の郵送が一定重量以内は無料となった制度である(55)。

以上のように農業試験場が一律に設置されたわけではないが、風土の相違に留意して試験場を設置する等、政府が推進する適地適作の方針に沿って試験を実施した県も多い。また、県内で試験栽培した植物を一般に頒布する計画があったこと、または実際に払い下げていたことは重要である。内務省の種苗頒布は、勧農局→府県試験場という段階から、勧農局→府県試験場→民間農地と、もう一段階進み、松方正義がめざした植物試験栽培の民間委託に向かった動きもあらわれていた。さらに各府県間で種子が取り寄せられ栽培されたことも注目できる。府県の農業試験場の設置により、外国産、国内産を問わず、種苗を取り寄せ栽培するという体制が整えられていった。

西村卓氏が指摘するように、外国種苗の頒布を一つの契機として、いくつかの県で植物試験場等が設立され、在地における農業生産力発展の担い手＝老農の農事改良への意欲をかきたて、彼等の眼を在来種苗の取り寄せ、試作による稲作全般にわたる改良へと向けさせたことは評価すべきであろう(56)。

第二節　農具導入・改良事業

1　勧農局における農具掛の活動

明治八年(一八七五)八月に勧業寮農務課に設置された農具掛は国内外の農具を収集し、西洋農具を模造して各県に貸与していた。一〇年一月、勧農局が誕生し農務課は動植課と改称され、農具掛も同課の所属となった(57)。年報ⅱには新宿試験場における西洋農具試験や、青森・秋田・山形・岩手・福島・栃木・東京・石川・島根・愛媛・山口県の一

表3-21　第1回内国博の花紋賞受賞者

出　品	受賞者(府県)
①肥料運搬機	松本市五郎　(東京)
②農車	鈴木長三郎　(神奈川)
③桑切鎌	福田禮蔵　(群馬)
④鋳鍬類集	太田五郎平他　(栃木)
⑤大鍬他	荒井周造　(岐阜)
⑥農具類聚	宮下太七郎　(長野)
⑦稲扱	三島久平他　(島根)
⑧礱雛形	悦家國蔵　(高知)
⑨犂頭	磯野七平　(福岡)
⑩砕塊器(械)	奈良専二　(愛媛)

典拠：内国勧業博覧会事務局編『明治十年内国勧業博覧会審査評語』1877年、656、773～781頁(『明治前期産業発達史資料』勧業博覧会資料193、194、明治文献資料刊行会、1975年)より作成。

府一〇県と博物局に二三四点の西洋農具を貸与したことが記されるとともに、有用とされる開拓・播種・収穫用等の農具名が掲げられた(58)。また、農具掛は西洋農具類を一〇年三月開催の長崎の博覧会に貸与し、八月開催の内国博には自ら出品した(59)。博覧会は出品物を大勢の人々に紹介できる絶好の場であった。八等属飯田孝次が「至極軽便」な「西洋農器械」を「漸次民間ニ使用為致度、就テハ悉皆一品ツヽ当試験場ニ於テ模造之上、広ク衆目ニ示シ、人民望之者ヘハ元価ヲ以テ御払下ケ」ると記すように、農具掛は博覧会を利用して西洋農具の効用を広め、漸次普及させようとしたのである(60)。

明治一〇年の内国博には、西南戦争中の鹿児島県を除く府県から、あらゆる種類の農具が出品され、優秀な出品物には龍紋(一等)・鳳紋(二等)・花紋(三等)賞が授与された。農具の部で龍紋賞を受賞したのは伐氷器械類を出品した中川嘉兵衛(開拓使)で、鳳紋賞を受賞したのは「農具類聚」を出品した出雲林内(滋賀県)であった。出雲は政府から「農家必需ノ器具ヲ蒐集シ、其製作皆精巧ヲ極ム、職業勉励ノ功、最モ著シ」と賞された。花紋賞を受賞したのは表3-21の一〇名であった(奈良は自著『農家得益弁』等も出品しているため農具の部での受賞ではないが、表に挿入した(61))。審査において、①は「運搬ノ用ニ便ナル新規ノ良製ニテ其功少シトセス」と賞された。②～⑥は「軽便」・「精良」等である点、⑦は「精巧」なうえに低価格である点、⑧は「足力ヲ以テ手力ニ代ヘ数人ノ労ヲ省ク、其世ヲ利スル最モ著シ」と労働を節約する点、⑨は「其製堅牢ニシテ農用ニ適ス」点が賞された。内国博では西洋農具も陳列されたが、政府は在来農具をないがしろにせず、製作精良・堅牢、低価格、労働節約等の面を評価して、出品者を奨励したのである。

また、「便利ノ器具ヲ創製ス農業上ノ功労頗ル多シト」と賞された⑩は、出品解説書には「明治元年ヨリ余カ新ニ創製スル所、近来各村多ク之ヲ用フルニ至レリ、耕夫一名耕牛一頭ヲ要ス、而シテ一日ノ力、能ク六人ノ労力ニ代フヘシ、材ハ櫧《カシ》ヲ以テ造ル、竪二尺五寸横三尺」と記された(62)。出品者の奈良は文政五年(一八二二)、讃岐国に農家の長男として生まれ、明治五年には高松藩に認められて農業振興の仕事についた。そして第一回内国博を通じて政府にも認められるところとなり、中央で活躍する機会を与えられ、日本各地で害虫駆除、稲の品種改良、健苗育成等、多方面にわたって活躍し、後に明治の三老農の一人に数えられるようになった。図1に掲げたように奈良が第一回内国博に出品した砕塊器(械)はその能率の良さから「日雇倒シ」と呼ばれた(63)。政府は内国博により国内の優良農具と篤農家を発掘し、農業振興に活用していくのである。

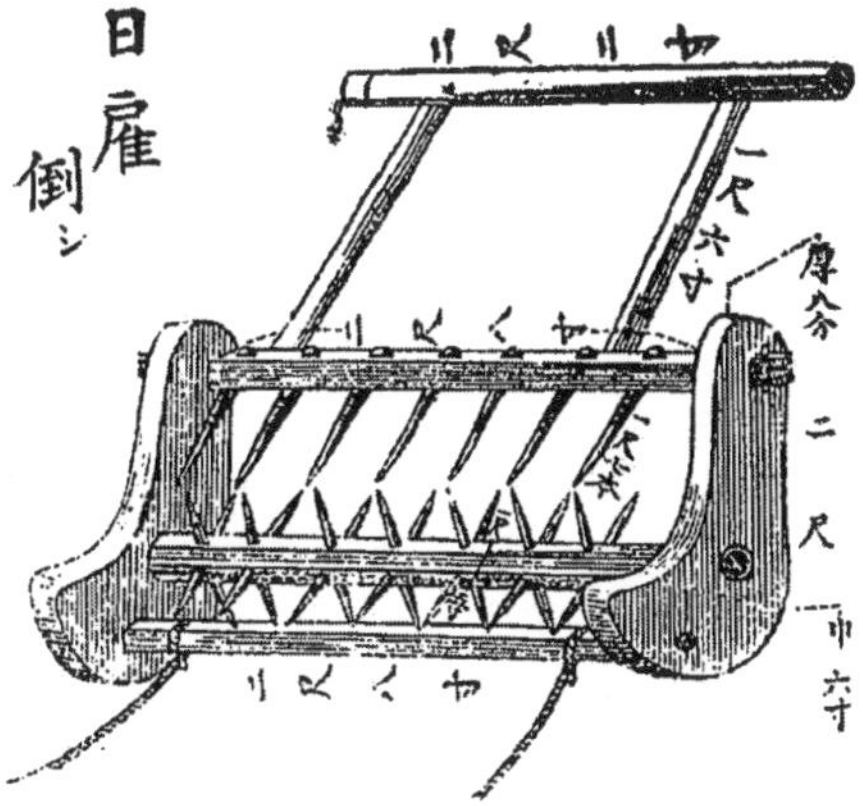

図1　「日雇倒シ」
(奈良専二『農家得益弁』千鍾房、1885年)

明治一〇年一一月に内国博が終了すると、出品分野別に報告書が編纂された。農業分野では、お雇い外国人ゴットフリード・ワグネルが、数年来、政府各局が試用している欧州農具の功績をみることができないと述べ、その原因として「耕作ノ情況、農民ノ貧富等、各種ノ難事」を指摘した。「耕作ノ情況」における難事として、日本の山がちな地形と灌漑施設の未発達により農地区画が細かいこと等を掲げ、

「農民の貧富等」における難事として次のように述べた。(64)

日本豪農ノ多ク田園ヲ有スル者ハ、大抵躬親ラ農業ニ従事スルコトナク、皆其地ヲ小民ニ貸付スト、果シテ然ラハ多ク費用ヲ要スル欧洲ノ農具ヲ使用セシムルハ決シテ能クスル所ニ非サルナリ、若シ豪農輩常ニ多衆ノ作夫ヲ役シ、率先シテ農事ニ服スルモノアラハ、務メテ之ヲ勧奨シ、早晩、欧洲ノ農具ヲ試用セシメザル可カラサルナリ、

ワグネルは高価格の欧州農具が普及しない原因を、地主―小作という農業者間の構造にあると鋭く指摘した。この状況を打開するためには「豪農」が率先して農業に従事することが必要なのであった。勧農局は府県貸与や博覧会展示を通して、西洋農具の普及上の問題点を把握していくのである。

さて、明治一〇年に勃発した士族最大の反乱である西南戦争は、士族授産の緊急性をさらに高めた。一一年三月、内務卿大久保利通は太政大臣三条実美に対して「一般殖産及華士族授産ノ儀伺」を提出し、①政府が開墾地を設置し、華士族を移住させ家屋から農具まで貸与して帰農させること、②華士族の居住地周辺の官有荒蕪地を貸与すること、③一般殖産のため資本金一五〇万円を用意し、地方特産物の興隆、交通の便を良くして諸業の増進をはかることを提示した。(65)同月、さらに①の具体策である「原野開墾之儀ニ付伺」を提出し、政府の直接管理による福島県安積地方の原野開墾を提案したのである。(66)この二ヶ月後、大久保は暗殺されたが、安積開墾は実行に移され、各藩士族が移住して開墾に従事した。(67)

2　松方正義と三田農具製作所の設置

松方正義は「勧農要旨」（表3‐11）の「Ⅰ農業の形勢」において、「我邦農業ノ形勢如何ヲ通観スルニ、租税地ハ僅

カニ荒蕪地一百分ノ廿二・七強ニ過キス（北海道ハ算入セス）、就中陸羽地方ノ如キハ渺茫タル曠原数拾里ニ連亙セリ。地力ノ未夕尽サヽルモノ斯ノ如ク其レ大ナリ、是農業不振ノ証一ナリ」と、「陸羽地方」に横たわる広大な荒蕪地を農業不振の第一要因とした(68)。不毛地は開墾に成功すれば地租の対象となる。民部省以来、東北開発を重要視する姿勢は政府首脳に共通しており、大久保利通没後、松方も開墾政策を重要視していくのである。

明治一三年二月、内務卿就任を直前に控えた松方は学農社社長の津田仙と会談し、「是迄使用したる耒耜（鋤のこと―筆者註）をバ漸次更ためて軽便なる洋製の鋤犂と為し全国農夫の労力と費用とを省減するの計を立て、南は小笠原島より北は北海道に至るまで牛耕馬耕の道を開いて国内の農業を振起する」と説いた(69)。松方の農業振興構想では在来農具を軽便な西洋畜力農具に改め、それを全国に普及させるとしているが、その更改は早急ではなく「漸次」に行う構想であり、明治八年における大久保利通の「農具農機械ヲ漸次改良軽便」にする構想を基本的に引き継いでいた（第二部第三章第二節）。内務省期に農政に携わった政府高官は、和から洋への農具の転換や畜力耕の普及は容易ではなく、そのための試験改良には時間を要し、早急に導入することは困難であるという共通認識を持っていたのである。

松方の士族授産に関する意見は「財政管窺概略」（明治一三年六月）においても述べられた(70)。ここでは正貨不足、紙幣下落を「救フノ急策」として一八項目を列挙し、第一一項目で「徒手窮乏ノ士ヲ誘導シ開拓以テ其産ヲ起サシムルトキハ、是レ所謂一挙シテ両全ヲ得ルノ策ナリ。人ニ無産ノ人アリ地ニ未開ノ地アルハ国家ノ損失之レヨリ大ナルハ莫シ、況ンヤ士族ノ輩徒手沈倫其嚮フ所ヲ知ラサレハ、遂ニ国家ノ変乱ヲ醸成スルノ憂ヒアルニ於テヲヤ」と、深刻な不況の下、産業振興と治安維持を結びつけ授産の急務を強調した。

松方は全国農夫への西洋農具普及を説いたが、これは「漸次」実施する構想で、士族による東北開墾は急務であった。両者の政策上の緊急性の差異は明瞭である。したがって限られた予算の下、西洋農具が士族開墾に優先的に導入されることは当然の成り行きであった。明治一三年八月、松方は早速、安積地方に「不慣之士族輩」のため「内外之現事ヲ折衷シ諸原野之中央ニ」耕耘模範地の設置を上申したが、裁可されず、費額の再調査が指令された[71]。その後、一四年三月に松方は模範地設置費を安積疏水の分水費等へ転用する旨を上申し、裁可された[72]。結局、耕耘模範地は実現しなかったが、西洋農具の全国普及を説いた松方が、いち早く着手しようとしたのは和洋折衷技術を取り入れた士族のための開墾伝習場だったのである。

勧農局は勧業寮が縮小された機関であるが、農具製造・貸与事業は士族開墾事業の緊急性が高まったことや府県からの貸与申請が増加したため、拡張していった。これら農具は、当初、新宿試験場で製作されていたが、該場廃止に伴い、明治一二年一一月には三田育種場内に農具の製作所が新設され、一三年三月、育種場から独立して三田農具製作所となった[73]。さらに一〇月には安積開墾に伴う西洋農具の需要増加に伴い、同地に分所が設置されるに至った[74]。拡大を続ける農具事業であったが、三田農具製作所は設置当初から臨時事業とされた[75]。すなわち民間移行を前提に独立したのである。同年九月、松方は三田農具製作所の状況を次のように報告した[76]。

当省勧農局所管農具製作所之儀ハ欧米各国ノ農具ト本邦固有ノ品トノ便否ヲ取捨折衷改造シ、……農具ノ改良ヲ目的トシテ設立シタル儀ニ有之、爾来該所ニ於テ製出スルモノヲ各府県下有志者へ貸与シ、荒蕪地開墾ヲ始メ百般ノ事業ニ試用セシムルニ、取扱方軽便ニシテ且人力ヲ省キ其利益著シルシキヲ確認シ、拝借出願スルモノ追々増加シ、当省定額中右貸与ニ充ル金額ニテハ支へ難ク、特別ノ者ヲ除ノ外、不届ニ付、更ニ払下相成度旨願出ルモノ陸続之アリト雖モ、左候テハ製作費用ヲ定額中ヨリ支出シ、払下代ハ税外収入トシテ納入スヘキ成規ニテ収支差継ヲ得サルニ付、有限ノ定額中迚モ支弁ノ道無之、是以拒絶スルノ外無之候……。

農具製作所の設立主眼が内外農具の折衷・改良にあり、農具掛からその基本方針に変更がないことが確認できる。

さらに、荒蕪地等で試用されていた農具の有用性が認められたために拝借出願が増加し、予算定額内での農具生産では各地の需要に追いつかない状況が判明する。松方はこの解決策として前金による注文生産制を立案し、明治一四年三月、農具製作所の出納法変更を次の五項に整理して上申した(77)。

①農具の注文があればまず前金を徴収する。

②農具製作に必要な材料は①の前金をもとに時価を見計らって適宜購入する。

③製造農具は原価売却が原則であるが、生産量の多寡により同一製品においても価格差を生じるので、原価を適宜加減し売価を一定に保つ。

④前金不足の場合は経常費用より一時繰り替える。

⑤以上の計算整理のため補助簿を作成する。

結局、全五項のうち④の繰替金を除き許可されることになった。この前金による注文生産制は農具製作費を国庫支出に頼らず、予算定額に縛られない運営が可能なため各地の需要に柔軟に対応できるが、十分な予算を得られず中長期的な生産計画を立てにくいという難点もある。松方は翌月に控えた農商務省の設立をにらみ、臨時事業である三田農具製作所を国庫金の負担にならない運営方式に切り替え、その存続をはかったのかもしれない。

3　西洋農具の使用状況

本項では内務省期から農商務省期(明治一七年まで)にかけて各地に貸与された西洋農具の使用状況を、各府県からの報告と勧業諸会における報告から検討する。まず、各府県からの報告を表3-22にまとめた(図2には畜力利用の大型農具を示した)。使用状況を報告しているのは一二府県である。報告書から使用状況を◎＝大変便利・是非必要(四

サイズ(大鎌)				△		□			□	□	◎		
エッキス(斧)	○			×			□						
セーサス(鋏)	□							○		◎			◎
播種器			×	□						△			
ホーレーキ	◎	◎	△		◎	□	□	○	○				◎
ポンプ	◎						□			◎			
マトック類*	○	○	◎		◎		○		○				◎
ホー(削草器)	◎	○			◎		○	△	○	△		○	
ホーク類	◎	△			◎		○	○	○	◎	◎		
カルチベータ(耘耨器)				□	◎				○		◎		

○件)、◯＝便利・必要(三〇件)、△＝場所により不適(一五件)、×＝不適(三件)、□＝試験不十分・不明・未使用(一四件)に分けた。使用状況は一概に良好であり、特にレーキ類、スペード、ホーク、シャベル等の小農具の評価は高かった。評価が分かれているのがプラウ(Plough)＝西洋犂である。プラウは土壌を耕起し反覆させる畜力農具で、その使用には熟練を要するが習熟すれば耕起面積は人耕の比ではなく、労働を節約し、人口希薄な地方でも開墾が可能となる。プラウ(史料中では「プラオ」)の使用状況を報告した一〇県のうち、六県の報告を次ぎに掲げた。(78)

①六頭引プラウは「荒蕪地ヲ開拓スルニ効力尤モ著シ」いが「本邦従来ノ圃場ハ区域甚タ狭隘ニシテ一般使用シ難」い(福島県＝△)。

②「「プラオ」ハ至極便利ノ要具ナリ、当県下、上下北三戸三郡地方ノ如キハ地多ク平曠ニシテ石磈ナク、殊ニ毎村陸耕多クシテ家ニ畜養セル牛馬多ケレハ該品ヲ使用スル大ヒニ便利タル疑フ所ナシ」、しかし、「畠形ノ旧姿狭隘ナルト該器ノ価格小民ノ力ニ適セサルトアリテ一時ニ普及スルカタシ」(青森県＝△)。

③一頭引プラウを牛に引かせたが「本県産牛カ弱小ノ為メ充分使用シ得ズ、依テ稍ヤ小形ノモノヲ作リ試ミント思考中」である(愛媛県＝×)。

④「田ニハ到底用ヒ難ク畑ニハ至極便益ニシテ陸続人民ヨリ請求アリ」(静岡

表3-22　各府県貸与農具使用状況

府県名	報告年（明治）	使用農具／使用場所	プラウ（犂）	ハロウ（砕土器）	レーキ類（手把）	スペード（鋤）	運搬車	シャベル
東京	12	個人1（佐藤温卿）			○	○	◎	◎
		個人2（近藤慶三郎）						◎
高知	12	県試験場				◎		△
福島	12	安積開拓場	△	◎			△	
岩手	13カ	各開墾地	◎	◎	◎	◎	◎	◎
青森	13	上下北三戸三郡地方	△	△				
愛媛	13	個人・県種芸試験場・野間風早郡役所種芸場	×		○	□	□	○
静岡	13	各農場	△		○			○
岡山	14	真島郡見尾村大杉牧場・勝北郡広戸村日本原野	○	◎		□	○	○
広島	14	不明	□			◎		◎
宮城	14	鍛冶屋沢種畜場附属地、牡鹿郡門脇村士族授産場	◎	○		◎	△	◎
福岡	15	各農場	△	△	○	○	○	
岐阜	17	県立華陽学校農学部	○		◎	◎		◎

◎大変便利・是非必要：40件　○便利・必要：30件　△場所により不適：15件　×不適：３件
□試験不十分・不明・未使用：14件
＊マトック＝片方に斧、もう片方に鍬のついた農具。
典拠：農林省編『農務顛末』５（1956年、626～641頁）より作成。

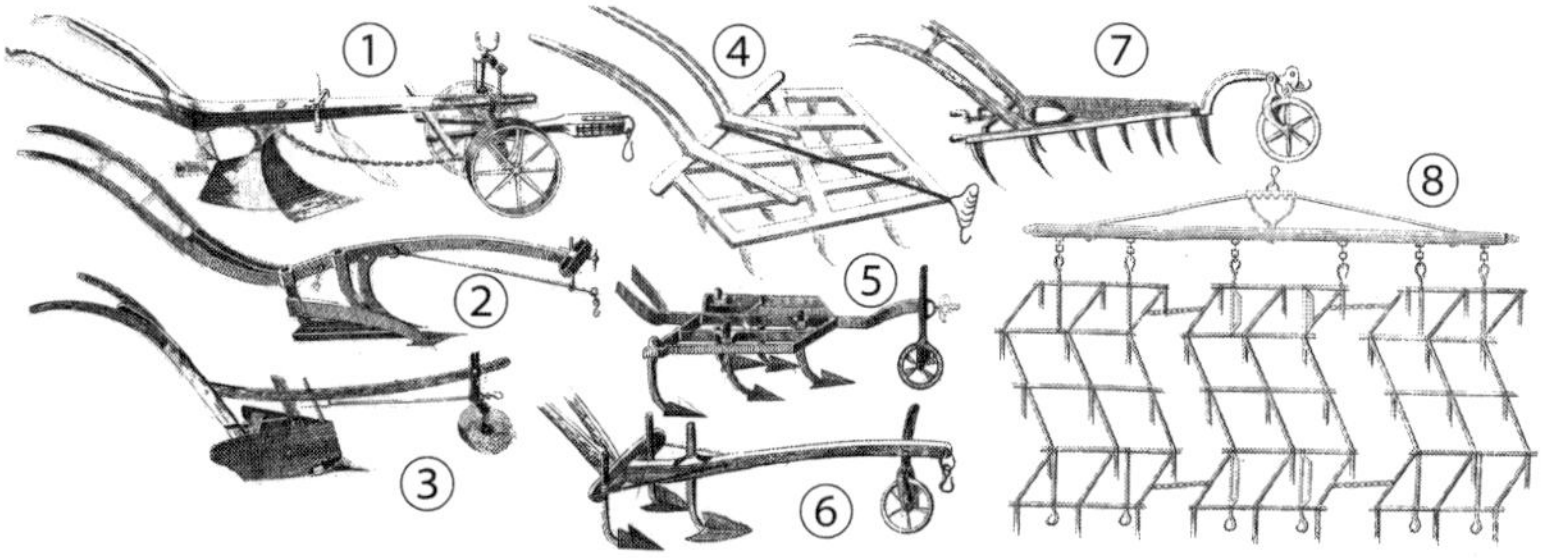

図２　「田圃耕作法」（『独逸農事図解』内務省、1875年、国立公文書館蔵）
①～③プラウ類　④～⑦カルチベータ類　⑧ハロウ

県＝△）。

⑤六頭引と三頭引プラウを使用し、六頭引は「開墾必要ノ器ニシテ頗ル良器ナリ」、三頭引は「各荒蕪地ヲ開墾セシニ極メテ便利且ツ適当セリ」（宮城県＝◎）。ただし使用地は鍛冶屋沢種畜場と牡鹿郡門脇村士族授産場といった開墾地である。

⑥「陸田ニ適スルトモ水田ニハ適セス、……九州地方ハ従来適応ノ農具アレハ従来ノ農具ニ優レルモノトハ未タ信認シ難シ、就中犂ノ如キハ広漠タル開墾用等ニ適シテ尋常農家ニ適セサルモノカ」（福岡県＝△）。

以上の報告からプラウは荒蕪地開墾には適しているが区画狭小の農地には適さず、特に水田では評判が悪く、プラウの重量のためか在来牛では力不足で牽引困難であることがわかる。さらに福岡県は在地に適した農具の存在を記し、プラウよりも優位であると報告した。プラウと播種器以外の西洋農具の使用状況は概ね良好であるが、これらの農具の使用地は県試験場や開墾地が多い。また、農具を農民に縦覧させている府県もあり、使用を希望するものがいたが、「製作ノ職工ナク敢テ注文スルニ至リテハ意外ノ高価」で広く使用するに至っていない例（高知県）もあった。

次に勧業諸会における報告を分析する。ここでは各府県報告とは異なり、農民の生の声を聞くことができる。明治一四年三月に東京府上野で開催された農談会では農事改良について意見交換され、議題の一つに「牛耕馬耕ト人耕ノ得失」が掲げられた。老農の一人、岐阜県の棚橋五郎は「勧業課ヨリ一頭引キ西洋器械ヲ借受ケ試耕シタレトモ、如何セン畑地ノ区画狭小ニシテ通常三畝乃至四畝歩、広キモ壱反歩ニ過キス故ニ漸次替地ヲナシ区画ヲ大ニセサレハ到底器械耕ハ施シ難シト思ヘリ」と述べた。明治の三老農の一人と称される中村直三は、区域狭小の田畑には福岡県や九州一般の犂を使用し、平坦広漠の地にはプラウを使用すれば良く、「一般同一ヲ欲セス、地勢ト地質トヲ察シ、之ニ適スヘキ器械ノ改良方法ヲ施サハ、耕事ノ進歩速カナルヘシ」と述べた[79]。

明治一五年二月に千葉県農商課が主催して同県会議場で開催された陸産会では、県下の農事通信掛や老農等約六〇名が召集され農事改良のため意見が交換された(80)。西洋農具について上総の中村義利は「欧州各国ノ農具器械ハ、北海道ノ如キ曠遠茫漠タル原野ニ運用スルハ宜シカルヘキモ、我地方ニテハ駱駝ニ象ノ皮ヲ着セタルカ如ク」と述べ、下総の小池保蔵は「農務局種畜場ニテ使用スル大農具ノ如キハ迚モ費用ニ堪ヘサレハ、殆ト見世物ヲ見ルト一般ナレハ寧ロ旧慣ヲ固守スルニ若カス」と述べた。老農たちが提示した西洋農具の問題点は前記の各府県報告と共通しており、一般の農地の狭区画や西洋農具の高価格を導入困難の要因としている。陸産会には三田農具製作所長の池田謙蔵も参加しており、「農具改良説」と題して演説した。そこで、西洋の「精巧便利ナル機械」を「使用スルノ術ヲ識ラス、竟ニ失敗ヲ来シテ、此器用ユヘカラスト云フニ至ル、是レ器械ノ罪ニ非スシテ多クハ之ヲ使用スルノ知識ニ乏シケレハナリ」と述べ、中村や小池の意見に反論しているようにも聞こえる。しかしながら、「一昨日以来、諸君カ老錬ナル実業ト当県各地ノ実況トヲ併セ聴クコトヲ得タリ、当会ノ景況ハ帰京ノ後チ詳カニ我卿輔ニ具申スヘシ」と述べているように、池田は陸産会等、勧業諸会に出席して在地の声を吸い上げ、卿輔に報告するとともに、西洋農具導入の問題点を把握していくのである。

明治一〇年に開催された内国博では民間から西洋農具の出品はなかった。しかし、在来農具の優品に褒賞が授与され、その出品者が奨励されたように、政府に西洋農具を偏重する姿勢はない。松方正義は簡便な西洋農具を漸次民間に普及させる構想を持っており、これらを府県に貸与する等したが、その使用状況は試験場や開墾地では良好であったが一般の農地では悪く、ワグネルや棚橋等が指摘したように、導入には大きな障害があることが明らかとなった。また、中村直三は、耕耘の進歩のためには農地をすべて同一視せず、地勢・地質に適合する農具の改良を施すべきであると提言し、具体的には区画が狭小な農地には九州の犂を使用することを指摘した。第二部第三章第二節で述べたように、明治九年三月、すでに池田謙蔵は国内の「小農家」に牛馬耕を普及させるため、西日本の農具の収集を始めていた。府県における西洋農具の使用状況報告や勧業諸会における老農の意見を通し、池田は一般の農地への牛馬耕普及には西日本の農具が有効であることを再認識したことであろう。

第三節　農書編纂事業

1　農業集成書編纂の停滞と農書の刊行

明治一〇年（一八七七）一月に誕生した勧農局において農業集成書の編纂事業は報告課が担当した。『内務省年報』から農書編纂状況を摘記すると、年報iでは、「農工」の改良進歩に対する図書の効力を高く評価し、刊行・脱稿した農書を掲げたが、年報iiでは農業集成書編纂のために「引ク所ノ書巻帙浩瀚、其要緊ヲ摘萃スルモ亦容易ナラス、其完美ヲ成スハ猶後年ヲ待サルヲ得ズ」と、編纂事業が難航している状況が記され、稲・大麦・裸麦・小麦・粟・稗・黍稷・蜀黍・玉蜀黍・大豆・小豆・麻苧の部を編纂していることが示された。年報iiiでは「農稼ノ進歩ヲ促スハ農書ノ賛成スル蓋シ尠カラサルヘシ、本局修訂スル所ノ農書」として刊行済みの農書を一二部掲げたのみで、年報ivでは、ついに農書に関する記事が掲載されなくなってしまった(81)。勧業寮廃止に伴う官員の大幅な削減が、「書巻帙浩瀚、其要緊ヲ摘萃」するという多大な労力を要する農業集成書編纂に悪影響を与えたと推測される。

ただし、このような状況下にあっても勧業寮→勧農局は表3-23に記したように翻訳書を中心に毎年一定数の農書を刊行していた。刊行された農書の特徴は農業総合書を除くと、第一に製糖と茶・紅茶、牧畜に関する書が多いことである。政府は輸入砂糖に対抗するため、南方における甘蔗に加え、寒冷地で甜菜、各地で芦粟を栽培して砂糖を製

表3-23　勧業寮(勧農局)編纂(刊行)の農書類

明治	書　名	著者・訳者	分　類
8年	1斯氏農書 2斯氏農業問答 3独逸農事図解	ステファン著・岡田好樹訳 ステファン著・後藤達三訳 ファン・カステール訳	農業総合 〃 〃
9年	1甜菜砂糖製造法 2草木移植心得	クルークス著・吉田五十穂訳 吉田健作著	製糖 その他
10年	1日本製品図説 2農政垂統紀 3茶務僉載 4杞柳栽培製造法	高鋭一編 織田完之・高畠千畝編 胡秉枢著・竹添光鴻訳 モアトリエー著・曲木高配訳	その他 〃 茶・紅茶 工芸
11年	1農書要覧 2英国農業篇 3紅茶製法纂要 4牛病通論 5人工孵卵図解 6養魚法一覧 7紅茶説	勧農局編 ウキルソン著・岡田好樹訳 モネー著・多田元吉編訳 ドブソン著・錦織精之進訳 勧業寮編 金田帰逸著 モネー著・多田元吉編訳	農書目録 農業総合 茶・紅茶 牧畜 その他 〃 茶・紅茶
12年	1砂糖略説 2加氏葡萄栽培書 3虫類名彙	勧農局編 カリエール著・大久保学而訳 勧農局編	製糖 果樹 その他
13年	1製糖試験録 2蘆粟栽製簡易法	勧農局編 勧農局編	製糖 〃
14年	1欽定授時通考 2獣医全書(馬の部) 3牧羊手引草 4甲州葡萄栽培法	蔣溥他著 シッペルレン著・坪井信良他訳 後藤達三編 福羽逸人著	農業総合 牧畜 〃 果樹

＊『勧業報告』収録分、博覧会関連書、統計表類は省略。
＊刊行年は原本により修正。
典拠：農商務省農務局編『大日本農史』下(博文館、1901年)、大日方純夫他編『内務省年報・報告書』2(122頁)、同5(242頁)、同8(88～89頁)より作成。

造しようとしていた。明治一〇年刊行の3『茶務僉載』の緒言で、勧農局の織田完之が、欧米の茶市場における中国・インド製茶の独占状態を切り崩すため、日本において茶の製法を改良して欧米諸国の需用に応じるべきであると記したように、政府は主要輸出品であった茶の品質改良による販路拡大をめざしていた(82)。製糖、茶・紅茶の書籍刊行には、政府の輸入防遏、輸出促進に対する意気込みをみてとることができよう。また、牧畜関係書が多い理由としては、第二部第三章第三節で述べたように、牧畜業の振興、牛病流行への対処、そして前近代日本において牧畜業に関する書籍は乏しく洋書に頼らざるを得なかった事情が考えられる。

第二に食糧の中心である穀類に関する書が一冊も刊行されていないことである。勧農局は農業集成書が刊行されるまでは、在来農法に基づく穀類栽培法等を記した農書を刊行する意図はなかったようである。ただし、明治一一年刊行の1『農書要覧』は、「近今、志ヲ農事ニ発シ農書ノ目ヲ問」う者が多いため、和漢洋の農書から「農事ニ切実ナルモノニ小解ヲ付シ、之ニ参照スヘキモノハ書名ノミヲ登記シテ」刊行された農書摘録・目録であり、佐藤信淵の農書を中心に和書五五点、漢書一二点、洋書二三点が紹介された(83)。和農書は翻訳書と異なり、政府主導で刊行しなくとも、『農業全書』のように入手できる書もあり、それらの紹介で事足りる場合も多かったようである。

2　織田完之の岐阜県農事講習場の視察と農書

織田完之は明治一二年四月一六日から岐阜県農事講習場の視察のため出張し、二九日に岐阜県庁に到着し、県令小崎利準と大書記官斯波有造と面会した(84)。翌日、織田は教場に出向き講義を聴いたが、その内容は土壌論を説くかと思えば土地の硬軟による農具の種別の話に移り、農具製造法に流れて農具装飾のペンキ製法に及ぶ等、「混乱錯雑ヲ極メ、教科ノ件々、民間ノ実用ヲ欠キ、理論ニ汲々タルモ到底枝葉ノ空説ニ帰シ、底止スル所ヲ知ラサルモノ、如シ」

という状況であった。[85] 織田はその後も「日々出テ点検考量」した結果、講習場の教育について、農学等と称して先後を量らず化学理学に偏重し、実用を忘れて高尚を誇っており「頗ル迂闊」であると厳しく批判するに至った。[86] これに対し、農事講習場の規則を策定した斯波大書記官は「本科生徒ヲ教育スルニ泰西農学ヲ以テスル」と反論した。その後、織田は斯波宅に赴き激論を交わすが、織田は斯波の意見を「洋酒ニ泥酔スルカ如ク」と、斯波は織田の意見を「高天原ノ者流ニ近キ」と批判し、決着はつかなかった。二人の主張をまとめると、次の通りである。[87]

①日本に必要な農業

織田　衣食に関係する実業が根幹で、西洋の究理論は高尚であるが枝葉である。

斯波　西洋農学が根本である。

②農学校

織田　「窮理学校等ハ大政府ニ一ヶ所」、つまり駒場農学校一校で良い。

斯波　岐阜農事講習場は農学を講究してこれを実地に試験する教育施設にする。

③農事講習場の教科

織田　西洋の農事では教育プログラムを組むことができない。

斯波　日本の農事では教育プログラムを組むことができない。

主張が正反対の二人である。①について織田は日本農業にとって西洋農学は枝葉であると考えた。一方、斯波は根幹であると考え、「究理ノ本立テ」た後に日本の農書を読み固陋の農事を改良すれば「卑屈ノ民ヲ興起」することができると主張した。②について織田は、地方では「民間ノ実用」に適する農事講習場が必要であると考え、斯波は岐阜県農事講習場を駒場農学校に範をとった泰西農学を修得させる場と考えた。③については、織田は西洋の翻訳書では人を感服させることができないと主張し、日本の農書の中には〝美濃国は古来より良米を生産するので美濃国と呼ぶ〟といった「勧農ノ談柄、眼前ニ多」く、「農民ノ心ニ適ス」ると考えていたのである(88)。

そして、この後、織田は実際に日本の農事を中心に教育プログラム「農事講習場教科順序」を組み、講習場における予科(一〜二級)、本科(一〜六級)、試業科の使用教科書を斯波等に提示したのである(予科は本科入学準備のために健康な少年が入学し、試業科は本科卒業後に実践研究にあたる)。例えば本科六級の科目「農事大意」では教科書として織田完之『農政垂統紀』、佐藤信淵『農政本論』、曾槃他編『成形図説』等を掲げ、「農業沿革」という科目では織田『農業沿革録』、黒川真頼『工芸志料』、ステファン『斯氏農書』、ウヰルソン『英国農業篇』を掲げ、大部の書は摘録を口授することとした(89)。

このほかの科目で織田が選択した教科書は、和書ではやはり佐藤信淵や大蔵永常の著作が多く、漢書では『欽定授時通考』(乾隆帝の勅命で編纂)、陸曾禹『欽定康済録』、陳淏子『秘伝花鏡』等、洋書(翻訳書)ではフレッチャル『泰西農学』、チャンブル他『気中現象学』、ボンメル『耕作必用』、ラウトン『西洋水利新説』等を掲げた。また本科一級の科目「獣医学」における使用教科書はすべて洋書(翻訳書)で、ドブソン『牛病通論』、ニューマン『牛病新書』、ダムソン『牛病可治』を掲げた。織田は「農事講習場教科順序」を作成するにあたり、農家の子弟が暗記すれば利益が多い「稼穡ノ順序、培養ノ効用、年中ノ営為等」の要件を選び、これに「西洋化学、数学、獣医、牧畜等」と、当初の岐阜県講習場規則を折衷したと述べている。つまり、織田は西洋農学が日本農業にとって枝葉であると述べてはいるが、これを否定したのではなく、在来農業を補強するうえでは必要であると認識していた。その後、小崎と斯波が検討した結果、「終ニ日本ノ農事ヲ本体トシ、西洋説ヲ仮リ我欠略ヲ補フコト」と決定した(90)。

織田は今回の岐阜出張の前に駒場農学校長関澤明清と勧農局長松方正義を訪い、「地方適応ノ農学」について質問していた。この問いに対して関澤は「甚難問ナリ、当校ハ今尚評論中ナルヲ以テ必ス地方ニ於テハ此農学校ヲ目度トスルナク、地方ハ地方ノ適宜ナル農事ヲ講習スルヲ要ス」と応え、松方は「民情適応ノ農事講習ヲ斡旋スヘシ、化学、製造、牧畜、獣医学、器械学等ハ西洋ノ方ヲ仮用スルコトモアルベシ」と応えたのである。(91) 明治一一年一月に開校した駒場農学校はいまだ「評論中」であったが、関澤校長に当校を地方の模範とする考えはなかった。関澤は明治九年のフィラデルフィア万国博に参加し、松方は一一年のパリ万国博に出張してヨーロッパを視察した。この西洋事情をよく知る二人とも農事講習に際しては日本の地方の実情を重視する方針を示したのである。さらに松方は化学、牧畜、器械学等、在来農業に不足している分野では西洋農学を仮に用いることもあると指示したが、これはまさに、織田が岐阜県で実践した「日本ノ農事ヲ本体トシ、西洋説ヲ仮リ我欠略ヲ補フコト」であった。西洋農業は在来農業を補完するものであるという大久保利通が抱いた勧農政策の基本方針は、松方、織田にしっかりと踏襲されていた。

しかし、いくら中央政府がこのような方針をとっていても、地方には斯波のような西洋農業を中心に考える官吏が存在したことも事実である。明治一三年五月に岐阜県で開催された農事会において、会頭の棚橋五郎が「理論ノ高尚且現業ノ壮大ニ心酔眩惑」して「経験ノキ新法奇術ヲ世ニ誇示スル」「泰西ノ農事ヲ講スル者」を批判したが(第二章第一節)、このような西洋農学心酔者の存在は、岐阜県に限ったことではなかったであろう。

3　松方正義の帰国と農書編纂

松方正義は「勧農要旨」(表3-11)の「Ⅳ農業進歩に関する項目」の中で農書に関しては「内外農業ノ景況ヲ察シ農事ノ見聞ヲ広メンカ為ニ農書及ヒ農業新報、新聞紙類ヲ購求スル事」と記すのみである。(92) しかも独自で農書を編纂するのではなく購求すると記され、その姿勢は消極的である。ところが同年に提出された「農書編纂ノ議」では、編纂の目的、背景、方法等が詳述された(93)。両者は同年に作成されたにも拘わらず関連性が薄いことから、同一人物が起草したものではない可能性がある。

黒正巌氏は「農書編纂ノ議」が建議された理由として、当時、経験本位に農業の開発をしようとした老農主義が流行し、学術研究が等閑にされて日本農業の進歩・開発が不十分であることを松方が発見したからであると指摘した(94)。明治一二年に老農主義が流行していたか疑問の残るところであるが、松方が日本農業における学術の欠如を主張したことは、次に掲げる部分からも明らかである。

農業ノ進歩ハ単ニ実験ノ力ニ由ルニアラス、必ヤ学術相待チテ然ル後始メテ其大成ヲ期スヘキナリ。……欧米各国ヲ観ルニ、二者ノ関係殆相密附スル者ノ如シ。……本邦上下数千年間、学術ノ以テ農業ヲ助クヘキモノ曽テアリヤ。……今ヲ距ル事百八十余年前、既元禄年間ニ於テ、筑前ノ人宮崎安貞氏始メテ農業全書十巻ヲ著ハセリ。本邦国ヲ建ツル旧シトイヘトモ、其農書アルハ蓋此ニ剏マル。其後、佐藤信淵、大蔵永常ノ徒、相継キテ力ヲ農事ニ竭シ、各著述スル所アリ。……然ルニ其書タル今日ヨリ之ヲ観レハ、大率陳々相因リ書々相襲フノミ、而シテ往々固陋偏見ヲ免カレス、其今日ノ実用ニ適スルモノ甚少ナリ。

律ニ成文不文ノ別アリ、農業モ亦然リ。欧米ノ如キハ謂ハユル成文法ヲ以テ行ハレ、本邦ハ不文法ヲ以テ行ハル。……夫レ不文法ハ以テ一人一時ヲ利スヘクシテ、未以テ之ヲ公衆ニ及ホシ、之ヲ[久]遠ニ伝フルニ足ラス、……今ヤ宜ク此数千年来ノ不文法ヲ収拾シテ、以テ成文法ニ改良スヘシ。

松方は西洋農業における「学術一致」の事例を紹介するとともに、日本において学術が農業を助けたことはないと主張し、その原因として日本農業が不文法であることを掲げた。そこで、「不文法ヲ収拾シテ」「成文法ニ改良」するため、日本古今の農法だけではなく、中国、西洋の諸法も有効なものは採取し、農学・本草・博物・化学・理学等の専門家と、農業熟練者を募って会議を組織し、その成果を成文にして農書を編纂しようとしたのである。松方の主張には内外の有効な農法を取り入れるという、従前の農書編纂方針と一致するところはある。しかし、農業集成書編纂のために収集してきた佐藤や大蔵の農書を固陋・偏見・非実用的と断定し、日本農業を不文法として近世農書を無視したのであるから、この建議は従来の編纂方針の転換を宣言したようなものであった。

結局、「農書編纂ノ議」は許可されたが、松方が「鞅掌繁劇」のため、実行されなかったようである(95)。また、黒正氏は当時の学界の状態(老農主義の流行)や財政事情により、農書編纂計画の実現が容易ではなかったとも述べている(96)。西南戦後の経済・財政の混乱は確かに計画実現を困難にしたであろうが、ほかにも原因があったようである。それは、農書編纂の中心人物の一人である織田が、松方の主張に反対を唱えたことである。佐藤や大蔵の農書を否定されたのであるから、反対表明は当然のことであった。

明治一三年二月一六日、織田は松方に書翰を送り、「貴下ノ九月中、農書編集ノ建議ヲ竊カニ数回閲読シ篤ト沈思考量セシガ、大体ノ御見込ニ於テ妥当ナラスト思フ処多ク、又条件中ニ語弊多キハ執筆者ノ農事ニ暗キ処ニヨルカ、未タ感心ノ場合ニ至ラサルナリ」と遠慮なく述べ、建議の不備の原因を、その起草者が農事に暗いところに求めた(97)。また、織田は、「農書編纂ノ議」では日本農業を不文法であると「農民ノ文学ナキヲ嘆息」しているが、農民側からみれば官員こそ不文法であり、農政を学んだ者や経済を達観した者も見受けられないと主張した。さらに、民部省以来の勧農関係者における人材不足を厳しく指摘し、「有識ノ人物」を松方の補佐にすることが重要であると述べた。この書翰の控えには後に貼付されたと思われる付箋があり、ここには「野夫ナル事ヲ放言シテ嫌ハレタモノガアル由シ」と記され、織田の書翰が原因で、松方との間に亀裂が入ってしまったことがわかる。この二人の対立が農書編纂を停滞させた原因の一つと考えられるのである。

農業集成書の編纂は進捗しなかったが、勧農局は翻訳農書を中心に刊行を続けた。しかしながら、織田は「近代農書多シト雖トモ、論理概ネ細密ニ過ギテ実用ニ疎ク、農家ノ作業ニ適スルモノ蓋シ鮮ナシ」と考えていた。このため、明治一三年一二月、織田は佐藤信淵の著作等から「感格スル所ヲ輯録」した『農家矩』を著し、農家の子弟がこれを暗記し、怠ることなく「術業ニ試ミ」れば、痩せ地は肥沃となり、「家産ノ富裕時月ヲ期シテ俟ツベキナリ」と述べたのである。(98) 織田の意に適った農書を勧農局から刊行するのではなく、自ら執筆、刊行せざるをえなかったということは、農書編纂に携わる者の中には織田の考えと合致しない者も存在したのであろう。織田と松方は農書編纂方針において意見の齟齬を生じる結果となったが、勧業寮(勧農局)内の農書編纂部門も一枚岩ではなかったようである。

註

（1）内閣記録局編『法規分類大全』官職門、官制、内務省二、七四四頁。
（2）大日方純夫他編『内務省年報・報告書』三、三一書房、一九八三年、一二一～一二三頁。同五、七三頁。
（3）津下剛『近代日本農史研究』光書房、一九四三年、二八四頁。
（4）安藤哲『大久保利通と民業奨励』御茶の水書房、一九九九年、七二～七五頁。
（5）前田正名「三田育種場の創設と大久保公」(日本史籍協会編『大久保利通文書』八、一九二九年、四〇八～四一〇頁)。
（6）農林省編『農務顚末』六、一九五七年、四～八頁。大槻は磐城国中村藩出身の士族で廃藩置県後は中村県一二等出仕となり、明治七年一月一九日に勧業寮一一等出仕となった(「一等属大槻吉直御用掛被命ノ件」(『公文録』明治一四年一〇月、農商務省、国立公文書館蔵))。
（7）「勧業寮植物試験地買上ノ儀伺」(『公文録』明治七年八月、内務省伺一)。

（8）「非常ノ節倹ヲ行フニ付不急ノ費途ヲ止メ昨年常額ノ残金ヲ返納セシム」（内閣官報局編『法令全書』明治七年八月、太政官達第一〇六）。「植物試験地井建家買上等伺」（『公文録』明治七年八月、内務省伺四、布達并達）。「警視庁為官用地馬場先門内旧御厩并元田沼玄蕃邸三田四国町元勧業寮用地司法省囲込之内引渡之件」（東京府第三課『既決簿』明治八年一号・市街地理、607-A8-4、東京都公文書館蔵）。「東京府下三田四国町勧業寮用地ノ儀届」（『公文録』明治九年一二月、内務省伺三）。『農務顛末』六、八頁。

（9）「三田四国町荒地開発意見書」（『大隈文書』Ａ一三五八、早稲田大学図書館蔵）。前田正名述『三田育種場着手方法』一八七七年。

（10）第四区は記していないが「内地用材」が三種二〇〇本栽培された。

（11）農林省農務局編『明治前期勧農事蹟輯録』上、大日本農会、一九三九年、一二四頁。

（12）「政揆勤倹ヲ本トシ費用節略ノ儀被仰出」（『法令全書』明治一一年三月、太政官達無号）。宮内庁編『明治天皇記』四、吉川弘文館、一九七〇年、六三九頁。

（13）『農務顛末』一、八七〜八八頁。前掲『明治天皇紀』四、六三三頁。政府は明治二年の凶作を南京米（サイゴン米を含む）を輸入、廻漕する等して乗り切っている（松尾正人「明治二年の東北地方凶作と新政権」（『日本歴史』三四五号、一九七七年二月））。

（14）『法規分類大全』官職門、官制、内務省二、七七九〜七八〇頁。

（15）「勧農局所轄内藤新宿試験場宮内省へ引渡ノ件」（『公文録』明治一一年五月、内務省二）。

（16）福羽逸人『回顧録』一九一七年ヵ（復刻版、財団法人国民公園協会新宿御苑、二〇〇六年、八七〜八八頁）。

（17）勧農局編『農政垂統紀』一（進議）、有隣堂、一八七八年。

(18)「皇宮地附属ノ内植物御苑其他御用地ヲ改称ス」（『公文類聚』明治一九年、第七巻、国立公文書館蔵）。
(19)前掲『明治天皇紀』五、六四四～六四五頁。鈴木正幸「皇室財産論考」（久留島浩他編『近世から近代へ』展望日本歴史一七、東京堂出版、二〇〇五年）。
(20)前掲、福羽『回顧録』八六頁。
(21)「勧業局内藤新宿試験場内農産物製造所建築伺」（『公文録』明治一一年五月、内務省伺一）。
(22)『農務顚末』五、一〇六四～一〇六七頁。
(23)大蔵省編『明治前期財政経済史料集成』一、明治文献資料刊行会、一九六二年、五二一～五三〇頁。
(24)大日本山林会編『田中芳男君七六展覧会記念誌』一九一三年、三～二六頁。一級事務官として渡欧した近藤真琴は田中芳男を「本草の名家」と呼んだ（明治六年五月二七日付家族宛書翰（『近藤真琴資料集』攻玉社学園、一九八六年、一二六頁））。
(25)「田中芳男（東京府）」（『贈位内申書』国立公文書館蔵）。
(26)『農務顚末』六、七三三～七三五頁。
(27)『法規分類大全』官職門、官制、内務省二、七六二～七六三頁。下総牧羊場は明治一三年一月に取香種畜場と合併、下総種畜場と改称した（『内務省年報・報告書』八、一一六頁）。
(28)『農務顚末』六、一二四二頁。
(29)農商務省農務局編『第一次年報』下篇三、四八二～四八三、五二七～五二八頁（『明治前期産業発達史資料』別冊一二Ｖ）。
(30)『農務顚末』六、六六六頁。

(31) 調査結果は『各地方老農家及び種苗戸名簿』(農務局報告課編、一八八二年)としてまとめられた。
(32) 『農務顛末』六、五九〜六一頁。購入の結果は年報vに掲載された(『内務省年報・報告書』八、一二九頁)。
(33) 『内務省年報・報告書』八、一三〇〜一三一頁。
(34) 池田謙蔵「本会報告第百号発行に就きて一言す」(『大日本農会報告』一〇〇、一八八九年一一月)。友田清彦「明治初期の農業結社と大日本農会の創設」一(『農村研究』一〇二、東京農業大学農業経済学会、二〇〇六年三月)参照。
(35) 本項における『内務省年報・報告書』の該当頁を以下に記す。(a)三巻二八〜二九頁、五巻七七〜七八頁、八巻一二七〜一二八頁、別巻三、一一三頁。(b)甜菜は三巻二九〜三一頁、八巻九〇、一二七〜一二八頁、別巻三、八五〜八六、一二三〜一二六頁。芦粟は五巻九五〜九六頁、八巻八一頁、別巻三、八五〜八六頁。(c)三巻三六〜三九頁、五巻一一七頁。(d)五巻七九〜九二頁、八巻八二〜八四、一二二〜一二六頁、別巻三、九〇、一一二〜一一六頁。(e)八巻九〇〜九一頁。(f)二巻三八〜三九頁、三巻一〇〇〜一〇一頁、五巻一五〇〜一五一頁。(g)五巻一一二〜一一三、二六四頁、六巻一六八〜一七三頁。農業関係書は八巻八八〜八九頁。
(36) 明治九年九月「同上(土方大史宛畢徳曼書東清国北方ノ地ヲ旅行シ見聞センコトノ報告)抄訳甘蔗鳥魚等ニ関スル事件」(『畢徳曼来翰』(『単行書』国立公文書館蔵))。本史料では「甘蔗」と表記されているが、ピットマンが紹介した「甘蔗」は『農務顛末』では芦粟として扱われているので、これにしたがった(『農務顛末』二、五三頁)。ピットマンは台湾出兵後の日中交渉の際に重要な役割を果たし(石井孝『明治初期の日本と東アジア』有隣堂、一九八二年、一四九〜一五一頁)、大久保利通の信頼を得ていたようである。
(37) 内務省勧農局編『農事月報』五、一八七九年五月、八〜一〇、二五〜二九頁。
(38) 勧農局・商務局編『明治十三年綿糖共進会報告』五、一八八〇年一〇月、六五頁(『明治前期産業発達史資料』九)。

(39) 『明治前期勧農事蹟輯録』下、一四二〇～一四二二頁。
(40) 『農務顛末』一、五一九～五二二頁。
(41) 『農務顛末』一、五三二～五三七頁。
(42) 武部善人『近郊農村の分解と産業資本』御茶の水書房、一九六二年、第二章第一節。また、武部氏は、損失補塡が試作希望者の激増を招き、その中には補償金めあての試作者が、収量を過少報告(損失額を過大報告)しなかったか、と推測しているが、この点は重要である。
(43) 『農務顛末』一、五八七～六〇三、六二四、六二九～六三〇頁。
(44) 従来、アメリカ綿移植の失敗原因は日本の農業生産の「零細性」または「後進性」や、上からの資本主義政策の半強制的性格に求められた。しかし、辻智佐子氏は、アメリカ綿移植は十分可能であったが在来の短繊維綿が盛んに栽培されていた明治初期において、長繊維のアメリカ綿は日本の綿花市場に販路を見出すことができず、移植政策は失敗に終わったと論じている(「明治初期における米綿移植の挫折」(『社会経済史学』六六(四)、二〇〇〇年一一月))。
(45) 『農務顛末』六、二二五七～二二五九頁。福羽逸人は傾斜地や水利に乏しい「穀菽ノ栽培ニ適セサル」土地に適応する有益植物としてブドウを掲げた。そしてその効用として生食に加え、ワイン・干しブドウ・ブドウ酢・シロップを製造できる等、全一八項目を掲げ、ブドウは「百果ノ長」、「果王」であると述べた。また、繁殖も速く結果も豊かで香りも良く、食用、醸造用ともに適しているヨーロッパ産の導入を提言した(福羽逸人『葡萄園開設論』一八八三年、四～七、二一～二四頁(東京大学総合図書館・田中芳男文庫蔵))。『葡萄園開設論』は明治一六年の刊であるが、註(16)の『回顧録』(三五頁)には一二年に松方正義が帰朝した際に提出したと記されている。一二年以前に執筆したものに播州葡萄園の記事等を追記し、一六年に刊行されたようである。

(46)『農務顛末』三、六～一〇頁。
(47)『農務顛末』三、六七～六九、九七～九九頁。
(48)『農務顛末』三、四六〇～四六一頁。
(49)農商務省農務局編『農事報告』四、一八八二年六月、七九～八一頁。
(50)『明治十年府県勧業着手概況』(土屋喬雄編『現代日本工業史資料』労働文化社、一九四九年)。西南戦争のため鹿児島県からの報告はない。以下、本節で特に注記がない場合は本史料からの引用である。
(51)三橋時雄他著・京都府農村研究所編『京都府農業発達史』京都府農村研究所、一九六二年、八、二〇頁。『山口県史』史料編近代四、二〇〇三年、六七～六八頁。
(52)記念誌編纂委員会編『東京農業と試験研究一〇〇年のあゆみ』東京都、二〇〇〇年、一二〇頁。
(53)『農務顛末』一、四五七頁。
(54)前掲『第一次年報』下篇三、四九四～四九五、五一〇、五二七～五二八頁。
(55)「勧業上ニ係ル通報等郵便逓送規則伺」(『公文録』明治九年一〇月、内務省伺三)。「勧業上ニ係ル通報等郵便逓送規則」(『法令全書』明治九年一〇月、太政官布告第一三四)。本項目は同年一二月の太政官布告一五八「郵便規則及罰則」四条に組み入れられた。
(56)西村卓『「老農事代」の技術と思想』ミネルヴァ書房、一九九七年、二六頁。
(57)農務局編『勧農局沿革録』一八八一年、一二頁。
(58)『内務省年報・報告書』三、四三頁。
(59)『農務顛末』五、六〇六～六〇八頁。内国勧業博覧会事務局編『明治十年内国勧業博覧会出品目録』内務五ノ八～五ノ十(『明治前期産業発達史資料』勧業博覧会資料一七八)。

(60)『農務顚末』六、一一二一～一一三頁。

(61)内国勧業博覧会事務局編『明治十年内国勧業博覧会審査評語』一八七七年、六五六、七七三～七八一頁(『明治前期産業発達史資料』勧業博覧会資料一九三、同一九四)。

(62)内国勧業博覧会事務局編『明治十年内国勧業博覧会出品解説』第五区農業、一八七八年、一七六～一七七頁(『明治前期産業発達史資料』七(五))。

(63)岡光夫『日本農業技術史』ミネルヴァ書房、一九八八年、二九五～三〇三頁。

(64)ドクトル・ワグネル「第一回内国勧業博覧会報告」一七三～一七四頁(『明治前期産業発達史資料』八)。

(65)「一般殖産及華士族授産ノ儀伺」(『公文録』明治一一年三月、内務省伺一)。

(66)「東北地方原野開墾華士族授産ノ儀伺」(『公文録』明治一一年三月、内務省伺一)。

(67)『郡山市史』四近代上、国書刊行会、一九六九年、第四章第三節。

(68)前掲『明治前期財政経済史料集成』一、五二一頁。

(69)『農業雑誌』一〇〇、学農社、一八八〇年、七三～七五頁。この発言は『農業雑誌』誌上のものなので、農業振興をはかる松方がその理想を述べ、多少、大風呂敷を広げたようである。

(70)前掲『明治前期財政経済史料集成』一、五三一～五三五頁。

(71)「福島県下ニ於テ耕耘模範地等設置ノ件」(『公文録』明治一三年八月、内務省一)。

(72)「福島県下開墾模範地設立費ヲ分水費其他ニ変換ノ件」(『公文録』明治一四年八月、内務省一)。

(73)『内務省年報・報告書』八、一四一～一四三頁。

(74)『内務省年報・報告書』別巻三、一二二一〜一二二三頁。
(75)『法規分類大全』官職門、官制、内務省二、七六二〜七六三頁。
(76)「農具製作所事業ノ件」(『公文録』明治一三年一〇月、内務省一)。
(77)「農具製作所出納其他取扱略則ヲ定ムル件」(『公文録』明治一四年八月、内務省一)。
(78)①〜⑥と、本文中でふれた高知県の事例の出典は以下の通り。①『農務顛末』五、六二九頁、②六三〇頁、③六三一頁、④六三二〜六三三頁、⑤六三七〜六三八頁、⑥六三九〜六四〇頁。高知県、六二八頁。
(79)農務局編『農談会日誌』一〇五、一一二、一一四頁(『明治前期産業発達史資料』八(六))。
(80)千葉県農商課編『農商雑報』付録・陸産会記事、一八八二年、四九〜六六、二八一〜二八六頁(『明治前期産業発達史資料』補巻七三)。
(81)『内務省年報・報告書』二、一二一〜一二三頁。同三、一三七〜一三八頁。同五、二四二頁。同六。第五回、第六回の年報では農書関係記事は復活するが、農書名が羅列されているのみである(同八、七〜八九頁。同別巻三、八四頁)。
(82)胡秉枢(竹添光鴻訳)『茶務僉載』勧農局、一八七七年。
(83)勧農局報告課編『農書要覧』勧農局蔵版、一八七八年。
(84)織田完之『岐阜県出張復命書』一八七九年(「祭魚洞文庫」流通経済大学図書館所蔵)。この復命書には「岐阜県農事講習場為点検出張復命書副申」「岐阜県出張復命書」、別紙として第一号「岐阜県農事講習場規則要領」、第二号「勧農生徒ヲ薫陶スル主義」、第三号「勧農生徒ヲ召集スル目的」、第四号「斯波大書記官主張ノ議」、第五号「織田完之前書ノ駁議」、第六号「織田完之草スル所ノ農事講習場教科順序」、第七号「織田田原協議改定農事講習場教科順序」、第八号「農談会略規」、第九号「農政議会略規」、第一〇号「中教院ニ於テ農家永続法実施ノ報告」、附として「葛野第一御料地松蕈発生視察復命書」が収められている。
(85) 同右「岐阜県出張復命書」。この記録は織田の視点による記述であることに留意しなければならない。
(86) 同右「岐阜県出張復命書」、前掲、第二号「勧農生徒ヲ薫陶スル主義」。
(87) 同右「岐阜県出張復命書」、前掲、第一号「岐阜県農事講習場規則要領」、第四号「斯波大書記官主張ノ議」。
(88) 同右「岐阜県出張復命書」、同右、第一号「岐阜県農事講習場規則要領」。
(89) 前掲、第六号「織田完之草スル所ノ農事講習場教科順序」。
(90) 前掲「岐阜県出張復命書」。第六号「織田完之草スル所ノ農事講習場教科順序」は加筆修正され、第七号「織田田原協議改定農事講習場教科順序」として小崎県令に進達された。小崎等は教科については織田の意見を取り入れたようにみえるが、岐阜県農事講習場は明治一三年四月に岐阜県農学校と改称された（『岐阜市史』通史編近代、一九八一年、二一一～二一二頁）。織田が好まない「農学」校となったのである。
(91) 前掲「岐阜県出張復命書」。
(92) 前掲『明治前期財政経済史料集成』一、五二二～五三〇頁。
(93) 同右『明治前期財政経済史料集成』一、五二〇～五二二頁。引用史料中の［久］は、本建議と同趣旨の松方正義「農書編纂之義伺」（『農務顚末』六、六八五～六八七頁）より補った。「農書編纂ノ議」は九月一九日に太政大臣に呈したと記されている。また『大日本農史』下（農商務省農務局編、一九〇一年、博文館、三一一二頁）には、九月に伊藤博文内務卿に呈し、認可されたと記されている。
(94) 黒正巌「松方正義公と明治初期の農政」（本庄栄治郎編『明治維新経済史研究』改造社、一九三〇年）。
(95) 『大日本農史』下、四六四頁。

（96）前掲、黒正「松方正義公と明治初期の農政」。
（97）明治一三年二月一六日付、松方正義宛織田完之書翰（控え）（『稟申建議及雑記』（前掲「祭魚洞文庫」））。
（98）織田完之『農家矩』一八八〇年、凡例一～二丁。

おわりに

最後に各章における論点をまとめ、先行研究について検討する。

第一章では勧農局期の政府高官の勧業構想について、民権派新聞・雑誌の論調に留意しながら論じた。内務省による勧業政策は多くの地方官の支持を集めていたが、その効果を疑問視する声もあり、政府高官の中には地方勧業の効果を認めない者も存在し、民権派新聞・雑誌は勧業政策を民業への過干渉、妨害等として繰り返し批判した。このような状況下においても河瀬秀治は、外国商人に対抗する必要等から政府主導の積極的な勧商政策を貫こうとした。一方、松方正義は従来の勧農政策を猛省し、ヨーロッパを模範として、民心の動向を察知して、これを操作する農業制度を導入した。また、織田完之は財政危機に対応する農部・商部省案を考案し、農業の積極的指導と商業の管理監督を掲げたが、政府に採用されることはなかった。黒田清隆は国会開設運動に対応する農商務省案を提議し、大隈・河瀬の路線に沿った積極的な勧業構想を示した。新聞・雑誌は政府関係者から漏れる農商関係の省設立、官制改革の噂を報じ、新省設立は経費の無駄であると厳しく批判した。そして、明治一三年(一八八〇)一一月、大隈重信と伊藤博文は事務簡略化と経費節減、内務・大蔵省の重複事務の合併、資金貸与の修正について記した農商務省設立を建議した。しかし、翌一四年四月に設立された農商務省の事務章程には殖産興業縮小をあらわす表現はなく、農商工業を勧奨する文言が記されていたのである。

第二章では西洋農業導入と国内外農業の調査について検討した。まず第一節では勧農局期は勧業寮期に構想された西洋農業制度（農事通信・勧業諸会・農区等）が実施される時期であったことを提示した。農事通信は政府―府県間を結ぶ経糸、農区制度は隣接地域を結ぶ緯糸として、勧業諸会（共進会や農談会等）とともに機能することが想定された。農事通信は導入当初から順調に運用されたとは言えないが、各地に勧業諸会の設立を促し、各地域の農業の状況や勧業諸会の情報を公開していった。また、在来農業を活用するため、その知識を豊富に持つ老農については勧業寮期から着目されていたが、彼等は農事通信委員として村（地域）の代表者となるとともに農事会の主役に祭り上げられ、政府の支配系列の末端に組み込まれた。農区制度は農業振興のための農政区画として構想されたが、勧農局期は農区視察員の巡回に止まったようで、十分に機能したとはいいがたい。しかし、隣接府県が適宜連合して共進会を開催した例も多く、これを農区共進会の類例と捉えることもできる。また、府県管内に農区を設置して政策を施した県もあったが、府県では全国一二農区の設置前から郡を勧業政策の単位としている場合が多く、管内において農区設置を必要としない県も多かったようである。勧業諸会は出品物展示や専業者会議により、参加者に知見を広めさせるとともに競争意識を植え付ける場でもあった。従来の勧業諸会の研究では、その技術導入・普及の面が評価されていたが、本節では勧業諸会が全国―府県（間）―各村間のネットワークを構築し、農業者間の交流や農事改良を促した点を提示するとともに、農民に勧業精神と公共精神を注ぎ込む場であったことを強調した。

第二章第二節では国内外の農業調査について述べた。外国農業調査は、官営諸場（下総牧羊場・紋鼈製糖所等）の開設と拡充、甜菜栽培・製糖業（輸入防遏）と製茶技術（輸出増進）に関する派遣が多いところに特徴がある。そして調査により獲得された技術が国内において活用されたように、勧農局が西洋技術を導入して国内産業を振興しようとしたことがわかる。国内農業調査では在来農法を活用するため農業篤志者の調査等が行われるとともに、勧業寮期に着手された事業の状況調査が行われ、その障害を除去することに力が注がれた。さらに調査というより地方における勧業事業の援助・指導を行っている事例もあった。明治四年の「田畑勝手作」許可以来の適地適作・米穀偏重打破を前提とした地域農業の振興は、勧農局期においても各地で実践され、従来からの煙草産地にアメリカ向け煙草が育成された り、気候風土を考慮して紅茶伝習場や葡萄園が開設され、府県においても地域の特性を活かした産業育成が推進された。そして、これらの調査や指導を行ったのが勧農局員であった。ただし、勧農局の事業拡大とともに、その障害として立ちはだかったのも気候風土の問題、すなわち天候不順や病虫害等であった。勧農局はこれらに対応して局員を現地に派遣して調査を行い、対策を講じていったのである。

第三章では、実際に施行された勧農事業の分析を試みた。第一節で述べた植物試験事業において、勧農局期は適地適作を奨励するため、従来の米穀偏重の旧慣を打破し、荒地や稲作不適合地に適する植物の移植をはかるとともに、輸入防遏のためアメリカ綿、甜菜等の栽培や、輸出増進のための煙草栽培を進めた時期である。適地適作の推進により府県における試験栽培が盛んになるとともに農業改良に対する認識が深まり、府県間の植物購求も行われるようになった。農業奨励の政策主体が勧農局(政府)から府県へ移行しつつあり、政府の役割が低下していったのである。適地適作の進展は三田育種場の神戸支園、播州葡萄園の設立を促したが、土質不良という欠陥を有する新宿試験場の存在価値を低下させ、宮内省移管を招く結果となった。一方、三田育種場は松方正義が推進した選種等に力を入れるとともに、国内における種子の偏在を解消する機能(種子交換会)を持ち、農業知識・技術の交換(東京談農会)にも寄与しようとしていた。三田育種場は新宿試験場の延長ではなく、以上のような新機能を有しており、それゆえ廃止を免れたとも考えることができる。

従来の研究では、新宿試験場は洋種の無系統な直輸入がみるべき成果を収めず、廃止されたと述べられてきた。確かに三〇〇〇種を超える植物収集・試験は、松方正義からは本草家の愛玩にみえ、現代の研究者からは無系統な直輸入に映ったのかもしれない。しかしながら、勧農局は輸入防遏、輸出増進という課題達成のために、米穀偏重打破、適地適作推進という目的をもって国内外から数多くの植物を収集するとともに、これらを分類・比較・試験して寒暖乾湿等の適性を考慮し、各地に頒布したのである。勧農局が設定した課題と目的、実施した方法は明確であり、これを無系統な政策と呼ぶことはできないであろう。新宿試験場は設置当初から抱える土質不良や悪い立地(僻地)といった問題点に加え、三田育種場や牧畜・製糸機関等の関連機関が整備されたことから廃止されたと考えられてきた。本章では、これらの廃止理由に次の二点を追加する。第一に適地適作が進展し、試験栽培が次のステップ、すなわち東京以外の各地の官営試験場や各府県の試験場に移行したこと、第二に経済危機の下、博物用植物の栽培が抑制され、輸入防遏・輸出促進のための植物栽培が優先されたことである。

第三章第二節では農具導入・改良事業について述べた。勧農局の農具製造事業は府県からの農具貸与申請の増加などにより拡大し、一三年三月には三田農具製作所が設立された。松方正義は農作業の効率化をはかり、全国に西洋の軽便な畜力農具を徐々に導入しようと考えていたが、明治一〇年の西南戦争を契機とした士族授産の緊急性の高まりと、経済・財政の混乱により、限られた予算は優先度の高い事業に注がれることとなった。そして一三年一〇月、士族開墾地の需要に応えるために三田農具製作所の分所が福島県安積郡に設置されたのである。勧農局期は府県の使用状況報告や勧業諸会における老農の発言により、西洋農具の問題点が明らかとなった時期である。畜力を利用するプラウ等の大型農具は広区画の開墾地等では評判が良かったが、狭区画の農地では不評なものが多かった。このため老農からは一般の農地には九州の犂を使用することが提案された。西洋農具が士族開墾地に優先的に導入されるようになるのは、開墾地や一般農地における使用状況報告が判断材料の一つとされたこともあるのではないだろうか

従来の研究では、西洋農具導入政策を政府の無差別な直輸入政策と位置づけ、本政策終了の要因を一般の農地にお

ける西洋農具の拒絶に求めた。しかし、本政策を指導した大久保利通や池田謙蔵、松方正義等の構想は、西洋農具を試験、改良して漸次導入することで一致しており、一般の農地に直接導入する考えはなく、さらに、松方は西洋農具の中でも軽便なものを全国に普及させようと考えていた。また、明治九年三月、池田謙蔵は国内の「小農家」に牛馬耕を普及させるため、西日本の農具の収集を始めた(第二部第三章第二節)。そして、勧農局期の府県や勧業諸会における農具の使用状況報告から、西日本の農具の有効性が改めて確認されることとなった。勧農局(勧業寮)は西洋農具導入の際に各府県に試験を実施したこと、軽便な西洋農具を導入しようとしたこと、導入困難な場合は西日本の農具を代替させることを想定しており、本事業を無差別な直輸入政策と呼ぶことは不適当である。

第三章第三節で述べた農書編纂事業では、勧農局期は西洋農書の翻訳書刊行は継続したが、勧業寮から引き継いだ農業集成書編纂は停滞してしまったことを明らかにした。農書編纂に携わった織田完之は、農業発展のために必要なのは高尚な農学ではなく現場に密接に関わる農政学であると主張した。織田は岐阜県農事講習場の教科書として西洋農書も採用したが、これは在来農業を補助するものと考えていた。それは、織田が農書に対して、農民に身近な事例が掲載され、その内容が民心に響くことを求めており、これらを翻訳農書に期待することができなかったからである。このため織田は佐藤信淵の農書を刊行するとともに自身でも農書を執筆した。ところが松方正義は佐藤等の農書を固陋偏見、非実用的と述べたため、織田が反論することとなった。農業集成書編纂が勧農局期に完遂しなかった要因は、編纂事業自体が多大な労力を要することに加え、明治一〇年の勧業寮員の大削減、西南戦後の経済・財政混乱、そして勧農局長松方正義と織田完之との確執が考えられる。両者の農書に対する考え方は異なっていたが、西洋農業をもって在来農業を補助する方針や、農政の遂行に際して民心を重視する姿勢は共通していた。

さて、第三章で述べた植物試験や虫害等の情報は農事通信により各地に拡散され、植物や農具の改良については勧業諸会で議論された。このように、勧農局期以前から各地で展開されていた勧農事業は、勧農局期に導入された農事通信や勧業諸会といった農業制度の中に取り込まれて有機的に連繋するようになったのである。

最後に「はじめに」で疑義を呈した三点について応えよう。第一に松方の「勧農要旨」が政府の直接的勧業から間接的勧業への転換点であったか、という点である。まず「転換」という点を検証しよう。本書では勧農局における資金貸与の分析を行わなかったので、政府による貸与に代えて民間の金融機関の整備で対応するようになったのは直接的から間接的への転換であるという従来の主張には首肯するしかない[1]。しかし、事業興起の面からみると転換点であったと評価するのは困難である。官業の民間移行は松方が明治九年に勧業頭就任後に示した方針である。そして、「勧農要旨」以降に主要な官営諸場が臨時事業として明確化されるが、官営事業は本来的に臨時事業であり、明治九年の千住製絨所、一一年の愛知紡績所の設立伺には、すでに民間移行が明記されていた。さらに、「勧農要旨」以降も播州葡萄園、煙草試験場が設置され、紋鼈製糖所が操業を開始したことにも留意しなければならない。また、「勧農要旨」を契機として政府の事業興起・資金貸与といった直接的勧業から、共進会等の間接的勧業に転換しつつあったという主張があるが、これら勧業諸会は大蔵省期にヨーロッパから紹介され、勧業寮期に実施に向け検討され、勧農寮期に実施されたのである。共進会等が「勧農要旨」後に実施されたのは、これが西洋種苗・農具のように購入後、すぐに頒布・使用できるものではなく、国内の状況に応じた制度設計に時間を要したからであり、勧業方針が転換したから共進会等を実施したのではない。また共進会等が実施されたので勧業政策が直接から間接に転換されたともいえない。

次に直接的、間接的という点について検討しよう。上山和雄氏は『信濃毎日新聞』（明治一九年六月一五日付）の記事を参考に、官が農工商業を営み、実地の演習をして農商工人を率いる方法を直接的勧業、実地の業務を執らずに間接に勧奨誘導するに止まるものを間接的勧業と定義し、農事会・農談会・共進会を間接的勧業と位置づけた[2]。しかし、上山氏は両者を「〜的」と記しているように「厳密に区別できるものではない」とも述べている。そこで、ここでは勧業諸会が間接的勧業であるか否かを考察してみよう。間接的勧業を官が直接実施しない勧業であると定義すると、官の範囲が問題となる。そこに府県や町村が含まれるとなると勧業諸会は直接的勧業と位置づけた方が良いであろう。その理由は、①勧業諸会が官（政府、府県、郡町村）からの開催要請が多いこと、②開催された会には府県町村の関係者が派遣される場合が多いことである。さらに愛知県の農談会において行政側の作成した共通テーマが強制されるようになるが[3]、この現象が全国的にみられるようであれば、三つめの理由となりえるであろう。しかしながら、本書では各府県の農事会の事例を挙げることはできなかった。

また、共進会等には審査官として内務省（のち農商務省）官員が派遣される場合もあり[4]、当然、彼等は共進会の開会式等で参加者を前に訓戒を垂れ、勧奨目的等を示したであろう。これら官員が派遣されなかった場合も、郡長や村長等が官員と同様の訓戒を垂れたことは想像に難くない。太政官大書記官の山崎直胤は農商務省の達案において「訓諭ヲ以テ間接ニ洽ク」農商工を誘導すると、訓諭を間接的な誘導方法と記している（第一章第三節）。しかし、この訓諭こそ民心に直接作用し、勧業精神や公共精神を育成する行為なのである。また出品者を等級別に輪切りにする褒賞や、同種の品の優劣が一目でわかる陳列は、民心に直接作用して競争心をかき立てる。このように勧業諸会の性質からも、それを間接的勧業と位置づけることには躊躇せざるをえない。以上の理由から勧業諸会を間接的勧業と位置づけることはできないのである。

第二に松方は大久保利通の勧業政策を継承したのかという点である。大久保は明治四年より岩倉使節団に参加して欧米を巡回し、帰国後、明治七〜八年にフランスを模範とした農区制度等に関して検討し、一〇年には西洋の制度を参考に内国勧業博覧会を開設し、一一年には地方勧業博覧会の開催を提言した。しかし、この時期の大久保はまだ西洋農業を調査・分析している段階であり、明治一一年から勧農局長としてヨーロッパの「田舎」を中心に巡回し、制度の運用を実見した松方ほど、西洋農業の本質を深く理解し、農区と共進会等を連関させて民心を興起させようとしていたとは思われない。また、松方が「勧農要旨」で従来の勧農局の政策を「深思猛省」している以上、単純に大久保の勧業政策を継承したのではないだろう。松方は大久保勧業を基礎とはしているが、これに独自のアレンジを加え、共進会、農区制度、本務課視察掛等を設置するとともに、大久保が重要視していた内藤新宿試験場を廃止して博物的な植物栽培を中止するとともに、勧業事業の民間委託を提唱し、各府県や民間による植物試験の実施を奨励していくのである。つまり、継承といっても、それは農業制度については発展的継承、植物試験については批判的継承と表現できる(5)。そして、これら発展的・批判的継承は勧農政策の転換ではなく、進展と評価することが正しいと思われる。

次に農商務省設立について検討し、その設立が政策転換にあたるか検討する。まず農商務省設立の契機として次の四点を提示する。

①伊藤博文等、緊縮財政を進めるグループによる行財政整理の要請。
②大隈重信・黒田清隆・河瀬秀治等の農商務拡張の要請。
③松方正義等、勧農局のヨーロッパを模範とした農業制度実現・促進の要請。
④強大化を続ける内務省権限の縮小という要請。

①は通説であり、資金貸与の面からみると肯定できる指摘である。②は黒田の農商務省設置の建議に沿う要請である。勧業事業を積極的に推進しようとした黒田により構想された農商務省は、伊藤・大隈の「農商務省創設ノ議」により、その設置主旨が農商務縮小へと変換されてしまった。しかし明治一四年四月の農商務省設立までに、設置主旨

は農商務拡充に向け、ある程度は挽回されたとみられる。③は特に本書が重視した要請で、これが実現して設置された農商務省は勧農政策の進展とみることができる。④は史料による裏づけが不十分であるが、明治一〇年にすでに内務省強大化が危惧されていたこと、一三年五月に大隈が内務省の縮小を構想したこと、『郵便報知新聞』が農商務省設置を内務省の縮減と報じたこと、内務省のみ官員削減の標的とされたことから推定した。

以上、②④はいまだ実証不足ではあるが、本書ではこれら四点が絡み合って農商務省が設立されたものと考える。それは、①のみでは、なぜ財政難の下、重複事務を担う省局が既存の省に吸収合併されるのではなく、一省の増加となったのか説明できないからである。②③の設置理由があり、初めて新省の設立を説明することができる。また①と②は相互に矛盾するが、設立当初の農商務省は、その事務章程に整理縮小に関する規定がないことから、消極と積極という両端の政策実行が可能であったと思われる。それゆえ卿となる人物が最も注目されたのである。ただし、この見解を説得力のあるものにするには農商務省設立後の政策の分析が必要であるので、これを今後の課題としたい。

さて、第三部では特に農政史から農商務省設立の理由を解明しようと心がけた。松方正義はヨーロッパ巡回により、これまで勧業寮(勧農局)が実施していた植物や農具を導入し、栽培方法・使用方法等を教示する政策のみでは、農業不振を挽回することが困難であると悟ったのであろう。そこでモノや技術だけではなく民心に作用する制度を導入し、人民を奮起させようとした。すなわち、日本全国に農区という網を張り、網目の中に視察員を派遣して現況を把握するとともに、共進会等を開催して政府の意向を人民に注入しようとした。民心の向背を気にかける政府にとって、人民に訓戒を垂れ、人民と直接対話できる共進会等は貴重な場であった。松方はヨーロッパを模範として、政府の意図が民心に浸透するシステムの構築をめざし、そのシステムの統轄機関として農商務省の設置を求めた。それゆえに農商務省の設立は勧農政策の進展と捉えることができるのである。

第三に勧農局期の政策は西洋農業中心の無差別的直輸入政策であったのかという点であるが、結論からいえば、この通説は誤っているといわざるをえない。千住製絨所等の官営施設への支出（各所経費・興業費）と比較すれば少額ではあるが、勧農局経費の中には紅茶伝習や腐米改良等、各地における起業や農事改良を支える農事伝習費があり、これらの事業を遂行する際に、勧農局は現地の状況や植物の適性等を調査しており、西洋農業を無差別に導入するという姿勢はみられない。また明治一一年に発足した農事通信は各府県の農業の状況を迅速に把握するために開設され、一二年から導入された共進会、一三年から設立・整備が推進された農事会（農談会）は、在来農業を中心に農事改良を進める場であった。これらの勧業諸会の導入とともに国内農業の調査も行われたが、その特徴は勧業寮期に着手された事業運営の障害を除去するための調査が多いところにあり、勧農局員が実地に赴き対策を指導していくのである。調査を通して西洋農業を偏重する傾向はなく、直面した課題の解決に取り組む勧農局員の真摯な姿を看取することができる。

また、植物試験事業では日本の気候風土を考慮して試験が実施され、農具導入・改良事業では各府県の開墾地や一般の農地における適否の調査が実施された。すなわち両事業とも農業の現場における導入状況のデータを収集している段階である。西洋農業の導入段階を輸入―試験―普及―定着に分けるとすると、両事業はいまだ試験の段階であった。それゆえ試験栽培や使用状況を踏まえて、西洋植物試験は適地を考慮した地域栽培に移行し、西洋農具は開墾地に重点的に配分されるようになるのである。また、両事業において勧農局が在来の植物・農具も重視している点も共通する。勧農政策の指導者たちは西洋農業が在来農業を補うものであるという認識を共有していたのである。したがって農書編纂においても、製糖業や家畜病関連等、在来農書では取り扱うことが難しい分野においては、洋書が翻訳されて刊行された。もちろん勧農局内が一枚岩であったわけではない。例えば在来農書を重視する織田完之と、軽視する松方正義とは見解の相違があった。しかし、両者とも在来農業を重視する点では共通していた。ただし、いくら中央政府がこのような方針をとっていても、地方庁には西洋農業を中心に考える官吏が存在したことも事実であった。ともあれ、勧農局は在来農業を基礎とし、これを西洋農業と比較検討しながら、その導入をはかったのであり、無差別に導入したのではない。

註

（1）神山恒雄「殖産興業政策の展開」（大津透他編『岩波講座日本歴史』一五近現代一、岩波書店、二〇一四年）。
（2）上山和雄「農商務省の設立とその政策展開」（『社会経済史学』四一（三）、一九七五年一〇月）。
（3）乾宏巳『豪農経営の史的展開』雄山閣、一九八四年、二五六頁。
（4）『農商務卿第一回報告』明治一四年（二五二〜二五三頁）と『農商務卿第二回報告』明治一五年（二五二〜二五四頁）に掲載された「共進会一覧表」には、政府から派遣された審査官名が記された（『明治前期産業発達史資料』四、明治文献資料刊行会、一九六〇年）。
（5）安藤哲氏は、すでに「発展的継承」という表現を使用している（『大久保利通と民業奨励』御茶の水書房、一九九九年、九七頁）。

結　論

一　民部・大蔵・内務省期における勧農政策の変遷

本節では、本論（第一～三部）で述べた、⑴政治・経済的側面からみた勧農政策の動向、⑵西洋農業制度導入と国内外農業調査、⑶植物試験事業、⑷農具導入・改良事業、⑸農書編纂事業について、本政策が展開した民部省（民部官）期（明治二年～）→大蔵省期（明治四年～）→内務省勧業寮期（明治七年～）→内務省勧農局期（明治一〇～一四年）の四期を通観する。

⑴政治・経済的側面からみた勧農政策の動向

民部省（民部官）前期は、首都東京の治安維持に重点が置かれ、府内に滞留する窮民対策として、下総開墾や邸宅地跡の桑茶植付策が実行されたが、性急で正確さを欠いており、予期した成果をあげなかった。民部省後期になると禄制改革の進行により士族開墾の重要性が増した。このため政府は民部省に開墾局を設置して、西洋農業を取り入れた荒蕪地開墾を実施しようとしたが、その成果をみる前に廃藩置県による機構改革に伴い民部省を廃止してしまった。大蔵省が民部省の事業を引き継ぐと、まず、近世来の米穀偏重を是正するため「田畑勝手作」を許可して適地適作を推進するとともに、牧畜業の振興や西洋動植物の導入を進めた。これらの資金を捻出するため、大蔵省は民部省が進めていた荒蕪地開墾政策を荒蕪地売却政策に転換した。そして、売却代金を勧業資本金として勧農(勧業)事業に支出するとともに、士族による東北開墾のために一般歳入とは別に省内に貯蓄したのである。

明治六年(一八七三)末に設置された内務省において勧業寮は一等寮に位置づけられ、勧業政策が強力に推進されるかにみえた。しかし、実際には内乱外征と予算制限等により、明治八年半ばまでは事業拡大が阻まれていた。内乱外征等が落ち着くと、大久保利通の手腕により数々の勧業関係の資金獲得に成功したが、大久保が企図した勧業寮による農工商三業の総合的勧奨体制は、大蔵省と工部省との関係からなかなか整わなかった。そこで、内務省は海外直輸出事業を推進するために勧商局を設置し、大蔵省と協同して事業をすすめた。その後、大久保は工部省を内務省に吸収しようとしたが、政府上層部の同意を得られずに失敗、逆に勧業寮の工業部門が工部省に移管されてしまった。大久保が強い政治力を有し、内務省の勧業事業を推進していったことは事実であるが、他省を巻き込んだ勧業機構の設立については、大久保の意向通りにはならなかった。政府の勧業政策は大久保独裁体制によって遂行されたのではなく、各省・卿との微妙なバランスの上に成立していたのである。

明治一〇年一月に勧業寮が縮小されて誕生した勧農局であったが、その後は官員数を増加させていった。しかしながら、同局の勧業政策に対して民権派新聞・雑誌は民業妨害等と批判した。また、黒田清隆等は積極的勧業政策を、伊藤博文は緊縮財政に基づく勧業政策を、松方正義は民心重視の勧農政策を主張しており、それぞれ農商業を統轄する新しい機関の設立を構想していた。これら諸構想の最大公約数的な機関として設立されたのが農商務省であった。

(2)西洋農業制度導入と国内外農業調査

近代日本において西洋の農業制度(農事通信・勧業諸会・農区等)は、大蔵省期に派遣された岩倉使節団やウィーン万国博の報告書等を通して日本に紹介された。そして、これらの農業制度は、勧業寮期に日本(在来農業)への適合性が検討され、勧農局期に実施されたのである。まず、大久保は農事通信制度を開設し、三田育種場で種子交換会を開催した。次に松方正義は、生糸や茶、綿等の個別産業と、各地域の産業を奨励する共進会を開設するとともに、農区制度を創設し、農区視察員を派遣した。さらに品川弥二郎は、農事会の設立を推進して全国農談会を開催した。西洋の農業制度は紹介（大蔵省期）→構想（勧業寮期）→実施（勧農局期）という段階を経て実現したのである。勧業諸会や農事通信、農区視察といった農業制度は、各地における植物や農具、虫害等に関する情報を全国に拡充する機能を果したが、その情報の発信源、または橋渡しの役割を果したのが、農政官や老農であった。勧農局は西洋農業制度の導入により、勧業寮期以前に実施されていた植物試験や農具改良事業等と、老農活用構想をつなぎ合わせて統轄し、相互に連関して効果を生み出す有機的なシステムを構築しようとしたのである。

農業調査に関して民部省期は岩山敬義の欧米視察、細川潤次郎のアメリカ視察、国内においては開墾地調査が行われた。岩山は帰国後、勧農事業の責任者として活躍する。大蔵省期はアメリカへの留学生派遣、国内においては優良米や農具の調査に着手したが、それらの成果については不詳である。内務省勧業寮期に農業調査は本格化した。輸出増進のため清国調査（製茶等）に重点が置かれるとともに、アメリカで直輸出の事前調査が行われた。さらに、ヨーロッパやオーストラリアにも農業・物産調査のために局員が派遣された。国内では米穀や果樹、暖地栽培の調査が行われるとともに農業教師招聘のための老農調査も開始され、果樹調査では老農の栽培技術が着目された。勧農局期は官営諸場や輸入防遏（甜菜等）に関する外国調査が多いが、パリ万国博参加の際にはフランス農商務省の調査も行われた。国内では新規事業の適地調査や老農の所在調査等とともに、事業着手後の状況調査（病虫害調査等）も行われた。さらに、調査の過程で府県における勧業事業を指導する場合もあった。以上のように政府は意欲的に外国調査を実施したが、国内においても積極的に調査を行い農業の現状把握につとめるとともに在来農業（老農等）を活用しようとしたのである。また清国調査が重視されたように、外国調査は西洋一辺倒ではなかった。

⑶植物試験事業

植物試験は明治三年に民部省が東京府に甜菜等の種を、府県にアメリカ綿を試験的に頒布したことに始まり、その主目的は輸入防遏（綿・糖）にあったと考えられる。次に大蔵省は明治四、五年にアメリカ産の大麦・小麦等を各府県に試験的に配布し、その生育状況報告と収穫物の見本提出を求め、さらに国内各地から種籾等を取り寄せ、優良米や災害に強い米を全国に普及させようとした。また、東京府内に散在していた農業試験場を一ヶ所にまとめて内藤新宿試験場を設立した。内務省勧業寮は内藤新宿試験場において積極的に植物試験を行うとともに、各地に外国種苗を頒布した。その際に適地適作を重視し、①各府県、②寒地・暖地、③頒布する外国種と同種が栽培されてきた地の三つの対象地を設定して種苗の適性試験を実施した。内藤新宿試験場の果樹栽培においては老農から栽培方法を聴取しようとする等、国内農業にも着目していた。勧農局期に入ると適地適作が進展し、各府県による試験栽培が活発化した。東京に三田育種場が設立されるとともに、同場の支園として神戸支園・播州葡萄園が設立されたが、土質が優れない内藤新宿試験場は廃止された。三田育種場では国内における種苗流通を活発にするため種子交換会が行われ、各府県間においても種苗の取り寄せが行われた。勧農局期は適地適作の進展とともに、府県における植物試験、種苗交換・購求が盛んとなった時期であった。

⑷農具導入・改良事業

民部省は開墾事業を推進するため西洋農具の調査を開始し、アメリカで購求された農具は民部省廃止後、日本に到着した。大蔵省は西洋農具やお雇い外国人を民営開墾会社に貸与して開墾事業を推進する一方、国内農具の調査に着手して比較的農業技術の進んだ西日本の農具を東北開墾に活用しようとした。しかし、民部・大蔵省期は政策担当局の頻繁な交替や一定しない方針等により事業は不徹底に終わった。本事業を引き継いだ内務省勧業寮には農具掛が設置され、西洋の利便性の高い農具を模造し、各府県に貸与・払い下げるとともに、西日本の農具を収集し、これを活用して牛馬耕を各地に普及させようとした。西洋農具の導入地としては士族等の開墾地と一般の農地を想定していた。勧農局期の明治一〇年に開催された内国勧業博覧会では民間から西洋農具の出品はみられなかったが、政府は国内の優良農具に褒賞を与えて奨励した。また、勧農局期は西洋農具導入の問題点が浮上した時期である。各地における西洋農具の試験により、大型の西洋農具は区画狭小な一般の農地には適さず、区画の広い開墾地等には適することが判明するとともに、九州の在来農具の有効性が再認識された。その後、財政窮迫と士族授産の急務により、西洋農具は政策優先度の高い事業、すなわち士族開墾に重点的に導入されることとなり、三田農具製作所の分所が士族開墾地の需要に応えるために福島県安積郡に設置されたのである。

(5)農書編纂事業

内務省勧業寮期にスタートした農書編纂の目的は総合農業書を編纂することであったが、このほかにも近世日本には低調であった牧畜業に関する翻訳書を刊行して在来農業に不足している知識や情報を補完するとともに、商品作物に関する翻訳書を刊行して適地適作を推進しようとした。さらに『農政垂統紀』を刊行し、王政復古に農政復活をあわせ、天皇権威を利用して農政の正統性と重要性を示した。勧農局が農書編纂事業を引き継ぐと、西洋農書の翻訳刊行は継続したが農業集成書編纂は停滞した。農書編纂の中心人物の織田完之は、農業の現場に必要なのは高尚な農学ではなく農政学であると主張し、民心に響く事例が盛り込まれた在来農書を重要視し、西洋農書はそれらを補完するものと位置づけた。しかし、松方正義は在来農書を軽視したため、織田との間に軋轢が生じたようである。農書に対する見解が異なる二人であったが、農政を実施する際に民心を重視する点は共通していた。

二　先行研究の修正と今後の課題

本節では序論で掲げた研究史の問題点について回答し、今後の課題を提示する。

まず第一に掲げた、明治前期の農政は西洋農業一辺倒で、在来農業を軽視、または無視していたのか、という点である。本論で再三指摘したことであるが、重複を厭わず在来農業を重視していた事例を挙げて回答する。

大蔵省期から適地適作が奨励され、西洋植物が導入されたが、稲作改良のため静岡県の塩水で育つ稲や小倉県の上質米の調査が行われ、奈良県の中村直三の「地蔵早稲」が買い上げられた。さらに開墾準備のため在来農具の収集が開始された。

内務省勧業寮期に入ると積極的に国内農業の調査が行われた。勧業寮員の派遣調査としては、明治七年（一八七四）に武州等の種籾、八年に武甲相州の種芸等、小笠原島の暖地栽培、九年に京都府の農具の調査が実施された。府県への依頼調査としては、明治七年に各地における農業教師（農業篤志者）の所在、九年に西日本（熊本等七県）の農具、白川等の優良米等の調査が実施された。農業教師の所在調査の際、大久保利通が「先ツ海内有名ノ諸農家ヲ湊合シ、実地ニ就テ互ニ研究講明致シ、短ヲ補、長ヲ取、衆技百説ヲ網羅シテ無遺漏、加之海外ノ学芸ヲ以テ之ヲ補綴シ、農務ノ本宗ヲ確立」すると述べたように、内務省設立当初からの勧農政策の基本方針は、在来農業を主体として農事改良を進め、西洋農業はこれを補助するというものであった(1)。在来農業を重視する方針は、植物試験・種苗頒布が日本各地の気候風土を考慮して行われたことや、編纂が開始された農業集成書の参考書として掲げられた農書の多くが佐藤信淵等の和書であったことからも判明する。また、『内務省第一回年報』（明治八年七月～九年六月）における勧業寮報告の「植物ノ件」では「博ク内外ノ植物ヲ聚集シ其良否効用等ヲ鑑別シ、耕耘ノ得失、培養ノ適否、害虫駆除ノ方法等ヲ講究シ、或ハ内外ノ農書ニ参シ……」と記され、「牧畜ノ件」では「内外ノ農具ヲ使用スルコトヲ試ミ」と報告された。すでに内務省の第一回目の年報には勧農事業を推進する際に「内外」＝国内と外国の農業を対象にすることが記されており(2)、この方針は内藤新宿試験場が栽培する明治八年度の国内外植物の比率（内国種四八％、外国種五二％）にもあらわれていた。

内務省勧農局設立後も国内農業を重視する姿勢は変わらず、明治一〇年の内国博では優良国内農具に褒賞が授与され、三田育種場においては国内における種子の偏在解消や、種子の流通を盛んにするために種子交換会が開催された。一三年には西洋と日本の農具の長所短所を取捨折衷して製造することを目的とした三田農具製作所が設立された。また、府県における農業試験場の設立により植物試験が興隆し、府県間の種苗取り寄せも行われるようになった。農書編纂の中心人物であった織田完之は在来農書を重視し、地方農業講習場の教科書として使用することを主張した。一方、松方正義は在来農書を軽視したが、両者とも民心の動向を重要視する点では一致していた。この民心に重点が置かれた政策が、共進会や農事会（農談会）等の勧業諸会であった。農業篤志者（老農）を中心に構成された農事会では在来農業を基礎に農事改良が進められたのである。

以上のように、西洋農業重視から在来農業重視の転換点といわれる明治一四年以前にも、在来農業を重視する多くの事例があり、これは決して例外ではない。したがって明治前期の勧農政策を西洋農業一辺倒のように論じることは誤りである。

さて、ここで序論で掲げた『日本農業史』の「西洋農業の直接的な移植の試みは、日本の実情との違いがあまりにも大きく、一部を除き定着しなかった」が、「伝統的な在来技術がしだいに見直され」、明治一四年三月開催の全国農談会等を画期とし、「老農の伝統的な在来技術を基礎としつつ、学理あるいは経験によって非合理なところを排除し、しだいに体系的な技術が形成されていった」という記述について検討する。(3)まず、「西洋農業の直接的な移植」であるが、明治前期という気候風土や在来農業等に関するデータがほとんど存在しない段階では、あらゆる植物、農具等の直接的移植を試みる以外に方法はない。ただし直接的移植といっても、それは無差別・無定見な移植ではなく、植物移植に際しては土地の寒暖乾湿に配慮した頒布が行われ、各地における適合性が試験されたのである。この試験的移植の段階において、不良な結果をもってその政策を否定的に評価することは正しくない。不良な試験結果は次の政策立案の好材料となるのである。

次に伝統的在来技術が見直され、老農技術を基礎とした体系的技術が形成されるとの記述であるが、前記したように西洋農業導入と同時期に、すでに老農とその技術が着目されており、国内農業調査、在来の植物や農具の収集・試験が行われていた。すなわち、西洋農業の直接的移植の限界から「伝統的な在来技術がしだいに見直され」たとの記述は成立しない。在来農業が見直されたようにみえるのは、植物試験や農具改良事業等より遅れて実施された農業制度である共進会や農事会において、老農が主役となって在来農業を基礎に事業が展開されたからであろう。

従来の殖産興業政策史研究や農業(政策)史研究においては、資本主義の育成過程が重点的に分析された。その過程とは近代化・工業化・西洋化の過程である。特に殖産興業政策史研究では、工場制度の設立過程における機械工業等の導入について深く追究されたが、在来の農業等は軽視されて細密な分析がなされなかった。もっとも西洋器械導入を象徴的な勧業(勧農)事業として扱う傾向は現代の研究者に限るものではなかった。明治一〇年一一月、勧農局長松方正義が内藤新宿試験場において府県第二課員に農事通信制度の主旨を伝えた際に、「勧農トイヘハ稍モスレハ西洋器械ノ巧ニナス等之事ニノミ着目スレトモ、右様ノ弊ニ流レサル様、去迚、器械ヲ巧ニスマシト云ニハ無之」と述べた。(4) 明治前期において西洋技術等に関する事業は目新しいため、これに目を奪われやすく、在来に関する事業は陳腐で目立たなかった。このため「西洋器械ノ巧ニナス等之事」が勧農事業の象徴となっており、西洋農業を導入することが勧農政策の主目的であるように見誤られたのである。

大久保は在来農業を「海外ノ学芸」により「補綴」すると記し、松方は地方で講習される農学に対して、「化学、製造、牧畜、獣医学、器械学等ハ西洋ノ方ヲ仮用スルコトモアルベシ」と述べ、織田完之は「日本ノ農事ヲ本体トシ、西洋説ヲ仮リ我欠略ヲ補フ」と考えた（第三部第三章第三節）。このように大久保等は、西洋農業は在来農業を補助するものと捉えていたのである。ただし、ここには政府や府県の農政官、そして世の中の風潮が「右様ノ弊ニ流レサル様」＝西洋偏重に傾いていくことを押しとどめる意向も含まれていたのかもしれない。ともあれ、明治政府の勧農政策の重要課題は西洋農業を導入することではなく、国内農業を振興することであり、西洋農業は在来農業の不足している部分を補うために活用されたのである。

序論で掲げた第二の「勧農要旨」を契機として殖産興業政策は直接的勧業から間接的勧業に転換されたのか、という問題であるが、これを判断するために、上山和雄氏が間接的勧業の政策例として掲げた勧業諸会をみてみよう。勧業諸会は事物教育や専業者会議により知識を交換し、産業を振興する場であるが、①官の要請により開催される会が多いこと、②政府主催の会があること、また府県郡村主催の会であっても政府委員が派遣される場合があること、③政府委員が派遣されなくても府県郡村が小政府のごとく、あるいは郡村長が政府官吏の分身となって政府の方針を農民に直接伝えること等から、間接的勧業というよりは直接的勧業と捉えた方が適当である。したがって勧業諸会からみた場合、「勧農要旨」を契機として直接的勧業から間接的勧業に転換したとする見方は成立しがたいのである。勧業諸会の開催は、勧業政策の変遷からみた場合、直接的勧業から間接的勧業への転換ではなく、従来から進められてきた植物（種苗）・農具の貸与等といった、いわば外的（物質的）な勧業に、農業等の知識を拡充するとともに勧業精神等を涵養する内的（精神的）な勧業が加わったとみる方が適切であると思われる。

第三の「勧農要旨」は大久保勧業を継承したものか、あるいは転換を意図したものか、という点について、ここでは事業興起の面から明らかにするが、それには松方が創設に深く関与した共進会等の勧業諸会をどのように位置づけるかにかかっているであろう。共進会や農事会（農談会）は、大蔵省期にヨーロッパの農業事例として紹介され、内務省勧業寮期に大久保等により検討され、勧農局期に松方等により実施されたのであり、政策転換の要因とされている政治・経済的な危機や混乱、官業事業の不振がなくても実施されたと考えられる。ましてや西洋農業の直接的移植の限界から在来農業が見直された結果、導入されたものではない。したがって勧業諸会の開設は勧農政策の転換をあらわすものでなく、継承をあらわすものである。

しかしながら、「勧農要旨」以降（より正確に表現するならば松方正義のフランスからの帰国以降）の勧業政策は、民心重視の考えと、民業移行への強い意志があらわれたものが多く、その政策には大久保が推進した勧業事業を発展的に継承したものと、批判的に継承したものがある。前者の代表例は、右に述べた勧業諸会の一つである共進会で、大久保の構想段階で挫折した地方勧業博覧会を、松方が農産共進会として実現した。また、農業振興のために老農を活用しようとした大久保の構想は、彼らを農事通信制度の末端に組み込んだ後、共進会・農事会の主役に据えることにより実現した。後者の事例は内藤新宿試験場における博物的植物栽培が中止されるとともに、民間栽培への移行が促されたことである。ただし、松方はすでに明治九年に再製茶事業の民間委託を主張し、勧業事業の民間移行方針を表明していた。おそらく松方はヨーロッパ視察等により民業移行の必然性を確信し、「勧農要旨」で改めてその意向を表明したのであろう。本書では大久保から松方への勧農事業の発展的継承と批判的継承をあわせて勧農政策の進展と呼び、この動きが農商務省設置の一要因であることを主張した。

この勧農政策の進展を簡単に示せば、第一段階（民部・大蔵省）がモノ（植物・農具等）の単発的あるいは散発的導入、第二段階（内務省勧業寮期）がモノの本格的導入と農業制度の構想、第三段階（内務省勧農局期）が導入されたモノを有機的、効率的に奨励する農業制度の実施、ということになる。そして、勧農政策は早い段階（大蔵省期）から西洋農業を導入して国内農業を改良する方法と、国内のある地域の農業をもって他地域の農業を改良する方法が考えられていたのである。

本書では民部省期から内務省勧農局期の勧農政策を追究したが、残された課題も多い。特に各府県に頒布された外国植物や西洋農具について、その後、どのような成果をあげたのか、またはあげなかったのか、国内における地域間の植物や農具等の交流はどのように進展したのか、しなかったのか、これらを長期的視野から分析することが必要である。また、従来、軽視されてきた官員による在来農業の調査に関しては、本書による分析では不十分であり、調査の詳細と農政への影響について、さらなる追究が必要である。そして当然のことであるが、これらの政策の受け手となった農民の動向を捉えなければならないであろう。以上の点を踏まえ、各地に残る史料を調査して検討を加えるとともに、本書で分析した視角（勧農政策の段階的進展）により、農商務省期の勧農政策を研究することを次の課題としたい。

三　結語―近代日本と農政―

明治政府は富国強兵のスローガンの下、近代化を推進するため諸改革に着手し、明治五年（一八七二）に学制、翌六年に徴兵令を発布するとともに地租改正に着手した。これら教育制度・兵制・税制等の制度改革により近代日本の基礎が形作られていく。近世日本の基幹産業は農業であり、近代日本においても農業は国民の主要な食糧供給源であるとともに、主要財源(=地租)の基盤でもあった。このため政府は右に述べた諸改革とともに農業改革にも着手した。農業改革=農業振興は、食糧の安定供給や税の徴収(または増収)とともに、外貨獲得と正貨流出防止(輸出作物と輸入作物育成)や士族・窮民の雇用創出(荒蕪地開墾)と密接に関わり、国家の最重要課題であった。特に明治前期は士族授産が緊急課題となっていた。以上の課題を解決するため国内農業の増進と効率化がはかられ、西日本農業の活用が検討されるとともに、西洋農業が導入されたのである。

明治政府が西洋農業を導入するにあたって大前提としたのが、近世来の米穀偏重からの脱却=適地適作であった。この近代日本の農業において最も基本となる政策は、幕末開国・維新変革による貿易の開始と、廃藩置県による封建割拠制の打破により、はじめて可能となる政策であった。すなわち政府は、飢饉の際においても食糧を確保できる体制を構築したうえ、米穀偏重の旧慣を除去し、国内外から植物を収集して各地における適性を考慮しながら栽培試験を進めたのである。この際に農作業の効率化をはかって西洋農具を導入するとともに農業先進地である西日本の農具にも着目した。そして政府は植物や農具の導入を進める一方で、西洋で実施されていた農区や農事通信、勧業諸会等の農業制度の導入をはかったのである。しかし西洋の農業制度は中央集権体制が構築されていることを前提に設計されていた。したがって廃藩置県直後の中央集権体制が未成熟な日本に導入することは容易ではなく、また、それらの制度を国内に適合させる作業(在来農業に配慮した運営規則の作成等)もあり、西洋を模範とした農業制度は、その実施までに時間を要することとなった。明治一〇年八月に開催された内国勧業博覧会では、中央政府から府県に出品収集が指令され、府県が管内の出品をかき集めて中央(東京)に送付する、いわば中央集権体制の試運転が行われた。鹿児島県のみ出品はなかったが、体制は問題なく稼働したといえよう。この成功に自信をつけたのか、政府は、この後、農事通信、共進会等の勧業諸会、農区等の農業制度を次々と実施していくのである。

外国植物や農具の導入は、農業の物質面の改良を意図して行われた。もちろん勧業諸会においても自他の展示品を比較検討して改良するという物質面の改良に貢献したところは大きい。しかし、いくら官員が盛んに農業を奨励しても、農民にその気がなければ効果がないのである。例えば、明治六年に埼玉県が山口県で実施されていた牛馬耕を導入しようとしたが、農具改良に留意する農民が少なかったことを一因に失敗した（第二部第三章第一節）。このように、農事改良に対する積極性がなければ在来農具の導入も挫折するのである。松方正義は、農民に農事改良の意識を興起させるためには、官員と農民が融和し、農民の心を開かせ、そこに知らず識らずに勧業精神を注ぎ込むことが重要であると考えた。すなわち、勧業諸会導入のもう一つのポイントは、出品者や参加者の精神面を改造するところにあった。出品物の比較検討、褒賞等による等級化により競争心を惹起し、説諭により秘匿された農法等の公開を促して公共心を育成するのである。

福沢諭吉は『文明論之概略』において、「自国の権義を伸ばし、自国の民を富まし、自国の智徳を脩め、自国の名誉を耀かさんとして勉強する者を、報国の民と称し、其心を名けて報国心と云ふ」と述べた[5]。共進会や農談会等の勧業諸会は、福沢のいう報国心を育成する場でもあり、政府官吏や郡村長等の訓諭により各自の農事改良が国家富強に結びつくことを連想させる場であった。松方正義の勧農政策の特徴は、従来の植物・農具導入といった外的な奨励に、勧業諸会による農民の内(面)的な奨励を加え、競争心・公共心、そして報国心を涵養していったことである。この報国心を各人の中に植え付けるために利用されたのが、序論で紹介した松方正義の演説にもある、武士の世の中となって農業が衰退したという農政の中古衰微という言説である。ヨーロッパに遅れをとったと喧伝して危機意識を煽るとともに、遅れの責任を武家政権に転嫁し、天皇が農民を宝としたという古代を理想とした農政を示して農民を味方につけ、その国に報いる精神を涵養しようとしたのである。

明治前期の政府は農業重視の姿勢を示し、農業を軽視した武士の時代＝中近世の農政と、各地に残る米穀偏重の旧慣を否定した。しかし、在来農業は否定せず、それに関わる人材、植物、農具、農談会に類する会等は継承し、活用したのである。これら在来農業に不足していると思われる部分に導入されたのが西洋農業であった。稲作不適合地等への植物、労働を節約するための農具、農業知識を教示するための農書等が、西洋から取り入れられたのである。そして、政府は西洋の農業制度を導入し、これを体系的に運営（農区・農事通信・勧業諸会等が相互に連携）することにより、勧農事業を系統的に管轄（政府―（農区）―府県―郡村）し、勧農政策を効率的に推進していく仕組みを構築しようとしたのである。明治前期の農政のねらいは、勧農事業における有機的なシステムの構築であった。そして、政府はこのシステムを駆使して農業増進をはかるとともに、農民に報国心を植え込み、国家に取り込もうとしたのである。

註

（1）「農業教師傭入伺」（『公文録』明治八年二月、内務省伺五）。

（2）大日方純夫他編『内務省年報・報告書』二、三一書房、一九八三年、九〜一〇、三一頁。

（3）木村茂光編『日本農業史』吉川弘文館、二〇一〇年、二八四頁（執筆は坂根嘉弘氏）。

（4）明治一〇年一一月二九日「内藤新宿試験場における松方正義勧農局長演説」（勧農局「農事通信仮規則廻送」（『回議録』608-C5-6(24)、東京都公文書館蔵））。

（5）福沢諭吉『文明論之概略』岩波文庫、一九三一年、二三九頁。

あとがき

本書は、次の既発表論文に、その後、得られた知見をもとに大幅に加筆修正してまとめたものである（発表年順・副題省略）。

①「明治前期の洋式農具導入政策」（『歴史学研究』七〇五、一九九七年一二月）。
②「内務省の勧農政策」（『社会経済史学』六七（六）、二〇〇二年三月）。
③「明治初期民部省の勧農政策」（東京都立大学人文学部・首都大学東京都市教養学部人文・社会系『人文学報』歴史学編三五、二〇〇七年三月）。
④「明治初期大蔵省の荒蕪地・官林払下について」（『人文学報』歴史学編三六、二〇〇八年三月）。
⑤「明治初期大蔵省の勧農政策」（『人文学報』歴史学編三八、二〇一〇年三月）。
⑥「内務省勧業寮の成立と勧農政策」（『人文学報』歴史学編三九、二〇一一年三月）。
⑦「内務省における勧商局と勧農局の設置過程」（『人文学報』歴史学編四一、二〇一四年三月）。
⑧「内務省期の農書編纂と織田完之」（『人文学報』歴史学編四三、二〇一五年三月）。
⑨「内務省勧農局の政策展開」（『人文学報』歴史学編四四、二〇一六年三月）。
⑩「農商務省の設立過程」（『人文学報』歴史学編四五、二〇一七年三月）。

以上の論文を一書にまとめるにあたり、個々の論文を再構成したが、特に①②⑧は本書の構成（民部・大蔵省期、内務省勧業寮期、内務省勧農局期）に合わせるため解体し、修正を加えて各部・各章に配置した。また、序論と結論は新稿である。

本書の執筆は、私が第一～五回の内国勧業博覧会の出品目録を閲覧している際に思いついた。序論で述べたように、近代日本における西洋技術導入を分析した従来の研究では、大型の西洋農具について、日本に受け入れられなかった＝拒絶された代表例として掲げられていた。しかしながら、一八八一年に開催された第二回内国勧業博覧会以降の出品目録をみると、一九〇三年の第五回まで、毎回、民間から模造された大型の西洋農具が出品されていたのである。そこで私は、拒絶されたはずの西洋農具が博覧会に出品されている謎を解くために農業に関する研究に着手し、前記した論文①として発表した。その後、博覧会研究に取り組んでいたこともあり、農政史研究はなかなか進まなかったが、本年、ようやく形となり、上梓することができた次第である。

さて、昨今、歴史資料の散逸等が叫ばれる一方、史料の所蔵機関の閲覧環境・状況は飛躍的に向上した。特に史料のデジタル化と公開は、一九八〇年代に研究を始めた私にとって、夢のような出来事であった。例えば、真夜中に自宅で珈琲を飲みながら、パソコンから国立公文書館の公文録を読むことができるようになるとは、大学院生の頃には全く想像ができないことであった。竹橋の国立公文書館に通って、一生懸命、史料を筆写、またはマイクロフィルムにしていたあの頃は、いったい何だったのだろうか。ともあれ、史料のデジタル化のおかげて、様々な史料に出会うことができたことは大きな喜びであった。このような史料の閲覧状況の向上に比して、研究も進展しなければならないであろう。

私は常々、先行研究を超えなければ研究をしている意味がないと思い、史料を読み進めるうちに、先行研究が追究できなかった事象を発見したり、先行研究を否定する史実をみつけたりして喜んでいた。しかし、私が対象とする多くの先行研究は、現在のような良好な史料の閲覧環境がない中で提示された貴重な成果である。そこで本書を編むにあたっては右のような態度を改め、地道に史実を提示されてきた先学に対し、後進として敬意を払い、その成果を享受することにした。ただし、先学の成果を活かし切れていないのは、ひとえに未熟な私の責任である。

その未熟者の私が本書を書き上げたのは二〇一八年の一月末日であった。その後、勤務先の卒業論文口頭試問を終え、校務が一段落したところで岩田書院の岩田博さんに本書出版の検討をお願いするため、eメールに簡単な内容・体裁等を記して送信した。その日のうちに返信をいただいた。そのメールには、まず、「『近代日本と農政―明治前期の勧農政策―』出版企画の件、承知しました」と、出版を検討していただける旨と、打ち合わせの候補日が記されており、大きく安堵した。ところが、メールの最後には、「私の卒論、「明治前期の勧農政策」だった、というの知ってました?」と記されていた。これには驚愕した。実は岩田さんは私の出身大学である中央大学のゼミの大先輩なのである。私は、折り返し御礼のメールを打ち、打ち合わせの日程とともに「私が口頭試問を受けに行くようで緊張します」と返信した。すると岩田さんから返ってきたメールのタイトルは「(二月)二六日(月)夕方　口頭試問」であった。その二月二六日の夕刻、私は企画書を持って岩田書院に伺い、その後、近くの喫茶店で私の口頭試問が行われた。そして、何とか及第点をいただき、場所は居酒屋に変わったのである。岩田先輩、いつも面倒をみていただき誠にありがとうございます。

本書の執筆、刊行にあたり、多くの方々、機関のお世話になった。明治維新史学会の方々からは貴重な意見をいただき、史料閲覧に際しては国立公文書館、国立国会図書館、同憲政資料室、国文学研究資料館、岐阜県歴史資料館、東京都公文書館、流通経済大学図書館のお世話になった。また、本書は平成二五～二八年度文部科学省科学研究費補助金・基盤研究C(一般)「近代日本における欧米農業の導入の成果と意義」の成果である。

本書執筆のきっかけとなった論文①の発表から二〇余年が経過してしまった。この間、私の職場は博物館から短期大学に変わり、その後、大学改編の嵐に翻弄され、何とか漂着したところが首都大学東京の歴史学・考古学研究室であった。この研究室のスタッフは嵐に負けず、次々と研究成果を発表していくので、私はついて行くのがやっとのことであった。しかしながら、研究室の中はとても和やかで居心地が良く、教育と研究に打ち込める環境が整っていた。本書後半の執筆が比較的スムーズに進んだのは、この研究室の暖かいスタッフのおかげである。

最後になるが、私が中央大学の学部三年生の頃から現在にいたるまで、公私ともにお世話になっている松尾正人先生に謝意を表して筆を擱くことにする。

南大沢の研究室にて

二〇一八年八月

國　雄　行

人名索引

著者紹介

國　雄行（くに・たけゆき）

1964年　東京都生まれ
1995年　中央大学大学院文学研究科博士後期課程退学
　　　　神奈川県立博物館学芸部、東京都立短期大学文化国際学科をへて
現　在　首都大学東京大学院人文科学研究科教授
　　　　博士（史学）
著　書　『博覧会の時代』岩田書院、2005年
　　　　『博覧会と明治の日本』吉川弘文館、2010年
　　　　『佐野常民』佐賀県立佐賀城本丸歴史館、2013年

近代日本と農政 ―明治前期の勧農政策―

2018年（平成30年）10月　第１刷　300部発行　　定価［本体8800円＋税］
著　者　國　雄行

発行所　有限会社岩田書院　代表：岩田　博　　http://www.iwata-shoin.co.jp
〒157-0062 東京都世田谷区南烏山4-25-6-103　電話03-3326-3757 FAX03-3326-6788
組版・印刷・製本：亜細亜印刷

ISBN978-4-86602-052-5 C3021　¥8800E

コピーOK

岩田書院 刊行案内（25）

			本体価	刊行年月
979	関口　功一	東国の古代地域史	6400	2016.10
980	柴　　裕之	織田氏一門＜国衆20＞	5000	2016.11
981	松崎　憲三	民俗信仰の位相	6200	2016.11
982	久下　正史	寺社縁起の形成と展開＜御影民俗22＞	8000	2016.12
983	佐藤　博信	中世東国の政治と経済＜中世東国論６＞	7400	2016.12
984	佐藤　博信	中世東国の社会と文化＜中世東国論７＞	7400	2016.12
985	大島　幸雄	平安後期散逸日記の研究＜古代史12＞	6800	2016.12
986	渡辺　尚志	藩地域の村社会と藩政＜松代藩５＞	8400	2017.11
987	小豆畑　毅	陸奥国の中世石川氏＜地域の中世18＞	3200	2017.02
988	高久　　舞	芸能伝承論	8000	2017.02
989	斉藤　　司	横浜吉田新田と吉田勘兵衛	3200	2017.02
990	吉岡　　孝	八王子千人同心における身分越境＜近世史45＞	7200	2017.03
991	鈴木　哲雄	社会科歴史教育論	8900	2017.04
992	丹治　健蔵	近世関東の水運と商品取引 続々	3000	2017.04
993	西海　賢二	旅する民間宗教者	2600	2017.04
994	同編集委員会	近代日本製鉄･電信の起源	7400	2017.04
995	川勝　守生	近世日本石灰史料研究10	7200	2017.05
996	那須　義定	中世の下野那須氏＜地域の中世19＞	3200	2017.05
997	織豊期研究会	織豊期研究の現在	6900	2017.05
000	史料研究会	日本史のまめまめしい知識２＜ぶい＆ぶい新書＞	1000	2017.05
998	千野原靖方	出典明記 中世房総史年表	5900	2017.05
999	植木・樋口	民俗文化の伝播と変容	14800	2017.06
000	小林　清治	戦国大名伊達氏の領国支配＜著作集１＞	8800	2017.06
001	河野　昭昌	南北朝期法隆寺雑記＜史料選書５＞	3200	2017.07
002	野本　寛一	民俗誌・海山の間＜著作集５＞	19800	2017.07
003	植松　明石	沖縄新城島民俗誌	6900	2017.07
004	田中　宣一	柳田国男・伝承の「発見」	2600	2017.09
005	横山　住雄	中世美濃遠山氏とその一族＜地域の中世20＞	2800	2017.09
006	中野　達哉	鎌倉寺社の近世	2800	2017.09
007	飯澤　文夫	地方史文献年鑑2016＜郷土史総覧19＞	25800	2017.09
008	関口　　健	法印様の民俗誌	8900	2017.10
009	由谷　裕哉	郷土の記憶・モニュメント＜ブックレットH22＞	1800	2017.10
010	茨城地域史	近世近代移行期の歴史意識・思想・由緒	5600	2017.10
011	斉藤　　司	煙管亭喜荘と「神奈川砂子」＜近世史46＞	6400	2017.10
012	四国地域史	四国の近世城郭＜ブックレットH23＞	1700	2017.10
014	時代考証学会	時代劇メディアが語る歴史	3200	2017.11
015	川村由紀子	江戸・日光の建築職人集団＜近世史47＞	9900	2017.11
016	岸川　雅範	江戸天下祭の研究	8900	2017.11

岩田書院 刊行案内（26）

	著者	書名	本体価	刊行年月
017	福江　　充	立山信仰と三禅定	8800	2017.11
018	鳥越　皓之	自然の神と環境民俗学	2200	2017.11
019	遠藤ゆり子	中近世の家と村落	8800	2017.12
020	戦国史研究会	戦国期政治史論集　東国編	7400	2017.12
021	戦国史研究会	戦国期政治史論集　西国編	7400	2017.12
022	同文書研究会	誓願寺文書の研究（全２冊）	揃8400	2017.12
024	上野川　勝	古代中世 山寺の考古学	8600	2018.01
025	曽根原　理	徳川時代の異端的宗教	2600	2018.01
026	北村　行遠	近世の宗教と地域社会	8900	2018.02
027	森屋　雅幸	地域文化財の保存・活用とコミュニティ	7200	2018.02
028	松崎・山田	霊山信仰の地域的展開	7000	2018.02
029	谷戸　佑紀	近世前期神宮御師の基礎的研究＜近世史48＞	7400	2018.02
030	秋野　淳一	神田祭の都市祝祭論	13800	2018.02
031	松野　聡子	近世在地修験と地域社会＜近世史48＞	7900	2018.02
032	伊能　秀明	近世法制実務史料 官中秘策＜史料叢刊11＞	8800	2018.03
033	須藤　茂樹	武田親類衆と武田氏権力＜戦国史叢書16＞	8600	2018.03
179	福原　敏男	江戸山王祭礼絵巻	9000	2018.03
034	馬場　憲一	武州御嶽山の史的研究	5400	2018.03
035	松尾　正人	近代日本成立期の研究　政治・外交編	7800	2018.03
036	松尾　正人	近代日本成立期の研究　地域編	6000	2018.03
037	小畑　紘一	祭礼行事「柱松」の民俗学的研究	12800	2018.04
038	由谷　裕哉	近世修験の宗教民俗学的研究	7000	2018.04
039	佐藤　久光	四国猿と蟹蜘蛛の明治大正四国霊場巡拝記	5400	2018.04
040	川勝　守生	近世日本石灰史料研究11	8200	2018.06
041	小林　清治	戦国期奥羽の地域と大名・郡主＜著作集２＞	8800	2018.06
042	福井郷土誌	越前・若狭の戦国＜ブックレットH24＞	1500	2018.06
043	青木・ﾐﾋｪﾙ他	天然痘との闘い：九州の種痘	7200	2018.06
044	丹治　健蔵	近世東国の人馬継立と休泊負担＜近世史50＞	7000	2018.06
045	佐々木美智子	「俗信」と生活の知恵	9200	2018.06
046	下野近世史	近世下野の生業・文化と領主支配	9000	2018.07
047	福江　　充	立山曼荼羅の成立と縁起・登山案内図	8600	2018.07
048	神田より子	鳥海山修験	7200	2018.07
049	伊藤　邦彦	「建久四年曾我事件」と初期鎌倉幕府	16800	2018.07
050	斉藤　　司	福原高峰と「相中留恩記略」＜近世史51＞	6800	2018.07
051	木本　好信	時範記逸文集成＜史料選書６＞	2000	2018.09
052	金澤　正大	鎌倉幕府成立期の東国武士団	9400	2018.09
053	藤原　　洋	仮親子関係の民俗学的研究	9900	2018.09
054	関口　功一	古代上毛野氏の基礎的研究	8400	2018.09

近代史研究叢書

01	松本　四郎	町場の近代史	5900円	2001.01
02	横山　篤夫	戦時下の社会	7900円	2001.04
03	北原かな子	洋学受容と地方の近代	6400円	2002.02
04	斎藤　康彦	転換期の在来産業と地方財閥	8400円	2002.03
05	工藤　　威	奥羽列藩同盟の基礎的研究	品切れ	2002.10
06	奥田　晴樹	立憲政体成立史の研究	9900円	2004.03
07	鈴木勇一郎	近代日本の大都市形成	7900円	2004.05
08	丑木　幸男	戸長役場史料の研究	9500円	2005.10
09	久住　真也	長州戦争と徳川将軍	6900円	2005.10
10	斎藤　康彦	産業近代化と民衆の生活基盤	8800円	2005.11
11	松浦　利隆	在来技術改良の支えた近代化	6900円	2006.01
12	布施　賢治	下級武士と幕末明治	7900円	2006.08
13	菅谷　　務	近代日本における転換期の思想	6900円	2007.01
14	Dハウエル	ニシンの近代史	5900円	2007.09
15	増田　廣實	近代移行期の交通と運輸	7900円	2009.10
16	太田　康富	近代地方行政体の記録と情報	9500円	2010.09
17	町田　明広	幕末文久期の国家政略と薩摩藩	8400円	2010.10
18	友田　昌宏	未完の国家構想	9500円	2011.10
19	宇野　俊一	明治立憲体制と日清・日露	11800円	2012.02
20	奥田　晴樹	地租改正と割地慣行	7900円	2012.10
21	神谷　大介	幕末期軍事技術の基盤形成	品切れ	2013.10
22	横山　昭男	明治前期の地域経済と社会	7800円	2015.10